高等职业教育“十四五”规划教材

动物流行病调查技术

牛静华　主编

中国农业大学出版社
·北京·

内 容 简 介

本教材主要研究动物群体中的疾病分布及其决定因素，用于确定群发未知疾病的病因、确定群发已知疾病的病因、评价群发病控制措施的成本与效益，以达到快速、有效地控制群发疾病的目的。面向我国现代动物医学职业教育和动物疫病防控实际需要，反映国内外最新研究成果。内容共分 9 个项目：动物流行病调查认知，动物流行病学基础，动物疫病频率、态势和分布，几种重要的流行病学调查，动物流行病学调查设计，动物流行病学调查结果分析与报告，动物疫情预测、风险分析和预警，动物疫病的防控和根除，重大疫病现场流行病学调查案例。本教材融入动物流行病学调查前沿技术，突出实践性和实用性，取材丰富，图文并茂，适合作为职业院校动物医学、宠物医疗技术、畜牧兽医以及相关专业的学生教材，也可作为基层兽医人员的科学研究和动物疾病防控实践的参考用书。

图书在版编目(CIP)数据

动物流行病调查技术 / 牛静华主编. -- 北京 ：中国农业大学出版社，2025. 8. -- ISBN 978-7-5655-3523-9

Ⅰ. S851.31

中国国家版本馆 CIP 数据核字第 2025KM5985 号

书　　名　动物流行病调查技术
作　　者　牛静华　主编

策划编辑　康昊婷　　**责任编辑**　康昊婷
封面设计　郑　川　李尘工作室
出版发行　中国农业大学出版社
社　　址　北京市海淀区圆明园西路 2 号　　**邮政编码**　100193
电　　话　发行部 010-62733489，1190　　读者服务部 010-62732336
　　　　　编辑部 010-62732617，2618　　出　版　部 010-62733440
网　　址　http://www.caupress.cn　　**E-mail**　cbsszs@cau.edu.cn
经　　销　新华书店
印　　刷　北京溢漾印刷有限公司
版　　次　2025 年 9 月第 1 版　　2025 年 9 月第 1 次印刷
规　　格　185 mm×260 mm　　16 开本　　18.25 印张　　454 千字
定　　价　56.00 元

编审人员

主　编　牛静华

副主编　张学栋　周启扉　邹继新

编　者　（按姓氏笔画排序）

王丽艳（黑龙江职业学院）
王春明（沧州职业技术学院）
牛静华（黑龙江农业经济职业学院）
刘　丽（黑龙江职业学院）
吴立君（黑龙江职业学院）
邹继新（黑龙江职业学院）
张学栋（黑龙江农业经济职业学院）
周启扉（黑龙江农业工程职业学院）
赵林琳（黑龙江农业经济职业学院）
胡瑞鸿（黑龙江农业工程职业学院）
柳美玲（山东畜牧兽医职业学院）
鲁兆宁（黑龙江农业职业技术学院）

主　审　冯永谦（黑龙江农业经济职业学院）

前 言

动物流行病调查技术是动物疫病防控的基础，是动物医学专业学生必须掌握的一项技能。以往高等职业教育动物医学专业课程体系中并没有作为一门独立的课程设置，相关内容是分散到其他专业课程当中来学习。2022 年修订的《国家职业教育专业简介》中将“动物流行病调查技术”设为动物医学专业的一门专业核心课程。目前，适合高等职业教育专科层次使用的专门的《动物流行病调查技术》教材缺乏，给教学开展带来难度，为此，我们组织相关院校教师编写此书，以供参考。

本教材在编写过程颇具挑战性。首先，缺乏针对高等职业教育专科层次的教材作为参考，导致参考资料的匮乏；其次，本课程具有极强的专业性，涵盖了统计方法和防控策略基础等众多领域，这要求编者必须具备扎实的专业知识、丰富的实践经验以及跨学科整合的能力；最后，流行病学领域涉及的术语繁多，为了便于读者深入理解，编者需采用简洁明了且易于理解的语言进行阐述。

党的二十大报告指出，教育、科技、人才是全面建设社会主义现代化国家的基础性、战略性支撑。本教材在编写过程中，遵循高等职业教育培养“高素质技术技能人才”的教育目标，坚持“必需、够用”的原则，结合高等职业教育以技能学习为核心的特点，构建了全书内容体系，广泛参考了国内普通高等院校动物流行病学调查教材、动物流行病学调查相关的科普书籍及资料。同时，本教材还汲取了人医流行病学调查的精髓，并参照了现行的畜牧兽医相关法律法规，力求使教材内容最大限度地满足当前教学需求。此外，本教材旨在为基层兽医人员的科学研究和动物疾病防控实践提供理论支持与实践指导。

本教材编写分工如下：项目一、项目三和附录由牛静华编写；项目二和项目七由张学栋编写；项目五的任务一和任务二由周启扉编写，任务三由柳美玲编写，任务四由王春明编写，任务五由胡瑞鸿编写；项目四的任务一至任务四由邹继新编写，任务五至任务七由吴立君编写；项目六的任务一至任务三由刘丽编写，任务四至任务六由王丽艳编写；项目八由胡瑞鸿编写；项目九由鲁兆宁编写；项目一至项目九的思政园地部分由赵林琳编写。全书由牛静华统稿，冯永谦主审。

由于编者水平所限，教材中难免存在疏漏之处，敬请广大读者批评指正，以便进一步修订。

编　者

2025 年 1 月

目　录

教学视频索引

项目一 动物流行病调查认知

任务一 动物流行病学基本认知

任务目标

知识目标

了解动物流行病学的来源，知晓“流行病学”相关词汇的起源与演变，在公共卫生学领域的广泛应用，以及其分支学科的形成。熟悉流行病学的研究方法等。

技能目标

能够运用流行病学的研究方法，对动物群体中的疾病进行监测、观察和调查研究。能够根据流行病学的理论和方法，提出针对动物疾病的预防和控制措施。

素质目标

培养群体意识和宏观思维，从群体水平看待疾病问题。树立科学探索和求知的精神，不断深入研究疾病的发生发展规律。培养严谨的科学态度和批判性思维，对流行病学研究结果和方法进行客观分析和评价。

案例导入

设想在远古时期，一场剧烈的疫病在某小镇突然暴发。在极短的时间内，大量居民相继感染，表现出相似的症状，饱受病痛折磨。该小镇因此陷入一片恐慌，居民对这场灾难的起源及传播速度之快感到困惑不解。实际上，此类事件在历史长河中屡见不鲜。追溯至 3 000 多年前，中国甲骨文已有关疾病及灭虫的记录文献。西方历史也不乏重大疫情的记载，如公元前 4 世纪的 Thucydides 瘟疫。在那个时代，人们开始尝试对疾病的流行进行理解，这标志着流行病学研究的肇始。根据定义，流行病学是研究传染病在人群或动物群体中的发生率、分布特征等，旨在揭示其规律性并制定相应的预防和控制策略。该学科以人群或动物群体为研究单位，与传统医学或传统兽医学在研究层次上存在显著差异。例如，传统医学或传统兽医学侧重于从个体或微观层面进行研究，而流行病学则从群体或宏观层面着手。

根据以上描述，请在学习本任务时思考以下问题：

1. 古人面对疫病时采取的措施，对现代流行病学的发展有哪些重要启示？

2. 随着时代的演进，疾病谱系发生了转变，流行病学研究方法和应用领域应如何进一步拓展以应对新兴的挑战？

带着这些问题，让我们一同深入了解流行病学的发展历程。

知识要点

一、流行病学来源

动物流行病学(epizootiology)一词是指研究动物群体中的疾病流行问题。“流行病学”最早出现在1802年的西班牙文献中，而“epidemic”一词则更早，古希腊医学家希波克拉底(Hippocrates)就使用过该词，原意是指研究人群中疾病流行的学科。

二、流行病学定义

流行病学是研究传染病在动物群体中发生频率、分布模式、发生发展过程及其原因的科学，其目的是探明传染病在动物群体中发生和发展的规律，并据此提出有效的预防与控制策略。该学科以群体层面为研究出发点，选取各类疾病与卫生事件作为研究对象，以描述基本分布、揭示疾病成因为手段。目前，流行病学在公共卫生学领域中以动物和人类疾病为对象进行广泛研究，并得以发展。

二维码 1-1 动物流行病学的定义

动物流行病学最基本的核心思想是群体的观点。传统兽医学主要是从动物的个体、组织器官、细胞水平，甚至在分子水平进行观察和研究，而流行病学是在群体水平上进行研究。任何一种疾病的发生都不是随机的，一定有特定的时间、空间和群间分布模式，这是动物流行病学上重要的“三间分布”。不同疾病的“三间分布”情况是不一样的，通过比较和分析去寻找疾病发生的规律，提出预防措施控制疾病的发生，或者阻止疾病的蔓延。疾病对生产的影响需要通过衡量它们与群体动物的生产减少的关系来估计。对造成的经济损失和防控疾病努力所产生的效果，最好以动物群体来评价，这样才更客观更真实。对动物群体中疾病问题的研究是动物流行病学的基础。

从实际工作来说，流行病学不仅是一种论证病因的方法学，还是一个范畴概念，它需要回答群体中疾病的下列问题：什么动物发病(who)？什么时间发病(when)？什么地方发病(where)？为什么发病(why)？如何发病(how)？疾病的严重程度如何？防控对策及其效果如何？另外，流行病学作为动物医学专业教育中开设的一门课程，需要根据其研究对象、内容、方法和任务做出明确的定义。

动物流行病学是一个不断发展的领域，它不仅关注疾病的预防和控制，还涉及环境卫生、劳动卫生、食品卫生等多个方面，对保护和促进动物和人类健康发挥着重要作用。

动物流行病学研究聚焦于动物群体，包括但不限于畜禽群体、伴侣动物群以及野生动物群，同时也涵盖人类群体。其核心研究方法涉及对动物群体中疾病的观察、监测、调查研究，以及资料的收集、分析、解释、假设检验和实验操作，并进行生物学推理。研究的主要任务在于探究并明确病因、阐释疾病分布规律、制定并评估防制策略的有效性，旨在实现动物疾病的预防、控制乃至根除。基于对动物群体疾病与健康状况及其影响因素的深入研究，本研究旨在促进动物健康，进而实现产量提升与经济效益增长。

三、流行病学发展简史

古代人们在与疾病流行作斗争的过程中，逐渐积累起对疾病流行的认识并试图加以解释。从古代起，传染病与非传染病都有大规模地发生，但传染病的流行危害更大，所以观察较多的还是传染病的流行。

二维码 1-2 动物流行病学发展简史

距今 3 000 多年前，中国的甲骨文中已有“虫”“蛊”“疟疾”及灭虫的记载。最晚至 2 300 多年前，我国《史记》已用“疫”“大疫”表示疾病的流行和大流行。《黄帝内经 · 素问》中描述：“黄帝曰，余闻五疫之至，皆相染也。”从《史记》载秦献公十六年（公元前 369 年）起到明朝末年（1647 年），我国仅正史就记载了 95 次人类的大疫情。西方历史也记载了多次有重大影响的人类疫情，当时西方的希波克拉底用“流行病”表示疾病流行，这些也许可以认为是流行病学的“萌芽”。

此后，疾病流行频繁，特别是在饥荒、战争之后。例如，公元前 4 世纪的 Thucydides 瘟疫、汝斯丁鼠疫；14 世纪埃及鼠疫流行使该国 1/4 人口死亡。人们在长期与疾病流行作斗争的过程中，积累起对疾病流行的认识。开始推测是什么病原引起流行性疾病。中国古代认为“虫”（如认为肺结核是“痨虫”引起，疥是“疥虫”引起的）“戾气”“疠气”（公元 217 年）“风”等。西方弗拉卡斯托罗（Fracastoro）1546 年发表了《传染物》一书，但直到 19 世纪中叶，活的传染物的学说才在西方得到广泛承认。随着对传染病不断流行的观察，认识逐渐深入，如描述“戾气”的传播方式和流行的分布等（吴又可《瘟疫论》，1642 年）。人们还注意到动物病与人病的关系，如狂犬病、鼠疫等。师道南在《天愚集 · 鼠死行》（1736 年）有生动的描述：“东死鼠，西死鼠，人见死鼠如见虎！鼠死不几日，人死如圻堵。昼死人，莫问数，日色惨淡愁云护。三人行未十步多，忽死两人横截路。”他已觉察到人间鼠疫与鼠死有关。印度的书籍中也有人间鼠疫与鼠死关系的记载。当人们认识到传染病可以传播后，就开始采取措施，先是对麻风病人隔离（《圣经》已有记载，唐代设疠人坊），晋（《晋书 · 王彪之传》，356 年）记载：“朝臣家有时疫，染疫三人以上者，身虽无疾，百日不得入宫。”15 世纪中叶意大利威尼斯规定外来船舶需在海港停留 40 d，进行检疫（quarantine）。葛洪《肘后备急方》（342 年）中记载用疯犬脑敷被咬处以预防狂犬病。在宋真宗时（998—1022 年）已用种人痘术预防天花，至迟 16 世纪下半叶已有种人痘的确实记载，18 世纪 20 年代种人痘术已传至土耳其、欧洲。18 世纪末英国医生 Jenner 发明接种牛痘预防天花。人们还记载了许多预防传染病的方法，以现在知识水平来判断，有许多可喜的成就，但也有不少无效（如紫草根预防麻疹）或错误的记载，在当时科学水平这些无效或错误的记载是不足为奇的。古代对于非传染病也有一些记载。我国早就注意到秃发、甲状腺肿、身体发育匀称与水质的关系（《吕氏春秋》，公元前 2—3 世纪），氟斑牙与地区的关系（《养生学》,232—262年),脚气病(beriberi)与久食精白米的关系(公元2世纪)。西方希波克拉底的著作中注重了疾病与地势、气流状态、日照等的关系。16—18世纪(相当我国明朝中期到清朝中期)欧洲进入资本主义发展时期(文艺复兴时期),科学迅速发展。Pasteur、Koch、MeЧникоB奠定与发展了微生物学与免疫学,对于传染病的流行病学起了促进作用。随着统计学的发展,许多统计方法被引入流行病学。流行病学除应用直接观察法外,还开始应用对比分析法。在此时期西方开始创建有关流行病学的学术组织及出版刊物。我国在该时期流行病学的有关记载可见于《瘟疫论》(吴又可,1642年)、《医通》(张璐,1695年)、《治疫全书》(熊立品,1777年)、《避疫说》(吴子存,1891年)等。19世纪末至20世纪初,流行病学有了飞速的发展。

1854年,伦敦暴发霍乱,10 d内夺去了500多人的生命。根据当时流行的观点,霍乱是经空气传播的。但是约翰·斯诺(John Snow)医师并不相信这种说法,他认为霍乱是经水传播的。斯诺用标点地图的方法研究了当地水井分布和霍乱患者分布之间的关系,发现在宽街(Broad Street,或译作布劳德大街)的一口水井供水范围内霍乱罹患率明显较高,最终凭此线索找到该次霍乱暴发的原因:一个被污染的水泵。人们把水泵的把手卸掉后不久,霍乱的发病率明显下降。约翰·斯诺在这次事件中的工作被认为是现代流行病学的开端,对伦敦霍乱的分析是流行病学发展史上重要的一页。

我国近代流行病学可以认为始于伍连德(1879—1960年)。他对鼠疫、霍乱均有专著,确定旱獭为鼠疫的传染源之一。1910—1911年发生在我国东北的鼠疫流行,经伍连德调查研究证实为肺鼠疫流行。20世纪中叶Stallybrass和Rромащевский形成了系统的有关传染病流行病学的理论,并有专著出版。

我国近代流行病学的开端可以追溯到20世纪中叶,特别是新中国成立初期。在这一时期,我国流行病学学科体系在苏联模式的影响下初步形成。1949年哈尔滨医科大学和1951年北京医学院相继成立了流行病学教研室,并开设了流行病学课程,这标志着我国流行病学学科体系的初步建立。1960年苏德隆教授主编的《流行病学》教材出版,进一步标志着我国流行病学教学体系的形成。

此外,新中国成立以来,随着疾病谱的变化和医学模式的转变,流行病学的应用范围从传染性疾病扩展到了慢性非传染性疾病、伤害和其他健康相关领域。流行病学在疾病防控、科研教学、学会建设和期刊发展等方面取得了显著成就,为我国疾病预防控制提供了技术支撑,并在国际上产生了广泛影响。

值得一提的是,1957年的流感大流行期间,中国科学家在病毒学家朱既明博士的领导下,对疫情源头进行了追踪,并在新病毒起源研究中做出了重要贡献。尽管当时由于冷战时期的地缘政治因素,国际科学界没能及时收到中国病毒学家的研究成果,但这显示了中国在流行病学研究领域的潜力和贡献。

随着病毒学的发展,新发现了许多病毒性传染病,于20世纪80年代发现了艾滋病(AIDS)。随着分子生物学的发展,形成分子流行病学的分支。在传染病防治方面取得了全球消灭天花的辉煌成就。目前正在进行消灭龙线虫病(dracunculiasis)及脊髓灰质炎的战斗。20世纪50年代Dell及Hill在英国对吸烟与肺癌的关系开展了系统的流行病学研究,引入了队列研究方法。其工作被Beaglehole誉为是当代流行病学的开端。Framingham及北卡(芬兰)开展了心血管疾病的系统流行病学研究,WHO开展了心血管疾病监测的MONICA方案。随着对非传染病的研究,流行病学的方法有了明显的发展。流行病学的研究对象由传染病扩大到非传染病，目前又扩大到与健康有关的状态及事件。1977 年 WHO 提出："到 2000 年人人享有卫生保健(HFA)。"1978 年提出保证完成 HFA 的主要途径是发展初级卫生保健(primary health care)。1989 年世界卫生大会强调在监察及评价 HFA 的进展时应用流行病学方法。

我国在 1949 年前的极端困难情况下，一些学者对若干种寄生虫病和传染病的流行病学作出了成绩。1949 年后大力防治血吸虫病、疟疾等严重危害人民健康的寄生虫病、烈性传染病。控制了人间鼠疫、霍乱及性病，1960 年消灭了天花。20 世纪 50 年代初期建立卫生防疫站、流行病学教学和研究机构。出版了 громащевский 的《流行病学总论》及 Степанов 的《流行病学讲义》(1958 年)，将苏联的流行病学系统地介绍到中国。1960 年出版了我国自己的供卫生专业用《流行病学》教材，1974 年首次出版了我国供医学专业用《流行病学》教材。1979 年出版了我国首部大型《流行病学》参考书。1980 年成立了全国流行病学学会，并创办了《中华流行病学杂志》。1982 年起卫生部在全国医学专业教学计划中，将流行病学单列为一门课程。1989 年在我国举办了国际流行病学学术会议。从 20 世纪 70 年代起我国已逐步重视并开展非传染病的流行病学研究。目前，流行病学在卫生、医学等各专业越来越受到重视，并且开始分出许多分支学科。1989 年建立中国临床流行病学工作网，1995 年组建了药物流行病学专业委员会。流行病学目前在我国医学中已成为一门重要的学科。

任务二 动物流行病调查的目的、意义与研究内容

任务目标

知识目标

认知流调目的、意义与内容，熟练掌握疫病自然史、经济影响及分布规律等关键知识。

技能目标

学会并开展疫病分布、溯源、病因等调查工作，能够科学分析数据并合理评价防控效果。

素质目标

培养严谨科学态度，牢固树立动物疫病防控及国家安全意识，高度重视学术研究。

案例导入

某小镇一养猪场近期出现了异常情况。许多生猪突然食欲不振、精神萎靡，部分甚至死

亡。养猪场老板心急如焚，不知问题出在哪里。当地兽医部门得知消息后，迅速展开行动。他们深知，这可能不仅仅是一家猪场的问题，若不及时查明，疾病或许会在周边养殖场蔓延。兽医们开始对发病猪只进行详细检查，记录下症状、发病时间等信息。同时，他们还走访了周边养殖户，了解是否有类似情况发生。

根据以上案例描述，请在学习本任务时思考以下问题：

1. 这些猪患病的根源究竟是什么？是病毒感染、饲料问题，还是其他因素？
2. 若疾病具有传染性，它会通过怎样的途径传播，又该如何阻止其进一步扩散？

知识要点

一、动物流行病调查的目的与意义

二维码 1-3 动物流行病学研究目的意义

(一)调查的目的

1. 确定(病因已明了)疫病的来源

确定疫病的来源是一个复杂的过程，涉及多个方面的分析。需要进行现场流行病学调查，以查清事件发生的原因，包括核实病例的临床特征、发病经过和特点、样本采集与实验室检测方法等。如果是中毒事件，需要查明中毒原因，并给予特异性、针对性的治疗。

2. 研究(病因未知)疫病的防制对策

应建立监测网络和体系，收集、整理和分析监测资料，早期发现不明原因疫病的苗头。对于已经发生的不明原因的疫病。首先要进行病例收集，初步分析，提出病因假设，对疑似病例进行多部位多频次的样本采集，进行实验室检测。根据疾病的性质，采取相应的控制策略和措施。如隔离患病动物、消毒、封锁等措施。根据检测结果以及干预措施效果评价等方式验证病因假设。必要时成立专家组建立应急处置小组。并做好后勤保障，物资储备和经费保障，确保应急处置工作顺利进行。

3. 获取有关疫病的自然史资料

疫病自然史是指在没有接受任何治疗或干预措施的情况下，疫病从发生、发展到最终结局的整个过程，包括疫病的分布、感染的传播和维持机理以及病因因素。对于早期诊断、预防、判断治疗效果以及开展药物研发都具有重要意义。在兽医医疗实践中，疫病自然史研究有助于识别特定患病畜(禽)群、助力研究设计、识别和开发生物标志物、开发新的临床疗效评估工具，以及作为外部对照数据等。

疫病自然史研究可以是回顾性的，也可以是前瞻性的。回顾性研究利用已有数据快速补充对疫病的认识，而前瞻性研究则通过详细记录临床纵向观测数据来解决回顾性研究的局限性。在有些疫病的研究中，由于发病率和患病率极低，临床兽医对疫病的认知普遍不足，故深入研究和全面了解疫病自然史尤为重要。

4. 制定和监测疫病防制规划

在动物群体中制定针对特定疫病的控制、净化或根除策略时，必须基于流行病学调查（简称流调）数据，以掌握疫病在群体中的数量、分布范围以及与发病相关的各种因素。此外，还需评估控制疫病发生与发展的必要设施、所需投入的成本以及预期的效益。这些信息对于规模化猪场的非洲猪瘟防控规划以及全国性的牛群布鲁氏菌病根除规划均具有同等的重要性。所采用的流行病学调查方法包括对群体中疾病数据的日常收集（监管）和对特定疾病的监测，旨在评估所实施的各类防控措施的有效性。同时，为了确定疾病发病是否受到新因素的影响，还需进行持续的流行病学监测。例如，在我国控制非洲猪瘟流行的过程中，通过监测措施揭示了病毒主要通过接触传播的新情况，这一发现指导猪场采取了拔牙式控制措施，对扑灭该病起到了关键作用。

5. 评价疫病及其控制的经济影响

控制动物疫病的资金投入成本，必须与该疫病造成的经济损失相平衡。因此，经济分析是现代畜禽保健规划中必不可少的一部分。虽然降低畜（禽）群体中发病率高的疫病在经济上往往是有利的，但要将发病率低的疫病进一步降低则很可能是不经济的。例如，牛群中15%的牛发生乳腺炎，产乳量受到严重影响，实施控制规划可能大大提高经济效益；但如果只有不到1%的牛发病，实施控制规划后增产带来的收益可能还不足以弥补实施控制规划的费用。

（二）调查的意义

1. 流调是动物疫病防控的基础

在生产实践活动中，动物流行病学的重要性日益凸显。通过对动物群体中疫病发生状况的监测，能够及时识别疫情，实施控制措施，以防止疫病的进一步扩散。确定疫病的起源和传播路径，理解疫病在动物群体中的传播方式，以及可能向人类传播的途径。

例如，在2002年SARS疫情暴发过程中，流行病学展现了其显著的优势。研究揭示了由野生动物携带病毒导致的疫病传播现象。2005年，人感染猪链球菌的案例成为人医与动物流行病学合作的典范，最终揭示了疫情暴发的根源和传播途径。2013年H7N9疫情的暴发和2014年小反刍兽疫的流行，同样是通过动物流行病学的应用，揭示了病原体的传播机制和疫病的流行规律。此外，在全球范围内，许多发达国家的疫病控制计划和实施，其成本效益分析等，均依赖于动物流行病学的支撑能力。

2. 流调关系到国家安全

重大动物疫病如非洲猪瘟、禽流感、口蹄疫、小反刍兽疫等，关系到国家畜牧业生产安全和群众的生命安全。而流行病学调查可以为政府、动物防疫部门、卫生部门提供数据支持，帮助制定和修订公共卫生政策和法规。确保动物源性食品的安全性，防止病原体通过食品链传播给人类。同时，也可以了解动物疫病对生态系统的影响，保护野生动物种群和生物多样性。因此，重大动物疫病流行病学调查关系到国家安全。

3. 流调具有很重要的学术价值

动物流行病学调查能揭示多种重要的、复杂的自然和社会现象，包括多种动物疫病流行历史、现状、发展趋势、危害程度、发病原因和有效的防控措施，动物病原的多样性、变异和分布，还能够为多方面的深入研究提供线索，因此具有重要的学术价值。

在学术出版物中，包括 *Science* 和 *Nature* 等国际权威学术期刊，关于动物疫病流行病学调查的研究报告频繁出现，尤其是针对重大动物疫病流行病学的调查研究。鉴于我国动物疫病种类繁多，生态多样性和病原多样性显著，且大部分疫病尚未得到深入研究，我国在动物疫病流行病学调查领域拥有丰富的科学研究资源。

动物流行病学调查对于动物健康具有至关重要的意义，也是人类健康、食品安全以及生态平衡的关键组成部分。通过开展这些调查，能够更深入地理解动物疫病，为制定预防和控制策略提供坚实的科学基础。

二、动物流行病调查的研究内容

二维码 1-4
动物流行病调查研究内容

1. 疫病分布情况调查

疫病分布情况调查的主要目的是分析流行病的时空分布规律，从而找到流行病的温床，并采取有效的控制措施。所以要对某种疫病或某起疫情的分布状况进行流调，详细了解发病动物的种类、数量、发病年龄、品种、发病时间、发病地点、病情的严重程度、发病率、死亡数、死亡率、免疫情况、饲养管理情况及目前的防控情况等方面信息，以确定疫病的流行条件，这些信息能够帮助更快速地缓解和消除疫情。

例如，调查某养鸡场的鸡出现大规模死亡时，需要明确死了多少只鸡，什么时候开始出现死亡，死的鸡只大多数是成年鸡还是雏鸡，邻近的鸡场有无类似发病死亡等情况。通常，疫病分布情况的调查是病因推断、风险分析的基础。对范围较广、数量较大的群体进行疫病分布情况调查时，一般采取抽样调查的方式。

2. 疫情的溯源和追踪调查

在进行疫情现状调查的同时或随后，必须对疫情的起源（溯源）、传播路径（追踪）、传播范围、病前接触史、患病前的饲料来源、环境因素、个体免疫力、可能的感染时间以及动物流动情况等进行深入研究。掌握这些信息对于全面控制疫情、遏制其扩散至关重要。通过分析调查数据，揭示疫病的传播规律及其影响因素，预测疫病的未来发展趋势，为疫病的预防和控制提供科学依据。

3. 发病原因调查

引起疫情或疫病的直接原因和间接原因是调查者和畜主共同关心的问题。

例如，调查某养鹅场的鹅出现大规模死亡时，需要确定这些鹅的死亡原因是中毒、小鹅瘟、禽霍乱、新城疫或禽流感，还是多种疫病混合感染引起的。此外，还需要确定引起疫情的其他方面的原因，是防疫措施存在漏洞导致的，还是疫苗免疫失败导致的，是引进动物导致的，还是人员车辆流动等其他原因导致的。

4. 三个环节、两个因素的调查

三个环节即传染病流行过程的三个环节，包括传染源、传播途径和易感动物；两个因素是指影响疫病流行的两个因素，即自然因素和社会因素。通过对三个环节、两个因素的调查我们可以了解到，疫病传播的源头是什么？是怎么传播的？哪些动物容易感染？这三个问题也是流行病学重点考虑的对象。

5. 防疫情况

防疫情况的调查主要是了解在疫情防控过程中，防控部门对三个环节采取了哪些措施？效果如何？

6. 风险因素调查

哪些地区的动物容易感染口蹄疫？畜禽饮用水来源是否与疫病发生风险相关？家禽饲养者是否更容易感染高致病性禽流感？高学历的人饲养的畜禽是否发病率较低？这些涉及疫病发生、发展和控制的风险因素的问题，是流行病学调查的对象。通常，这类问题的答案是基于动物疫病的分布情况的调查，采用对比的手段进行分析获得的。

7. 控制策略措施和控制效果调查

流行病学调查还需要对疫情的处置进行分析。疫情或疫病应该如何控制，采取哪些策略和措施，这些策略或措施的效果如何，不仅要依靠上述流行病学调查研究的结果，有时还需要针对这些问题开展一些新的流行病学调查研究。如通过流行病学对比试验，分析某种疫苗在临床应用上是否有显著免疫效果；又如疫情出现后是否经过治疗，使用过什么药物治疗，治疗效果如何等。

8. 疫病发生和发展规律的调查

流行病学调查还涉及对疫病发生和发展规律的深入研究，以及对防控措施效果的评价，以达到预防、控制和消灭动物疫病的目的。调查方法包括座谈询问畜主或相关知情人员、现场观察和检查等，以获取第一手资料，并进行综合归纳和分析处理，最终形成对疫病防治有指导意义的结论和建议。

9. 综合性调查

有些时候，流行病学调查需要同时调查疫病状况、疫病来源和去向、发病原因以及控制策略等多个方面信息。首先，精准把握疫病状况，详细记录患病动物种类、数量、症状表现与分布区域。然后，追溯疫病来源，排查动物运输轨迹、饲料来源及周边环境因素，明确其去向，监测疫病扩散范围。深入剖析发病原因，从动物自身免疫力、养殖环境、病毒变异等多维度探究。在此基础上，制定科学有效的控制策略，涵盖隔离患病动物、消毒环境、疫苗接种等措施，从而全方位应对动物流行病，保障畜牧业健康发展。

任务三　流行病学调查架构

任务目标

知识目标

掌握动物疫病调查方法、方式与步骤，理解原理。能清晰区分交叉研究法等在不同疫病场景的适用范围，明确各方法的独特作用。

技能目标

具备运用调查方法设计计划、实施调查的能力。能熟练用统计学方法分析数据，逻辑清晰地撰写报告，确保操作环节准确、高效。

素质目标

养成严谨、科学的态度，加强团队协作。提升分析解决问题能力，主动优化调查方法与防控策略，强化责任与创新意识。

案例导入

有一个颇具规模的养猪场，养殖上千头生猪。近日，场主发现猪群出现了异常症状，部分猪食欲不振、精神萎靡，还有些出现了发热、咳嗽等症状。短短几天，发病的猪数量不断增加，场主心急如焚，赶忙联系了当地的兽医部门。兽医部门接到消息后，迅速组织了专业人员前往养殖场。到达现场后，他们看到生猪群状态不佳，养殖场内弥漫着一股紧张的气氛。场主满脸忧虑地向兽医们讲述着猪发病的情况。此时，摆在兽医团队面前的任务艰巨，他们需要弄清楚这场疫病的来龙去脉。

根据以上病例描述，请在学习本任务时思考以下问题：

1. 兽医团队可以采用哪些基本调查方法来确定这场疫病的风险因素？
2. 若要全面了解养殖场的情况，应该如何选择合适的调查方式？

知识要点

一、调查方法

二维码 1-5 动物流行病调查方法、方式及步骤

(一)基本调查方法

(1)交叉研究法：采用统计学方法，在动物群体中比较疫病发生的差异和影响因素，通过收集和分析与疫病相关的数据，确定疫病的风险因素和暴露因素。

(2)纵向研究法：对同一动物群体进行长期调查，观察和收集疫病的发病率和死亡率数据，以分析和预测疫病的发展趋势。

(3)报告病例法：根据收集到的动物疫病报告，对疫病发生的时间、地点、种类等进行分类和统计，以揭示疫病的流行规律。

(4)病例对照研究法：通过比较已经发生疾病的动物(病例组)与没有患病的动物(对照组)之间的差异，来确定疫病的风险因素。

(5)群体调查法：随机选择一定数量的动物群体，利用问卷调查、实地采样等方法收集和分析数据，了解动物群体的特点和相关的疫病情况。

(6)圈养调查法:针对圈养动物进行的调查,通常涉及动物饲养管理、疫苗接种情况、疫病发生情况等。

(二)专题调查方法

(1)暴发调查/紧急流行病学调查:针对某地或某动物群体在特定时期内发生的同类病例超过预期的情况,进行紧急流行病学调查,目的是找出疫情的源头和传播途径,制定预防和控制策略。

(2)现况调查/横断面调查:在确定的动物群体中,在某一时点或短时期内所做的调查,估计疾病在动物群体中的流行率,描述疾病的分布,同时评价暴露与疾病的状况。现况调查可以查明当前某地区某种疾病的流行强度和该病在该地区的分布特点,估计群体的健康状况,也可以分析患病频率与哪些因素有关,提供某病的病因线索。

(三)其他调查方法

(1)时间序列分析法:通过对时间序列数据进行建模和分析,探讨疾病发生的季节性、周期性和趋势性变化,从而预测未来疾病的发展。

(2)追踪调查法:当发生疫情或疫情暴发时,通过追踪疾病的传播路径,收集和分析相关的数据,找出疫情的源头和传播途径,以制定相应的预防和控制策略。

二、调查方式

1. 询问访谈

询问访谈是流行病学调查的一种最基本最主要的方法,必要时可组织座谈。询问的对象主要是养殖畜主、饲养人员、诊治兽医、附近居民等疫病知情者。询问访谈结果按照统一的规定和要求记录在调查表上。询问时要耐心细致,态度亲切,并引导边提问边分析,但不要按主观意图做暗示性提问,力求使调查的结果客观真实。询问时要着重问清:疫病何时出现、从何处传来、怎样传来、发病情况如何、病畜是否有可能传染给了其他健畜。

2. 问卷调查

问卷调查是动物流行病学调查的重要手段,通过设计一个高效实用的动物流行病调查问卷对研究疫病在动物群体中分布情况、发生原因以及发生规律进行调查。对制定防控措施、评估防控效果具有十分重要的意义。

3. 现场调查

现场调查是针对疾病流行、暴发等突发性事件对病畜(禽)周围环境展开的实地调查。目的是了解患病畜(禽)发病当时周围环境的卫生状况,以便分析发病原因和传播方式。调查的内容应根据不同疫病的传播途径特点来确定。如当调查腹泻等肠道疫病时,应着重查看畜禽舍、水源、饲料等场所的卫生状况,以及防蝇灭蝇措施等;当调查呼吸道疫病时,应着重查看畜禽舍的卫生条件、空气质量、通风状况及接触的密切程度(是否拥挤);当调查虫媒疫病时,应着重查看媒介昆虫的种类、密度、滋生场所以及防虫灭虫措施等,并分析这些因素对发病的影响。

4. 实验室检查

动物流行病学调查中为了查明可疑的传染源和传播途径,确定发病畜禽周围环境的污染情况及接触畜禽的感染情况等，有条件时应通过对采集的样本进行细菌培养、病毒分离及血清学检查等实验室检测，确定疾病的诊断结果和病原体信息。实验室检测是验证调查结果的重要手段，可以对疾病的传播途径和感染源进行科学判断。

三、调查步骤

（1）制定调查计划：根据调查目的和范围，制定详细的调查计划，包括调查方法、样本量、调查时间表和人员分工等。

（2）设计调查问卷：设计科学合理的调查问卷，确保能够全面、准确地收集所需信息。问卷应包括基本信息、饲养管理情况、疫病防控措施等内容。

（3）实施现场调查：按照调查计划，组织调查人员前往现场进行实地调查。现场调查应注意观察动物的临床症状、饲养环境和管理措施等，同时与养殖户进行访谈，了解疫病的发生和传播情况。

（4）数据分析与报告撰写：对收集到的数据进行整理和分析，运用统计学方法找出疫病的流行特征和影响因素。根据分析结果，撰写调查报告，提出针对性的防控建议。

（5）评估与反馈：对防控措施的实施效果进行评估，及时收集反馈意见，对调查方法和防控策略进行持续改进和优化。

任务四　动物流行病学和其他学科的关系

任务目标

知识目标

能够清晰阐述动物流行病学与基础兽医学、预防兽医学、临床兽医学、人医流行病学及非兽医学科的联系，掌握各学科为动物流行病学提供的知识支撑及应用场景。

技能目标

学会运用统计学方法处理动物流行病学数据，能依据多学科知识制定动物疫病防控策略，通过群体数据评估疫病风险，有效监测和检测动物群体疫病。

素质目标

培养跨学科思维，提升其在动物流行病学研究中综合运用多学科知识的能力，增强对动物健康与公共卫生的责任感，树立严谨科学的研究态度。

案例导入

想象一下，在一个大型畜牧农场里，突然暴发了一种不明原因的传染病。大量牲畜出现发热、咳嗽、食欲不振等症状，短短几天内，病情迅速蔓延，给农场带来了巨大的经济损失。农场主心急如焚，赶忙向兽医求助。兽医在诊断过程中，需要综合运用动物微生物知识判断病原体，借助病理解剖知识了解患病牲畜的器官病变，通过生理和生物化学知识分析疫病对牲畜身体机能的影响。这就体现了基础兽医对动物流行病学调查的重要支撑。

1. 在这场疫情中，预防兽医能发挥怎样的作用来制定防控策略呢？

2. 临床兽医在治疗患病个体时，如何与动物流行病学从群体角度防控疫病的方法相互配合呢？

带着这些问题，让我们深入探讨动物流行病学与各学科的紧密联系。

知识要点

动物流行病学是一门多学科交叉的领域，由于它作为一门方法学涉及的范围很广，所以它与多个学科有着密切的联系。

1. 与基础兽医学的关系

基础兽医学为动物流行病学提供了必要的生物学知识，包括动物微生物与免疫、动物解剖生理、动物生物化学等，帮助在流行病学调查中寻找并证实病因的研究，理解动物群体中的疾病发生机理。这些基础学科的研究和流行病学的研究相互补充、相互提供线索。另一方面，基础兽医学的发展也为动物流行病学研究提供了新方法，增添了新内容。

2. 与预防兽医学的关系

动物流行病学是预防兽医学中的一个关键分支，与预防兽医学之间存在密切且互补的关系，它专注于动物群体疾病分布的研究，为预防兽医学提供了研究方法和工具，帮助制定有效的疾病控制和预防策略。动物流行病学的原理用于评估动物疾病的风险，包括疾病的发生、传播和影响。动物流行病学的方法支持对动物群体中的疫病进行监测和检测，这对于早期发现疫病和实施预防措施至关重要。

3. 与临床兽医学的关系

虽然它们的关注点和研究范围有所不同，但它们之间存在紧密的联系和互补性，两者相辅相成。临床兽医学侧重于个体动物的疾病诊断与治疗，关注疾病的临床症状和个体病理过程；而动物流行病学则从群体角度出发，研究疾病的分布、频率、影响因素和防控，关注疾病在群体中的流行模式和控制策略。临床兽医学通过诊断技术确定疾病原因，为个体动物提供治疗方案；动物流行病学则利用群体数据评估疾病风险，为疾病预防和控制提供策略。而在人畜共患病的研究和防控中，临床兽医学与动物流行病学紧密合作，共同保护人类和动物的健康。

4. 与人医流行病学的联系

动物流行病学与医学流行病学在理论和方法上具有共通性。两者都致力于理解疫病的发生、分布和控制，尽管动物流行病学专注于动物群体，而人医流行病学专注于人类群体。但是人和动物往往处于一个生物区系和生态系统中，不可能将人类疫病和动物群体中的疫病截然分开，尤其在人畜共患病、职业病、地方病等的研究和防控方面，往往需要动物流行病学工作者和医学流行病学工作者的共同合作，追踪疫病的来源和传播途径，才能有效地控制这些疫病。如 2006 年人感染猪链球菌事件所展示的人医和兽医合作典范。

但是就单纯的动物群体疫病防控而言，与人群中的疫病防控有很大的区别，同时在预防疫病所起的作用方面，动物流行病学和医学流行病学也有很大的不同。兽医学中的疫病预防，经济因素通常更为重要。如当一个畜（禽）群发生某种新的传染病或传播快、危害大的烈性传染病时，控制的原则是迅速诊断、及时扑灭、销毁患病和感染动物，消毒、隔离、封锁疫点，以达到扑灭疫情、消灭传染源的目的。而人医疾病预防则主要是社会问题，要以人为本，完全不能参考兽医疫病防控措施，所以又称社区医学。

动物流行病学研究的内容是动物，尤其是食用动物，在其幼龄（肉用仔鸡 45 日龄左右）或青壮年时期（如猪 6 个月左右）即被屠宰利用。而癌症等在中老年人群体发病率高的疾病，在畜（群）禽体中很少发生，没有多大的经济意义，有关这些疫病的流行病学研究报告也很少。与此相反，目前，癌症流行病学的研究是医学流行病学中极为活跃的领域。

在动物流行病学研究中较多地使用实验流行病学方法。例如，为了确定某种传染病在动物群体中的传播方式或某种药物是否有副作用，用本种动物做实验可以很快得出结论。但为了弄清一种传染病（如传染性肝炎）在人群间的传播方式或确定一种药物对人是否有副作用，则不能采用上述方法，必须根据观察流行病学研究提供的间接证明。

动物流行病学的主要目的在于产生定量数据，补充实验研究的定性结果，为制定控制疫病或保持健康的对策提供充分的依据。而医学流行病学的主要目的是确定无法在实验条件下解答的因果关系。

在畜牧部门，长期以来动物疫病防控是根据实验结果和现场效果的证据做出判断的。现代农业的性质要求有更准确的方法。如对母牛群布鲁氏菌隐性感染的回顾性研究就是很好的例子。实验研究证明，由感染母牛生的小母牛可以一直保持隐性感染状态（血清阴性），直到第一次妊娠发生流产并感染相邻牛只。在实验中，22 头母犊有 4 头呈上述隐性感染状态。如现场牛群中隐性感染的比例与此相同，则以扑杀严重感染牛群的成年牛为防控对策就不可能达到净化的目的。定量数据表明，出生于感染母牛的小母牛，在重建群中流产或散布流产布鲁氏菌的最大危险性为 2.5%，这一结果有助于对根除对策做出合理判断。

5. 与一些非兽医学科的关系

动物流行病学与统计学的关系密切。在流行病学研究中从试验或调查的设计、资料收集、抽样方法、样本大小到数据的整理和分析都离不开统计学。正确应用统计学方法，有助于正确地揭示疫病分布规律、判断防控效果，也可对流行过程各方面的特点做定量说明。动物流行病学还与环境科学、生态学、社会学和经济学等学科交叉，发生密切联系，如在动物疫病的建模时应用数学方法，在评估动物疫病及其控制的经济影响时用经济学方法，研究疫病的自然史需要有生态学和环境科学方面的知识，资料的记录、储存和数字资料的表达以及动物疫病的建模和多因素分析越来越离不开计算机科学，在食品安全领域，通过动物流行病学的研究可以评估疫病控制措施对食品安全的影响等。因此，学好动物流行病调查技术这门课程需要有宽广的知识面。

任务五　动物流行病学与人类和动物健康

任务目标

知识目标

能够明晰其在预防兽医学中的关键地位；熟知动物疫病、人畜共患病、食品安全等相关概念，掌握疫病防控、“同一个健康”理念等基础理论知识。

技能目标

通过学习，能够运用定性与定量方法评估动物疫病风险；学会分析疫病病因、传播途径，制定并评价防控措施；能借助流行病学方法监测动物疫病，有效应对突发公共卫生事件。

素质目标

培养对动物健康和公共卫生的责任感，提升其跨学科协作意识，增强对动物疫病防控重要性的认知，树立“同一个健康”理念，以科学严谨态度投身兽医领域。

案例导入

2003年，SARS疫情的暴发，给全球带来了巨大冲击。这一事件引发了人们对病毒传播的高度关注，也凸显了动物流行病学在公共卫生领域的重要性。实际上，动物疫病与人类健康息息相关，许多传染病都源于动物。比如，禽流感病毒可在禽类群体中传播，一旦发生变异，就可能感染人类，引发严重的公共卫生事件。再如，疯牛病不仅给畜牧业带来巨大损失，其引发的人类致死性变种克雅氏病，更是引起了公众对食品安全的高度关注。

根据以上案例描述，请在学习本任务时思考以下问题：

1. 从动物流行病学的角度来看，如何在早期精准监测并预警动物疫病的发生，从而有效预防其传播给人类呢？

2. 在保障食品安全方面，动物流行病学又能为从农场到餐桌的整个生产链提供哪些关键的品质控制措施呢？

让我们带着这些问题，深入学习动物流行病学的相关知识。

知识要点

一、概述

二维码 1-6 动物流行病学和其他学科的关系

二维码 1-7 动物流行病学与人类和动物健康

动物流行病学是研究动物疫病在群体中的分布、发生、发展规律及其影响因素的一门科学，是预防兽医学的重要组成部分，对于保护动物健康至关重要，并且对人类健康特别重要。它不仅关注动物疫病的研究，还涉及疫病的预防、控制策略的制定和评价，以及相关经济学评估等多个层面。随着全球畜牧业快速发展、动物及其产品国际贸易加快，重大动物疫情和卫生事件呈多发趋势，对动物流行病学提出了更高要求。

动物流行病学使用定性和定量方法来评估疫病风险和概率，研究设计，效应的度量，以及误差和统计假设检验。所产生的有关群体研究结果，是制定疫病有效防控对策和评价其效果的科学基础。不但研究如何预防和控制疫病的具体对策和措施，而且作为一门方法学构成了预防兽医学的基础。此外，动物疫病的防控还涉及公共卫生问题，与人类健康有着非常密切的关系，因此动物流行病学在预防兽医学中有重要作用。

在兽医领域有关动物和动物性产品的公共卫生问题主要包含两个方面：一是人畜共患病问题，二是食品安全问题。人畜共患病又称为动物源性疾病或人畜共患病，是指由脊椎动物自然传播给人类的疾病，这类疾病可以由多种病原体引起，包括细菌、真菌、病毒、寄生虫等。它们可以通过直接接触、食物、水或环境传播给人类。据世界卫生组织数据。目前存在超过 200 种人畜共患病。

动物性食品因带有病原体和其他有害残留物或污染物风险，人类摄入后引起疾病，即食源性疾病，这是当前人们特别关注的食品安全问题。

“同一个健康”(One Health)是指多学科、多行业、多部门合作努力，以实现人类、动物和环境的最佳健康。它是一个全球性的健康概念，强调人类、动物和环境健康之间是相互联系和相互依赖的。这一概念认为，为了实现可持续的健康，我们需要采取一个整合的方法来考虑和处理健康问题，而不是孤立地看待人类、动物或环境的健康状况。

“同一个健康”的应用领域非常广泛，包括但不限于：①人畜共患病的防控。通过监控和管理动物疫病来预防其传播给人类。②抗生素耐药性的管理。合理使用抗生素，减少在人类和动物中的耐药性发展。③食品安全。确保食品生产和加工过程中的健康和安全标准，防止食源性疾病。④生态系统健康。保护自然环境，维护生物多样性，以支持人类和动物的健康。

“同一个健康”的概念在全球范围内得到了越来越多的认可和推广。2022 年 10 月，联合国粮食及农业组织、联合国环境规划署、世界卫生组织和世界动物卫生组织共同发布了《“同一个健康”联合行动计划》，旨在整合系统和能力，共同预防、预测、监测和应对健康威胁，其中包括食品安全风险。

通过“同一个健康”的视角，可以更有效地应对全球性的公共卫生挑战，如新出现的传染病、抗生素耐药性、气候变化对健康的影响等。

2015 年在西班牙马德里召开第一届世界兽医联合会－世界医学联合会“同一个健康”全球大会，2016 年在日本福冈召开第二届大会并发表推进“同一个健康”的福冈备忘录，标志着“同一个健康”已从理念阶段向实施阶段推进。医学行业和兽医行业将在“同一个健康”的框架内紧密合作，解决动物—人类—生态系统的健康问题。2024 年 6 月 13 日第 8 届中国动物健康与食品安全大会在四川成都举办。会议邀请了国内外动物源食品产业链的院士和专家，共同探讨动物源食品产业链各环节的关键发展问题，寻找解决方案，以创新引领行业发展。

二、动物疫病的防控

动物流行病学作为一门学科，专注于研究动物群体中疫病和健康状况的分布及其决定因素，并制定和评价疫病的预防、控制及增进健康的策略与措施。它是动物医学专业的主导专业课程，也是现代兽医学的基础学科。

动物疫病防控是动物流行病学实践的重要领域。通过流行病学的方法，可以确定群发未知疾病的病因、分析已知病因的疫病发生的原因、来源，了解疫病的自然史，弄清疫病在动物群体中的发生频率和分布，评价疫病控制措施的成本与效益，制定、监督和实施疫病的控制规划，实现快速、有效的疫病控制。准确的流行病学数据是制定科学、有效防控策略的基础，对任何疫病都是一样，没有例外。为了控制动物疫病，必须加强对农业动物、伴侣动物、野生动物群体的流行病学监测。例如，2002 年 SARS 暴发期间，流行病学方法帮助发现了由野生动物引起的疫病传播；在 2005 年四川发生人感染猪链球菌公共卫生事件中，流行病学追踪到了疫病暴发的来源和传播途径。

二维码 1-8　中华人民共和国动物防疫法

2021 年新修订的《中华人民共和国动物防疫法》颁布，为了贯彻落实防疫法有关要求推进动物疫病净化工作，不断提高养殖环境生物安全管理水平，促进高质量发展。农业农村部发布的《关于推进动物疫病净化工作的意见》。意见中强调实施动物疫病净化消灭是动物疫病防控的重要路径，也是动物疾病防控的最终目标。我国是畜牧业大国，疫病的种类多，病因复杂，流行范围广，防控难度大。特别是非洲猪瘟传入我国后，传统的防控手段和措施受到前所未有的挑战。开展动物疫病净化是强化养殖场生物安全管理、推进动物防疫工作转型升级的重要举措。这包括集成示范综合技术措施、建立健全净化管理体制机制，以及通过示范创建、引导支持，逐步提高养殖环节生物安全管理水平，促进动物防疫由重点控制向全面净化转变。

中国动物卫生与流行病学中心作为该领域的专业机构，负责动物疫病的监测、防控和流行病学研究，以保障公共卫生安全和促进畜牧业的健康发展。通过这些工作，动物流行病学为动物疫病防控提供了科学依据和策略，两者相辅相成，共同维护动物健康和公共卫生安全。

动物疫病防控过程中查找病因是至关重要的工作之一，找到病因和消除病因是控制疫病的重要手段。但是有时弄清病因特别是新出现的传染病病因往往是复杂而费时的。因此，对新出现的传染病和传播快、危害大的传染病的控制原则是不能等病因确定了再采取措施，而是应根据疫病是可传染的信息，迅速而果断地隔离、封锁疫点，处理患病和被感染动物，切断传播途径，防止疫病蔓延，尽可能把疫病控制在最小的范围内，这样才能在短时间内扑灭。

同时，我们更不能忽略非人畜共患的病原体对动物性食品和环境带来的负面影响，这一点在发展中国家尤其重要，因为影响食品生产的产量和品质，以及环境安全，都能造成严重的公共卫生后果。

三、人畜共患病的防控

有些传染病是动物特有的，对人类没有传染性，如非洲猪瘟、猪瘟、马瘟、羊痘、鸡传染性法氏囊病等，这些病对人类没有威胁。有些传染病是人类特有的，与动物无关，如天花、水痘、麻疹、霍乱、小儿麻痹症等这些病的病原体不感染动物。而有一些传染病是人和动物共患的，称为人畜共患病，如结核病、布鲁氏菌病、弓形虫病、禽流感、链球菌病、沙门菌病、钩端螺旋体病、血吸虫病等，这些病的病原体在动物之间、动物和人之间相互传染。

Taylor 等(2001)把文献中报道对人有致病性的 1 415 种病原体进行系统分析，发现其中 61.34%(868 种)是人畜共患病病原体，包括 165 种病毒，269 种细菌和立克次体，113 种真菌，43 种原虫和 278 种蠕虫。在这 1 415 种人类病原体中有 175 种是新出现的，其中 132 种(75.43%)是人畜均感染病原体。

在很多情况下动物(尤其是野生动物)是一些人畜共患病原体的天然贮藏宿主，即病原体和宿主达到一种平衡状态可以在自然界长期存在。如野生水禽和家养水禽是流感病毒的天然贮藏宿主，多种禽类是西尼罗病毒的天然贮藏宿主。这类病原体从动物传给人，就可以造成人群中的疫病流行。按照贮藏宿主的性质，人畜共患病可以分为四类：第一类是以动物为主的人畜共患病，病原体主要的贮藏宿主是动物，在动物间传播以维持其世代延续，人群中的流行可以看作动物间流行的波及，如鼠疫、森林脑炎、钩端螺旋体病、布鲁氏菌病、旋毛虫病、棘球蚴病等；第二类是以人为主的人畜共患病，病原体的主要贮藏宿主是人，疫病通常在人群中传播流行，如人结核病(结核分枝杆菌引起)、阿米巴痢疾等；第三类是人和动物并重的人畜共患病，人和动物都是贮藏宿主，都可独立地保存病原体并维持其世代延续，如日本血吸虫病；第四类是所谓真性人畜共患病，其病原体必须以动物为中间宿主，以人为终末宿主，两者缺一不可，如牛、猪和人的绦虫病和囊尾蚴病等。动物群体中人畜共患病的防控是人畜共患病防控的重要组成部分，它与人群中人畜共患病防控形成一个整体。目前，对控制动物中人畜共患病的重要性还认识不足。动物群体中某种人畜共患病防控的好坏，往往对人群中该病的发病率起关键作用。例如，印度和中国是全世界人狂犬病病例发生最多的两个国家，其主要原因是家犬的狂犬病未防控好，大多数的家犬不接种狂犬病疫苗，致使家犬的发病数量多，而 95%以上的人狂犬病病例是由家犬咬伤引起。与此相反，欧洲发达国家、美国和加拿大仅有很少的人狂犬病病例，而且几乎都是从野生动物获得感染，因为这些国家已消灭了家养动物中的狂犬病。无数事实证明，保护人类免受疾病之害最有效和最经济的方法是在动物源头控制人畜共患病的病原体。另外，动物群体中人畜共患病比人群中的复杂得多，防控难度更大。有些人畜共患病的病原体，可以感染多种动物，包括家养的和野生的，而不同种类的动物感染后应答不一样，有的有明显症状甚至死亡，有的则不表现明显的临床症状，但病原体可以在体内大量繁殖，成为感染人和其他动物的来源，这些动物被称为扩增宿主，如猪和鸡是乙型脑炎病毒的扩增宿主，多种家禽和野禽是西尼罗病毒的扩增宿主。有的人畜共患病病原主要感染野生动物而很少感染家养动物，有的则可引起大批家养动物发病和死亡，因此它们在经济上的重要性差别很大。为控制动物群体中的人畜共患病，应加强这方面的流行病学监测。我国对很多疫病的监测工作还处于空白状态或刚刚起步阶段，人畜共患病的防控任重而道远。

四、食品安全

1996 年世界卫生组织将“食品安全”定义为：对食品按其原定用途进行制作和食用时不会使消费者的健康受到损害的一种担保。不同国家对“食品安全”定义的表述虽存在差异，但内涵是一致的。按照《中华人民共和国食品卫生法》的规定，食品安全是“指食品无毒、无害，符合应当有的营养要求，对人体健康不造成任何急性、亚急性或慢性危害”。

二维码 1-9　中华人民共和国食品安全法

兽医公共卫生是研究环境污染及生态平衡的动物源性食品卫生与安全、人畜共患病、动物保护与福利等一门新兴学科。在兽医公共卫生领域中一个受到特别关注的领域是食品安全。重点在于保障动物源性食品的卫生安全、防控人畜共患病、减少兽药残留和环境生态毒性，以及提升动物福利和保护。

全球范围内的动物源性食品安全事件一直是公共卫生领域关注的焦点。根据世界卫生组织（WHO）的数据，每年全球约有 6 亿人因食用受污染的食品而生病，导致 42 万人死亡，并造成 3 300 万健康生命年损失（以残疾调整年计）。2022 年 4 月，欧洲和美国暴发了与巧克力产品相关的鼠伤寒沙门菌疫情，导致至少 151 例病例，其中大多数为 10 岁以下儿童。2023 年 4 月，联合国粮食及农业组织（FAO）发布报告指出，肉、蛋、奶是许多人体必需营养素的重要来源，但同时也需要注意食品安全问题，以确保这些食品的营养价值能够安全地惠及人类健康。2021 年 6 月，世界卫生组织加强行动，以改善食品安全，保护人们免受食源性疾病的侵害，强调食源性疾病的全球负担，并采取措施减少疾病发生率。此外，疯牛病在引起人类致死性变种克雅氏病（variant Creutzfeldt-Jakob disease）所起的作用已为世人公认，更提高了公众对食品安全的关注程度。这导致有些西方国家成立食品标准政府机构，专门负责食品质量监督。

动物源性食品中有害健康的污染物主要指生物性污染物和化学性有害因素。生物性污染物包括致病性微生物（病毒、细菌、真菌）、寄生虫和各种生物毒素，化学性有害因素包括抗生素残留和其他所有对人体有害的化学物质。食品污染的直接后果之一是食源性疾病，即通过摄取食物而进入人体的有毒有害物质（包括病原体）所造成的疾病，包括人畜共患传染病和寄生虫病、食物中毒、肠道性感染等引起的疾病等。

从流行病学的角度来审视当前兽医行业在食品安全监督管理中的作用，已超出保证屠宰出来的是有益健康食品的范围，而是在从农场到餐桌整个生产链所有阶段的品质控制。这就需要建立采用关键控制点危害分析（hazard analysis and critical control point，HACCP）技术的质量保障系统，从仅注意畜（禽）群健康转变为整个生产链的食品品质控制。通过对整个生产链传播感染风险的定量评价，这种方法将得到进一步加强。

由于公众对食品安全的关心，我国加强了食品安全检验工作，这对改善食品安全状况起到了重要作用。但是，安全食品是生产出来的而不是检验出来的，因此加强从农场到餐桌食品生产链所有阶段的品质控制，才是改善食品安全状况的根本途径。

课后训练

一、名词解释

1. 流行病学　2. 现场调查　3. 普查　4. 抽样调查　5. 同一个健康

二、填空题

1.“流行病学”最早出现在 1802 年的________文献中，而“epidemic”一词则更早，________医学家希波克拉底就使用过该词。原意是指研究人群中疫病流行的学科。

2. 疫病的分布包括________、________、________，又称“三间分布”。

3. 整群调查法适用于对________进行调查。抽样调查法适用于对________进行调查。

4. 动物流行病学最基本的核心思想是________的观点。传统兽医学主要是从动物的个体、组织器官、细胞水平，甚至在分子水平进行观察和研究，而流行病学是在________群体________水平上进行研究。

5. 动物疫病流行病学调查的基本原理是根据疫病的________，通过对________、________和________等相关因素的观察和调查，确定疫病的发生与传播机制。

6. 在兽医领域有关动物和动物性产品的公共卫生问题主要包含两个方面：一是____________问题，二是____________问题。

三、判断题

(　　)1. 动物流行病学最基本的核心思想是群体的观点。

(　　)2. 定性调查研究侧重于通过数值和统计分析来收集和分析数据。

(　　)3. 动物流行病学与医学流行病学在理论和方法上是完全不同的。

(　　)4. 动物流行病学调查只适用于传染性疾病。

(　　)5. 动物流行病学调查是动物疫病防控的基础。

(　　)6. 动物流行病学调查时，普查比抽样调查更具有指导意义。

四、简答题

1. 简述动物流行病学调查的目的和意义。

2. 流行病学调查的方法有哪些？

思政小贴士

动物疫病的传播无国界，一旦暴发，可能对全球的畜牧业、经济和公共卫生安全产生重大影响。我们应多关注国际上重大动物疫病事件，分析其对各国经济、民生产生的冲击。我们的专业未来不仅关乎动物健康，更与国家的农业发展、社会稳定紧密相连，我们应增强社会责任感，为保障动物健康和公共卫生安全贡献力量。

二维码 1-10
思政小贴士(一)

项目小结

项目一　动物流行病调查认知

- 任务一　动物流行病学基本认知
- 任务二　动物流行病调查的目的、意义与研究内容
- 任务三　流行病学调查架构
- 任务四　动物流行病学和其他学科的关系
- 任务五　动物流行病学与人类和动物健康

项目二
动物流行病学基础

任务一　传染病的感染与发生

任务目标

知识目标

能精准阐述感染的概念、发生条件及类型，清晰区分不同类型感染的差异。熟知传染病的概念、特征、病程阶段及各阶段特点，深刻理解病原微生物与机体相互作用关系，掌握潜伏期等关键时期的意义。

技能目标

可依据感染与传染病知识，准确判断感染类型，分析传染病发生的原因与条件。能针对不同传染病病程阶段，制定相应观察、防控与护理方案，熟练运用所学知识解决实际问题。

素质目标

培养严谨的科学态度，使其在面对感染与传染病相关问题时能理性分析。增强责任意识，重视传染病防控工作，树立维护动物健康、保障公共卫生安全的观念。

案例导入

某乡村农场，饲养着许多牛羊。有一天，农场主发现几只羊突然变得无精打采，食欲不振。起初，他以为只是普通的身体不适，可没过几天，更多的羊出现了类似症状，甚至有几只羊开始发热、咳嗽。农场主赶忙请来兽医诊断，兽医经过检查，发现是一种病毒感染了羊群。

根据以上病例描述，请在学习本任务时思考以下问题：

1. 为什么这些羊会被感染呢？

2. 感染的发生又需要具备哪些条件呢？

知识要点

一、感染

（一）感染的概念

病原微生物侵入动物机体，并在一定的部位定居、生长繁殖，从而引起机体产生一系列的病理反应，这个过程称为感染，又称为传染。

二维码 2-1
感染、感染的条件和类型

感染是一个动态过程。病原微生物进入动物体不一定都能引起感染过程，因为在多数情况下，动物机体的条件不适合侵入的病原微生物生长繁殖，或动物机体能迅速动员防御力量将侵入者消灭，从而不出现可见的病理变化和临床症状，这种状态称为抗感染免疫。换句话说，动物机体对病原微生物有不同程度的抵抗力。动物对某一种病原微生物没有免疫力（即没有抵抗力）称为有易感性，这种动物称为易感动物。

（二）感染发生的条件

病原微生物侵入动物机体不一定都会引起感染的发生，必须满足一定的条件。感染的发生需具备以下几个条件：

（1）病原微生物或寄生虫的毒力足够强、数量足够多。没有病原微生物或寄生虫，动物疫病不会发生，病原微生物或寄生虫数量少，毒力弱，一般也不会引起感染的发生。

（2）有适宜的侵入门户。病原微生物或寄生虫通过适宜的途径侵入动物适宜的部位使动物发生感染。如果病原微生物或寄生虫侵入动物的部位不适宜，也不会引起感染的发生。如破伤风杆菌必须经外伤途径侵入动物，并在厌氧的环境条件下繁殖才能引起动物感染发病。狂犬病必须经带狂犬病病毒的动物咬伤才可能发生感染。

（3）具有对该病原微生物易感的动物机体。病原微生物或寄生虫只能侵入对其有易感性的动物体内才能引起感染发病，如羊对羊口疮病毒没有抵抗力，易感染羊口疮病毒（羊传染性脓疱），而对猪瘟病毒的抵抗力较强，不会感染猪瘟病毒。马、牛、羊对炭疽杆菌最易感，往往出现全身性急性败血症而很快死亡，而猪对炭疽杆菌有一定的抵抗力，往往呈局部感染或慢性经过。

（4）具有可促使病原微生物侵入易感动物机体的外界环境。外界环境因素对动物疫病的感染和发生起着重要的影响作用，主要表现如下。

①影响动物的抗病力。如冬春季节气温变化大，易引起呼吸系统疾病。夏秋高温高湿季节易发生猪繁殖与呼吸综合征。营养不良，抵抗力降低，易感染多种疫病，特别是寄生虫病。

②影响病原微生物和寄生虫的生命力、毒力。如冬季气温低，有利于病毒在低温环境中长期保存，易发生病毒性疾病。

③影响生物媒介和中间宿主的生命力和分布。如库蠓是蓝舌病的传播媒介、蚊子是乙型脑炎的传播媒介，因此蓝舌病和乙型脑炎多发生于库蠓和蚊子活动的夏秋季节。

动物感染病原微生物后会有不同的临床表现，从完全没有临床症状到明显的临床症状，甚至死亡，这是病原的致病性、毒力与宿主特性综合作用的结果。也就是说，病原对宿主的感染力和宿主的抗病力表现出很大差异，这不仅取决于病原本身的特性(致病力和毒力)，也与动物的遗传易感性和宿主的免疫状态以及环境因素有关。

总之，在感染的发生过程中，病原微生物的致病作用和机体的防御机能，是在一定的传播途径和外界环境条件下，不断相互作用的过程，只有具备病原微生物以及适宜的侵入门户、易感动物和外界环境这几个条件，感染才能发生。

(三)感染的类型

1. 按感染来源划分

按感染来源划分为外源性感染和内源性感染。病原微生物从外界侵入机体引起的感染过程，称为外源性感染。大多数传染病属于这一类。寄居在动物机体内的条件性病原微生物，在机体正常的情况下，不表现其致病性。当受到不良因素的影响而使动物机体的抵抗力减弱时，体内的条件性病原微生物大量增殖，毒力增强，最后致使机体发病，这一过程称为内源性感染。

2. 按感染部位划分

按感染部位划分为全身感染和局部感染。当机体抵抗力较弱时，病原微生物冲破了机体各种防御屏障，侵入血液并向全身扩散，这种感染称为全身感染。由于动物机体的抵抗力较强，而侵入的病原微生物毒力较弱或数量较少，病原微生物被局限在一定部位生长繁殖，并引起一定的病理变化，这种感染称为局部感染。

3. 按病原种类划分

按病原种类划分为单纯感染、混合感染、原发性感染和继发感染。由一种病原微生物引起的感染，称为单纯感染，又称为单一感染。由两种或两种以上的病原微生物同时参与的感染，称为混合感染。动物感染了一种病原微生物之后，在机体抵抗力减弱的情况下，又由新侵入的或原来存在于机体内的另一种病原微生物引起的感染，称为继发感染。最初感染称为原发性感染。

4. 按症状是否典型划分

按症状是否典型划分为典型感染和非典型感染。在感染过程中出现特征性临床症状者称为典型感染。而非典型感染则表现或轻或重，与典型症状不同。

5. 按疾病严重性划分

按疾病的严重性划分为良性感染和恶性感染。一般常以病畜的死亡率作为判定传染病严重性的主要指标。如果该病并不引起病畜的大批死亡，则称为良性感染。相反，如能引起大批死亡，则称为恶性感染。

6. 按病程长短划分

按病程长短划分为最急性感染、急性感染、亚急性感染、慢性感染。

(1)最急性感染：病程短促，常在数小时或一天内突然死亡，症状和病理变化不显著，常见于传染病的流行初期。

(2)急性感染：病程较短，自几天至两三周不等，并伴有明显的典型症状。

(3)亚急性感染：其临床表现不如急性那么显著，病程稍长，和急性相比是一种比较缓和的类型。

(4)慢性感染:病程缓慢的一种感染。

7. 按临床症状划分

按临床症状划分为显性感染、隐性感染、一过型感染、顿挫型感染。动物或人被某种病原体感染并表现出相应的特有症状,称为显性感染。不呈现明显症状的感染,称为隐性感染,又称为亚临床感染。开始症状较轻,特征症状未出现即行恢复者,称为一过型感染。开始时症状表现较重,与急性病例相似,但特征性症状未出现即迅速消退并恢复健康者,称为顿挫型感染。

8. 按感染持续时间长短划分

按感染持续时间长短划分为病毒持续感染和慢性病毒感染。

(1)病毒持续感染:是指动物长期持续的感染状态。由于入侵的病毒不能杀死宿主细胞而形成病毒与宿主细胞间的共生平衡,感染动物可长期或终生带毒,而且经常或反复不定期地向体外排出病毒,但常缺乏临床症状,或出现与免疫病理反应有关的症状。

(2)慢性病毒感染:又称长程感染,是指潜伏期长,发病呈进行性且最后常以死亡为转归的病毒感染。其与持续感染的不同点,在于疾病过程缓慢,但不断发展且最后常引起死亡。

二、传染病

(一)传染病的概念

凡是由病原微生物引起的,具有一定的潜伏期和临床表现,并具有传染性的疾病,称为传染病。

(二)传染病的特性

传染病的表现虽然多种多样,但也具有一些共同特性,根据这些特性可与其他非传染病相区别。这些特性如下。

1. 传染病是在一定环境条件下由病原微生物与机体相互作用所引起的

每一种传染病都有其特异的致病性微生物存在。如猪瘟是由猪瘟病毒引起的,没有猪瘟病毒就不会发生猪瘟。

2. 传染病具有传染性和流行性

从患传染病的病畜(禽)体内排出的病原微生物,侵入另一有易感性的健畜(禽)体内,能引起同样症状,这种疾病的特性称为传染性。像这样使疫病从病畜(禽)传染给健畜(禽)的现象,就是传染病与非传染病相区别的一个重要特征。当环境条件适宜时,在一定时间内,某一地区易感动物群中可能有许多动物被感染,致使传染病蔓延散播,形成流行性。

3. 被感染的机体发生特异性免疫反应

在传染病发展过程中由于病原微生物的抗原刺激作用,机体发生免疫生物学的改变,产生特异性抗体和变态反应等,这种改变可以用血清学方法等特异性反应检查出来。

4. 耐过动物能获得特异性免疫

动物耐过传染病后,在大多数情况下均能产生特异性免疫,使机体在一定时期内或终生不再患该种传染病。

5. 具有特征性的临床表现

大多数传染病都具有该种病特征性的综合症状、一定的潜伏期和病程经过，是诊断的重要依据。

二维码 2-2
传染病的发生

(三)传染病的病程经过(即发展阶段)

传染病的发展过程在大多数情况下具有严格的规律性，大致可以分为潜伏期、前驱期、明显(发病)期和转归期四个阶段。

1. 潜伏期

由病原体侵入机体并进行繁殖时起，直到疾病的临床症状开始出现为止，这段时间称为潜伏期。

不同疾病潜伏期长短不一，同一疾病潜伏期也有不同。一般来说，急性传染病的潜伏期差异范围较小；慢性传染病以及症状不很显著的传染病其潜伏期差异较大，常不规则。同一种传染病的潜伏期的长短也有很大的变化。潜伏期短促时，疾病经过常较严重；反之，潜伏期延长时，病程也常较轻缓。

了解潜伏期的主要意义：

(1)潜伏期在某种意义上来讲是病原微生物与动物机体进行对抗的阶段。当病原微生物刚刚侵入机体时，数量多，毒力弱，而机体的抵抗力较强，足以抵抗病原微生物的侵袭。当病原微生物在体内不断地增殖，数量不断增多，毒力不断增强，到一定的阶段，机体不能够抵抗其感染时，机体即被感染，出现一定的临床表现。因此，可以认为，潜伏期是病原微生物蓄积力量的阶段。

(2)潜伏期是制定隔离封锁期的主要依据。在传染源传染状态已消除，传播途径被切断后，全面巡诊疫区(疫源地)后，经过一个最长潜伏期后未再发生新的继发病例和病原携带者，即可宣布解除疫区封锁。

(3)可以判断传播媒介的种类和数量。如动物群中有多种动物发生传染病，若其首末病例发病日期的间距不超过该病的最长潜伏期，则所有病例感染可能来自同一媒介。

(4)可以推算患病动物的感染日期。将传染病患病动物最早发病的时间往前倒推一个最长及最短潜伏期所对应的时间，即为该患病动物的暴露时间区间。全面深入地调查患病动物在该时间范围内的活动范围、接触到的人、动物和环境，以此追踪传染源、其他密切接触者、确定传播途径及判断疫源地的大小。

(5)可以确定紧急免疫动物的观察期限。某些动物群发生传染病后，可用疫苗进行免疫接种，但处于潜伏期的动物，接种疫苗后仍有可能发病，对这些动物就应该加强观察和确定观察期限。

(6)从流行病学的观点来看，处于潜伏期的动物之所以值得注意，主要是因为处于潜伏期的动物可通过其排泄物和分泌物等向外界排出细菌或病毒，成为潜在的传染源。

2. 前驱期

前驱期是疾病的征兆阶段，其特点是临床症状开始表现出来，但该病的特征性症状仍不明显。对于多数传染病而言，这个时期仅可察觉出一般的症状，如体温升高、食欲减退、精神沉郁等。各种传染病和各个病例的前驱期长短不一，通常只有数小时至一两天。同一传染病在不同的个体中其前驱期也有所差异。

3. 明显(发病)期

前驱期之后,疾病的特征性症状逐步明显地表现出来,是疾病发展到高峰的阶段。这个阶段因为很多有代表性的特征性症状相继出现,在诊断上比较容易识别。同时,由于患病动物体内排出的病原体数量多、毒力强,故应加强发病动物的饲养管理,防止病原微生物的散播和蔓延。

4. 转归期

为传染病发展的最后结局时期。如果病原体的致病性增强,或动物机体的抵抗力减退,则传染过程以动物死亡为转归。如果动物机体的抵抗力得到改进和增强,则机体便逐步恢复健康,表现为临床症状逐渐消退,体内的病理变化逐渐减弱,正常的生理机能逐步恢复。机体在一定时期保留免疫学特性。在病后一定时间内还有带菌(毒)排菌(毒)现象存在,但最后病原体可被消灭清除。

任务二　动物传染病的流行

任务目标

知识目标

能够准确阐述传染病流行过程的概念、基本环节(传染源、传播途径、易感动物),熟知流行特征(季节性、周期性),明晰流行区域(疫源地、自然疫源地、国家无规定疫病区等)相关知识。

技能目标

能依据所学,分析传染病流行实例中各环节的作用,判断流行特征,能根据不同疫病情况识别各类流行区域,具备对传染病流行过程的初步分析能力。

素质目标

培养严谨的科学态度,增强对畜禽传染病防控的责任感,重视自然与社会因素对传染病流行的影响,树立全面防控传染病的意识。

案例导入

一小型养鸡场。场主最近发现部分鸡开始出现精神萎靡、咳嗽等症状,短短几天,患病鸡只数量不断增加。起初,场主并未在意,以为只是普通的感冒。但随着时间的推移,更多鸡被感染,甚至出现死亡情况。这其实就是传染病在鸡群中的流行过程。从少数鸡个体感染发病，逐渐发展到鸡群大面积发病。

根据以上病例描述，请在学习本任务时思考以下问题：

1. 在这个流行过程中，鸡群传染病流行的基本环节有哪些？

2. 是什么因素导致传染病在鸡群中迅速传播？

带着这些问题，我们来深入学习传染病的流行过程等相关知识。

知识要点

一、传染病的流行过程

（一）流行及流行过程的概念

（1）流行：家畜（禽）传染病的一个基本特征是能在家畜（禽）之间直接或间接（通过媒介物）相互传染，构成流行。

（2）流行过程：是指从家畜（禽）个体感染发病发展到家畜（禽）群体发病的过程，也就是传染病在畜（禽）群中发生、发展以及终止的过程。

（二）流行过程的基本环节

动物传染病在动物群体中流行必须具备一定的条件，即通过三个基本环节（传染源、传播途径和易感动物）的相互联系和配合，当这三个条件同时存在并相互联系协同作用时就会出现疫病的发生和流行。如缺少其中任何一个环节，新的传染病就不会发生，也不能在动物群体中流行。与此同时，当传染病已经流行时，如切断其中任何一个环节，流行即逐渐平息而终止。因此，无论是预防传染病还是扑灭传染病，都要针对这三个基本环节采取措施，即消灭和控制传染源、切断传播途径、增强易感动物的抵抗力。

1. 传染源

（1）概念：传染源又称传染来源，是指有某种传染病的病原体在其体内寄居、生长、繁殖，并能排出体外的动物机体。具体来说，传染源就是受感染的动物，包括传染病病畜（禽）和带菌（毒）动物。

（2）传染源的分类：动物受感染后，可以表现为患病和携带病原两种状态，因此传染源一般可分为几种类型。

①患病动物：病畜（禽）是重要的传染源。不同病期的病畜（禽），其作为传染源的意义也不相同。前驱期和明显（发病）期的病畜（禽）因能排出病原体且具有症状，尤其是在急性过程或者病程转剧阶段可排出大量毒力强大的病原体，故作为传染源的作用也最大。潜伏期和转归期的病畜（禽）是否具有传染源的作用，则随病种不同而异。

病畜能排出病原体的整个时期称为传染期。不同传染病传染期长短不同。各种传染病的隔离期就是根据传染期的长短来制定的。为了控制传染源，对病畜（禽）原则上应隔离至传染期终了为止。

②病原携带者：病原携带者是指外观无症状但携带并能排出病原体的动物。病原携带者是一个统称，包括带菌者、带毒者、带虫者等。

病原携带者排出病原体的数量一般不及病畜,但因缺乏症状不易被发现,所以是极具危险性的传染源。如果检疫不严格,还可以随动物的运输散播到其他地区,造成新的暴发或流行。

病原携带者一般分为潜伏期病原携带者、恢复期病原携带者和健康病原携带者三类。

a)潜伏期病原携带者是指感染后至症状出现前能排出病原体的动物。在这一时期,大多数传染病的病原体数量还很少,此时一般不具备排毒条件,因此不能起传染源的作用。但有少数传染病如狂犬病、口蹄疫和猪瘟等在潜伏期后期能够排出病原体,此时就有传染性了。

b)恢复期病原携带者是指在临床症状消失后仍能排出病原体的动物。一般来说,这个时期的传染性已逐渐减弱或已无传染性了。但还有不少传染病如猪气喘病、布鲁氏菌病等在临床痊愈的恢复期仍能排出病原体。

c)健康病原携带者是指过去没有患过某种传染病但却能排出该种病原体的动物。一般认为这是隐性感染的结果,通常只能靠实验室方法检出。如巴氏杆菌病、沙门菌病、猪丹毒和马腺疫等病的健康病原携带者为数众多,有时可成为重要的传染源。

病原携带者存在着间歇排出病原体的现象,因此仅凭一次病原学检查的阴性结果不能得出正确的结论,只有反复多次的检查均为阴性时才能排除病原携带状态。消灭和防止引入病原携带者是传染病防制中主要工作任务之一。

③患人畜共患病的病人:也是不可忽视的传染源。

2. 传播途径

二维码 2-3
传播途径

(1)概念:病原体由传染源排出后,经一定的方式再侵入其他易感动物所经的途径称为传播途径。研究传染病传播途径的目的在于切断病原体继续传播的途径,防止易感动物受传染,这是防制畜禽传染病的重要环节之一。

(2)分类:一般分为水平传播和垂直传播两大类。

①水平传播:即传染病在群体之间或个体之间以水平形式横向平行传播。水平传播在传播方式上可分为直接接触传播和间接接触传播两种。

病原体通过被感染的动物(传染源)与易感动物直接接触(如交配、舐咬等)而引起的传播方式,称为直接接触传播。以直接接触为主要传播方式的传染病为数不多,在家畜中狂犬病最具有代表性。直接接触传播的传染病,其流行特点是一个接一个地发生,形成明显的锁链状。这种方式使疾病的传播受到限制,一般不易造成广泛的流行。

病原体通过传播媒介使易感动物发生传染的方式,称为间接接触传播。从传染源将病原体传播给易感动物的各种外界环境因素称为传播媒介。传播媒介可能是生物,也可能是无生命的物体。

大多数传染病如口蹄疫、牛瘟、猪瘟、鸡新城疫等以间接接触为主要传播方式,同时也可以通过直接接触传播。两种方式都能传播的传染病也可称为接触性传染病。

常见的传播媒介如下。

a)经空气(如飞沫、飞沫核、尘埃)传播:空气不适于任何病原体的生存,但空气可作为传染的媒介物,它可作为病原体在一定时间内暂时存留的环境。经空气而散播的传染主要是通过飞沫、飞沫核或尘埃为媒介而传播的。

通过飞散于空气中带有病原体的微细泡沫而散播的传染称为飞沫传染。所有的呼吸道传染病主要是通过飞沫而传播的,如结核病、牛肺疫、猪气喘病、流行性感冒、鸡传染性喉气管炎等。这类病畜(禽)的呼吸道往往积聚不少渗出液,刺激机体发生咳嗽或喷嚏,很强的气流把带着病原体的渗出液从狭窄的呼吸道喷射出来形成飞沫飘浮于空气中,可被易感动物吸入而感染。一般来说,干燥、光亮、温暖和通风良好的环境,飞沫漂浮的时间较短,其中的病原体(特别是病毒)死亡较快;相反,畜(禽)群密度大、潮湿、阴暗、低温和通风不良,则飞沫传播的作用时间较长。

从传染源排出的分泌物、排泄物和处理不当的尸体散布在外界环境的病原体附着物,经干燥后,由于空气流动的冲击,带有病原体的尘埃在空气中飘扬,被易感动物吸入而感染,称为尘埃传染。尘埃传染的时间和空间范围比飞沫传染要大,可以随空气流动转移到别的地区。但实际上尘埃传染的传播作用比飞沫要小,因为只有少数在外界环境生存能力较强的病原体能耐过这种干燥环境或阳光的曝晒,能借尘埃传播的传染病有结核病、炭疽、痘等。

经空气飞沫传播的传染病的流行特征是:因传播途径易于实现,病例常连续发生,患者多为传染源周围的易感动物。在潜伏期短的传染病如流行性感冒等,易感动物集中时可形成暴发。未加有效控制时,此类传染病的发病率多有周期性和季节性,一般以冬春季节多见,病的发生常与畜舍条件及拥挤有关。

b)经污染的饲料、饮水和物体传播:以消化道为主要侵入门户的传染病如口蹄疫、牛瘟、猪瘟、鸡新城疫、沙门菌病、结核病、炭疽、鼻疽等,其传播媒介主要是污染的饲料、饮水及用具。传染源的分泌物、排出物和病畜(禽)尸体及其流出物污染了饲料、牧草、饲槽、水池、水井、水桶,或由某些污染的管理用具、车船、畜舍等辗转污染了饲料、饮水而传给易感动物。因此,在防疫上应特别注意防止饲料和饮水的污染,防止饲料仓库、饲料加工场、畜舍、牧场、水源、有关人员和用具的污染,并做好相应的防疫消毒与卫生管理。

c)经污染的土壤传播:随病畜(禽)排泄物、分泌物或其尸体一起落入土壤而能在其中生存很久的病原微生物可称为土壤性病原微生物。它所引起的传染病有炭疽、气肿疽、破伤风、恶性水肿、猪丹毒等。

经污染的土壤传播的传染病,其病原体对外界环境的抵抗力较强,疫区的存在相当牢固。因此应特别注意病畜(禽)排泄物、污染的环境、物体和尸体的处理,防止病原体落入土壤,以免造成难以收拾的后患。

d)经活的媒介物传播:非本种动物和人类也可能作为传播媒介传播家畜(禽)传染病。主要如下。

节肢动物:节肢动物中作为家畜(禽)传染病的媒介者主要有虻类、螯蝇、蚊、蠓、家蝇和蜱等。传播主要是机械性的,它们通过在病健畜(禽)间的刺螯吸血而散播病原体。也有少数是生物性传播,某些病原体(如立克次体)在感染家畜(禽)前,必须先在一定种类的节肢动物(如某种蜱)体内通过一定的发育阶段,才能致病。

野生动物:野生动物的传播可以分为两大类:一类是本身对病原体具有易感性,在受感染后再传染给畜禽,在此野生动物实际上是起了传染源的作用。如狐、狼、吸血蝙蝠等将狂犬病传染给家畜,鼠类传播沙门菌病、钩端螺旋体病、布鲁氏菌病、伪狂犬病,野鸭传播鸭瘟等。另一类是本身对该病原体无易感性,但可机械地传播疾病,如乌鸦在啄食炭疽病畜的尸体后从粪内排出炭疽杆菌的芽孢。鼠类可能机械地传播猪瘟和口蹄疫等。

人类:饲养人员和兽医在工作中若不注意遵守防疫卫生制度,消毒不严时,容易传播病原体。如在进出病畜和健畜的畜舍时可将手上、衣服、鞋底沾染的病原体传播给健畜。兽医使用的体温计、注射针头及其他器械如消毒不严就可能成为马传染性贫血、猪瘟、炭疽、鸡新城疫等病的传播媒介。有些人畜共患的疾病如口蹄疫、结核病、布鲁氏菌病等，人也可能作为传染源。

②垂直传播：即从母体到其后代两代之间的传播。垂直传播从广义上讲属于间接接触传播，它包括下列几种方式。

a)经胎盘传播：受感染的孕畜经胎盘血流传播病原体感染胎儿，称为胎盘传播。可经胎盘传播的疾病有猪瘟、猪细小病毒病、牛黏膜病、蓝舌病、伪狂犬病、布鲁氏菌病、弯曲菌性流产、钩端螺旋体病等。

b)经卵传播：由携带有病原体的卵母细胞发育而使胚胎受感染，称为经卵传播。主要见于禽类。可经卵传播的病原体有禽白血病病毒、禽腺病毒、鸡传染性贫血病毒、禽脑脊髓炎病毒、鸡白痢沙门菌等。

c)经产道传播：病原体经孕畜阴道通过子宫颈口到达绒毛膜或胎盘引起胎儿感染。或当胎儿从无菌的羊膜腔穿出而暴露于严重污染的产道时，胎儿经皮肤、呼吸道、消化道感染母体的病原体。可经产道传播的病原体有大肠杆菌、葡萄球菌、链球菌、沙门菌和疱疹病毒等。

家畜传染病的传播途径比较复杂，每种传染病都有其特定的传播途径，有的可能只有一种途径，如皮肤霉菌病、虫媒病毒病等；有的有多种途径，如炭疽可经接触、饲料、饮水、空气、土壤或媒介节肢动物等途径传播。掌握病原体的传播方式及各传播途径所表现出来的流行特征，将有助于对现实的传播途径进行分析和判断。

3. 易感动物

(1)概念：易感性是抵抗力的反面，指家畜(禽)对于某种传染病病原体感受性的大小。一个地区畜(禽)群中易感个体所占的百分率，直接影响传染病是否能造成流行以及发展的严重程度。

二维码 2-4
易感动物

(2)动物易感性的影响因素：主要有以下几个方面。

①病原体的种类和毒力强弱。

②畜(禽)群年龄结构与感染。宿主对感染的抵抗力，随年龄的增长而增强，而到老年抵抗力又下降，这是一般的趋势。这与动物机体免疫结构的成熟和衰老是分不开的。在精子、卵子、胚胎和胎儿早期发生感染可造成不孕、产蛋下降、流产、死产和产畸形胎等繁殖障碍性疾病，但多数情况下同舍的成年畜禽不出现异常。多数肠道传染病对新生动物的致死率很高，但随着动物年龄的增长，其病死率明显下降。年龄增长伴随着病型的变化。猪大肠杆菌病对新生仔猪表现为仔猪黄痢，10 d后仔猪表现为白痢，断奶后仔猪表现为水肿病，而成年期呈现关节炎和乳腺炎等局灶性病理变化。在饲养不同年龄猪的大型养猪场内，一旦流行急性传染病，在流行停息后的几年内可能会反复流行该传染病。这种现象解释为流行后幸免死亡的猪成为传染源，再传染给新生的易感仔猪，如此反复几年。因此，无论是禽还是猪和牛，按年龄单独集中饲养，不仅便于饲养管理，而且是防治这种反复感染的有效措施。

③畜(禽)群特异性免疫状态。当易感畜(禽)群发生的传染病逐渐蔓延到后期时，常保存一定数量的幸免死亡者而停息。其原因是随着传染病的发生和发展，一部分动物死亡，一部分动物逐渐恢复而获得免疫，从而使群体的免疫水平提高。对畜(禽)群实施免疫接种时，其免疫密度达到一定程度后(即使达不到100%)，这种传染病就难以流行。群体免疫水平的大体目标是，免疫率达到70%～80%。群体免疫水平随时间的推移而变化。如某种传染病流行之

后，获得主动免疫的个体经一段时间后免疫水平逐渐下降，若和易感的新生畜（禽）群世代交替，使群体的免疫水平也降低，降低到一定水平时，该传染病再度流行，这种现象称为动物传染病的周期性。评价群体免疫水平的常用方法是监测血清中的特异性抗体。对畜（禽）群定期采血，分离血清，检测抗体效价，分析群体免疫率，是制定免疫计划的科学依据。

④ 外界环境条件。如气候、饲料、饲养管理和卫生条件等因素都可能直接影响畜（禽）群的易感性和病原体的传播。

⑤传染环。在广域的动物群体内，存在包括野生动物的异种易感动物时，这些动物之间有时形成传染链，称为传染环。传染环因各种动物的易感性和分布密度等生态学特性不同而变化，因此具有地域特征。如在非洲，蜱是非洲猪瘟病毒的主要自然宿主，因此病毒在蜱群中维持独特的生态系统而持续繁衍下去。由蜱感染的猪群，通过接触感染虽然扩大其感染环，但由于病死率高，而且猪的分布密度低，不能持续流行。野猪等野生动物被蜱感染后虽可长期携带非洲猪瘟病毒，但绝大多数是不能成为传染源的终末宿主。在西班牙和葡萄牙，蜱和猪是非洲猪瘟病毒的自然宿主，在这些区域非洲猪瘟病毒对猪的毒力逐渐减弱，病死率较低，而且饲养密度也比非洲高，这可能是该病毒在猪只之间维持繁衍的主要原因之一。

二、传染病的流行特征

二维码 2-5
动物疫病的传播与流行

1. 季节性

某些家畜（禽）传染病经常发生于一定的季节，或在一定的季节出现发病率显著上升的现象，称为流行过程的季节性。出现季节性的原因，主要有下述几个方面。

（1）季节对病原体在外界环境中的存在和散播的影响：夏季气温高，日照时间长，这对那些抵抗力较弱的病原体在外界环境中的存活是不利的。如炎热的气候和强烈的日光曝晒，可使散播在外界环境中的口蹄疫病毒很快失去活力，因此口蹄疫的流行一般在夏季减缓或平息。又如在多雨和洪水泛滥季节，土壤中含有炭疽杆菌芽孢或气肿疽梭菌芽孢，则可随洪水散播，因而炭疽或气肿疽的发生可能增多。

（2）季节对活的传播媒介（如节肢动物）的影响：夏秋炎热季节，蝇、蚊、虻类等吸血昆虫大量滋生和活动频繁，凡是能由它们传播的疾病，都较易发生，如猪丹毒、日本乙型脑炎、马传染性贫血、炭疽等。

（3）季节对家畜活动和抵抗力的影响：冬季舍饲期间，家畜聚集拥挤，接触机会增多，如舍内温度降低，湿度增高，通风不良，常易促使经由空气传播的呼吸道传染病暴发流行。季节变化，主要是气温和饲料的变化，对家畜抵抗力有一定的影响，这种影响对由条件性病原微生物引起的传染病尤其明显。如在寒冬或初春，容易发生某些呼吸道传染病和羔羊痢疾等。

2. 周期性

某些动物传染病如口蹄疫等，经过一定的间隔时期（常以数年计），还可能表现再度流行，这种现象称为动物传染病的周期性。在传染病流行期间，易感动物除发病死亡或淘汰以外，其余由于患病康复或处于隐性感染而获得免疫力，从而使得流行逐渐停息。但是经过一定时间后，由于免疫力逐渐消失，或新的一代出生，或引进外来的易感动物，使动物群体的易感性再度增高，结果可能重新暴发流行。在牛、马等大家畜群中每年更新的数量不大，多年以后易感家畜的百分比逐渐增大，疾病才能再度流行，因此周期性比较明显。猪和家禽等肉用动物每年更新或流动的数目很大，疾病可以每年流行，周期性一般并不明显。

三、流行过程的影响因素

构成传染病的流行过程，必须具备传染源、传播途径及易感动物三个基本环节。只有这三个基本环节相互连接、协同作用时，传染病才有可能发生和流行。保证这三个基本环节相互连接、协同起作用的因素是动物活动所在的环境和条件，即各种自然因素和社会因素。它们对流行过程的影响，是通过对传染源、传播途径和易感动物的作用而产生的。

二维码 2-6 流行过程的影响因素

1. 自然因素

自然因素对流行过程的影响。

(1)作用于传染源：如一定的地理条件（如海、河、高山等）对传染源的转移产生一定的限制，称为天然的隔离条件。季节变换、气候变化引起机体抵抗力的变动，如气喘病的隐性病猪，在寒冷潮湿的季节里病情恶化，咳嗽频繁，排出病原体增多，散播传染的概率增加，反之，在干燥、温暖的季节里，加上饲养情况较好，病情容易好转，咳嗽减少，散播传染的概率也小。当某些野生动物是传染源时，自然因素的影响特别显著。这些动物生活在一定的自然地理环境（如森林、沼泽、荒野等），它们所传播的疫病常局限于这些环境，往往能形成自然疫源地。

(2)作用于传播途径：自然因素对传播途径的影响非常明显。例如，夏季气温上升，在吸血昆虫滋生的地区，作为传播流行性乙型脑炎等病的媒介昆虫、蚊类的活动增强，因而乙型脑炎病例增多。日光和干燥对多数病原体具有致死作用；反之，适宜的温度和湿度则有利于病原体在外界环境中较长期地存活。当温度降低湿度增大时，有利于气源性感染，因此呼吸道传染病在冬春季节发病率常有增高的现象。在洪水泛滥季节，地面粪尿被冲刷至河塘，造成水源污染，易引起钩端螺旋体病、炭疽等疫病的流行。

(3)作用于易感动物：自然因素对易感动物这一环节的影响首先是增强或减弱机体的抵抗力。例如，在低温高湿的条件下，不但可以使飞沫传播媒介的作用时间延长，同时也可使易感动物易于受凉、降低呼吸道黏膜的屏障作用，有利于呼吸道传染病的流行。在高气温的影响下，肠道的杀菌作用降低，使肠道传染病增加。应激反应是动物机体对扰乱机体内环境稳定的任何不良刺激的生物学反应总和，应激可导致畜禽的病理性损害。又如长途运输、过度拥挤等，都易使机体抵抗力降低或增加接触机会而使某些传染病如口蹄疫、猪瘟等易暴发流行。饲养管理因素、畜舍的建筑结构、通风设施、垫料种类等都是影响疫病发生的因素。小气候又称为微气候，是指在确定小空间中的气候，如畜（禽）舍的小气候或动物体表几毫米处的小气候。小气候对畜禽疫病的发生有很大影响。如鸡舍密度大或通风换气不足，常会发生慢性呼吸道疫病。饲养管理制度对畜禽疫病发生有很大影响，如肉鸡生产采用全进全出制替代连续饲养，疫病的发病率会显著下降。

2. 社会因素

影响家畜（禽）疫病流行过程的社会因素主要包括社会制度、生产力和人民的经济、文化、科学技术水平以及贯彻执行法规的情况等。它们既可能是促进家畜(禽)疫病广泛流行的原因,也可以是有效消灭和控制疫病流行的主要关键。因为家畜(禽)和它所处的环境,除受自然因素影响外,在很大程度上是受人们的社会生产活动影响的,而后者又取决于社会制度等因素。

总之,影响流行过程是多因素综合作用的结果。传染源、宿主和环境因素不是孤立地起作用,而是相互作用引起传染病的发生和流行。

四、传染病的流行区域

二维码 2-7 传染病的流行区域

(一)疫源地

1. 概念

有传染源及传染源的排出病原体存在的地区称为疫源地。

2. 疫源地的范围

即划分方法。疫源地的划分根据疫源地范围大小,可分为疫点或疫区。

(1)疫点。通常将范围小的疫源地或单个传染源所构成的疫源地称为疫点。

(2)疫区。若干个疫源地连成片且范围较大时称为疫区。

3. 疫源地的解除条件

(1)最后一个传染源死亡或痊愈后不再携带病原体。

(2)对所污染的外界环境进行彻底消毒处理。

(3)经过此病的最长潜伏期,不再有新病例出现。

(4)通过血清学检查畜(禽)群均为阴性反应。

具备以上条件时,才能认为该疫源地被解除。

(二)自然疫源地

1. 概念

有些疾病的病原体在自然条件下,即使没有人类或家畜的参与,也可以通过传播媒介(主要是吸血节肢动物)感染宿主(主要是野生脊椎动物)造成流行,并且长期在自然界循环延续其后代,这种现象称为自然疫源性。

具有自然疫源性的疾病,称为自然疫源性疾病。

存在自然疫源性疾病的地方,称为自然疫源地。

2. 自然疫源性疾病的特点

(1)没有人与动物的参与。

(2)具有明显的地区性和季节性等特点。

(3)有一定的生物群落性。

(4)自然疫源性疾病可以传染人和动物。

3. 常见自然疫源性疾病

如流行性出血热、森林脑炎、狂犬病、伪狂犬病、犬瘟热、流行性乙型脑炎、黄热病、非洲猪瘟、蓝舌病、口蹄疫等。

(三)国家无规定疫病区

1. 概念

在规定期限内,没有发生过某种或几种疫病,同时在该区域及其边界和外围一定范围内,对动物和动物产品、动物源性饲料、动物遗传材料、动物病料、兽药(包括生物制品)的流通实施官方有效控制,并获得国家认可的特定地域。

2. 种类

无规定疫病区包括非免疫无规定疫病区和免疫无规定疫病区两种。

(1)非免疫无规定疫病区:在规定期限内,某一划定的区域没有发生过某种或某几种动物疫病,且该区域及其周围一定范围内停止免疫的期限达到规定标准,并对动物和动物产品及其流通实施官方有效控制。

(2)免疫无规定疫病区:在规定期限内,某一划定的区域没有发生过某种或某几种疫病,在该区域及其周围一定范围内允许采取免疫措施,对动物和动物产品及其流通实施官方有效控制。

3. 和无规定疫病区相关区域

(1)监测区:环绕某疫病非免疫无规定疫病区,依据自然环境、地理条件和疫病种类所划定的,按非免疫无规定疫病区标准进行建设的,对非免疫无规定疫病区有缓冲作用的足够面积的地域,且该地域必须有先进的疫病监控计划,实行与非免疫无规定疫病区相同的防疫监督措施。

(2)缓冲区:环绕某疫病免疫无规定疫病区而对动物进行系统免疫接种的地域,是依据自然环境和地理条件所划定的,按免疫无规定疫病区标准进行建设的,对免疫无规定疫病区有缓冲作用的一定地域,且该地域必须有先进的疫病监控计划,实行与免疫无规定疫病区相同的防疫监督措施。

(3)感染区:即疫区,是指有疫病存在或感染的一定地域,由国家依据当地自然环境、地理因素、动物流行病学因素和畜牧业类型而划定公布的一定范围。

(4)自然屏障:是指自然存在的具有阻断某种疫情传播、人和动物自然流动的地理阻隔,包括大江、大河、湖泊、沼泽、海洋、山脉、沙漠等。

(5)人工屏障:是指为建设无规定疫病区需要,限制动物和动物产品自由流动,防止疫病传播,由省级人民政府批准建立的动物防疫监督检查站、隔离设施、封锁设施等。

课后训练

一、名词解释

1. 传染源　2. 传播媒介　3. 胎盘传播　4. 疫源地　5. 流行过程

二、填空题

1. 动物传染病流行过程的三个环节分别是:____________、____________和

______________。

2. 水平传播在传播方式上可分为______________和______________两种。

3. 垂直传播从广义上讲属于间接接触传播，它包括______________、______________和______________三种方式。

4. 病原携带者一般分为______________、______________和______________三类。

三、判断题

(　　)1. 携带乙脑病毒的蚊虫是乙脑传播的传染源。

(　　)2. 只要切断传染病流行过程三个基本环节中的任何一个环节，流行即可中断。

(　　)3. 自然疫源性疾病必须有人与动物的参与。

(　　)4. 鸡白痢可以通过被沙门菌污染的卵传播，因此属于垂直传播。

(　　)5. 易感动物必须和患病动物直接接触才可以被传染。

(　　)6. 国家无规定疫病区必须是获得国家认可的特定地域。

四、简答题

1. 简述自然疫源性疾病的特点。

2. 疫源地的解除需要具备哪些条件？

思政小贴士

动物疫病流行病学研究需严谨的态度与方法。在数据收集时，要如实记录动物发病症状、时间、地点等信息，不能随意篡改。要坚守求真务实的科学精神，尊重事实、追求真理，为今后从事科研和专业工作筑牢职业道德底线，面对动物疫病时，要勇于担当，及时准确地报告疫情，不隐瞒、不拖延，确保疫情能够得到及时有效的控制。

二维码 2-8

思政小贴士(二)

项目小结

项目二　动物流行病学基础
- 任务一　传染病的感染与发生
- 任务二　动物传染病的流行

项目三
动物疫病频率、态势和分布

任务一　疫病频率测量指标

任务目标

知识目标

能够准确阐述疫病频率测量各类指标，包括发病频率、患病频率、死亡与生存频率下各细分指标（如发病率、患病率、死亡率等）的定义、计算方法及应用场景，深入理解其在研究畜（禽）群疾病分布中的意义。

技能目标

能依据给定的畜（禽）群疫病案例数据，正确运用相应公式计算各疫病频率指标，并通过数据结果分析疫病在畜（禽）群中的流行强度、危害程度等，为疫病研究提供数据支持。

素质目标

培养严谨的科学态度和数据处理思维，在面对畜（禽）群疫病问题时，能从疫病频率测量角度理性分析，树立基于数据制定科学疫病预防策略的意识，提升对畜（禽）群健康维护的责任感。

案例导入

在一个大型养鸡场中，养殖规模达 10 000 只。近期，鸡群遭遇了一场呼吸道疾病的侵袭。起初，饲养员发现部分鸡出现咳嗽、打喷嚏等症状，随着时间的推移，患病鸡只的数量逐渐增多。为了应对这场疫病危机，养殖场的兽医团队迅速展开调查。在第 1 周，就有 500 只鸡出现了明显的症状，到了第 2 周，又新增了 300 只病鸡。

面对这种情况，我们不禁要问：

1. 如何通过这些数据，准确衡量这场疫病在鸡群中的发病情况呢？

2. 这些疫病频率测量数据，又能为我们后续制定有效的疫病防控策略提供哪些关键依据呢？

带着这些疑问，让我们深入了解疫病频率测量的相关知识，探寻解决问题的办法。

二维码 3-1 疾病频率测量指标

知识要点

疫病频率测量是一种有效的定量方法，用于深入研究疫病在畜（禽）群中的分布特征。通过这种方法，我们可以更加深入地了解和认识各种病因对畜（禽）群健康的影响，为制定疫病预防策略提供重要依据。

一、发病频率

1. 发病率

发病率是指一定期间内，新发生的某种动物疫病病例数与同期该种动物平均总头数之比，常以百分率表示。

$$\text{发病率}=\frac{\text{新发病动物的总数}}{\text{同期动物平均总头数}}\times 100\%$$

式中，发病动物总头数是指对该种疫病具有易感性的动物总数，特指者例外；平均总头数是指特定时期内（如 1 月或 1 周）存养均数。

例如：某一养殖户存栏育肥猪共计 300 头，因天气变冷，管理不善发生流感，发病 150 头，该养殖户猪群流感的发病率为(150/300)×100%=50%。

发病率描述疫病流行强度的指标，反映疫病对畜（禽）群健康影响的程度，发病率越高对畜（禽）群健康危害越大。

2. 累计发病率

累计发病率又称为发病风险（*CI*），特指在一段时间内，动物群体中新发病动物的总数与该观察期开始时群体中暴露的健康动物总头数之间的比例。

$$\text{累计发病率}=\frac{\text{特定时期内新发病动物的总数}}{\text{在该观察期开始时群体中暴露的健康动物总头数}}\times 100\%$$

例如：某猪场 1 000 头猪支原体感染，在第 1 周观察期内出现 200 头发病，第 2 周又新出现 100 头病例，则观察期为 1 周的 $CI=200/1\ 000=20\%$，观察期为 2 周的 $CI=(200+100)/1\ 000=30\%$。如果只计算第 2 周的累计发病率，则 $CI=100/(1\ 000-200)=12.5\%$，累计发病率计算的前提是要考虑观察时间的长短，否则无任何意义。因此，必须指明是在某时间段内的观察结果。

3. 发病速率

发病速率又称为发病密度，是指新病例相对时间而言出现的速度。一定时期内某群体动物新发病例数除以该时期内所有暴露的健康动物所经历的时间总和。衡量的是一段时期内动物由无病发展为有病的速率，是一种动态的指标。

$$发病速率=\frac{一定时期内某群体动物患某病的新发病例数}{该时期内所有暴露的健康动物经历的时间总和(动物时)}\times 100\%$$

式中，“动物时”指的是观察期内每个动物个体保持健康期间所经历的观察时间的总和。一旦动物患病，即停止观察，不再计算时间。在实际操作时，则简化为观察期间暴露的健康动物平均数和全长观察时间的积。

$$发病速率=\frac{一定时期内某群体动物患某病的新发病例数}{[(观察开始时暴露的健康动物数+观察结束时的健康动物数)/2]\times 观察时间}\times 100\%$$

例如：对某种猪场 100 头母猪进行了为期 12 个月的观察以确定猪繁殖与呼吸综合征在该群体的发病速率。观察开始时 100 头母猪均为未感染，2 个月后发病 4 头，5 个月后发病 3 头，8 个月后发病 3 头，共发病 10 头。这 10 头母猪维持健康经历的暴露时间：4×2+3×5+3×8=47(动物月)；另有 10 头母猪在 9 个月时被淘汰，所经历的疾病暴露时间：10×9=90(动物月)；其余 80 头母猪在整个观察期内都未发病，维持健康所经历的暴露时间总数：80×12=960(动物月)。所有观察动物经历的总风险时间：47+90+960=1 097(动物月)。该猪群发病速率：10/1 097=0.009(头/动物月)，即每动物月的发病数为 0.009 头。

如按照简化计算法，则观察期间暴露的健康动物平均数为(100+80)/2=90，观察总时数为 90×12 月=1 080(动物月)，虽然与 1 097 动物月有一点小差异，但对最终的结果并没有太大影响，发病速率=10/1 080=0.009(头/动物月)。

应该强调的是，发病速率总是与所观察动物由健康变为发病所经历的时间(动物时)对应的。因此，单纯提发病速率的绝对值是毫无意义的。如上述猪群的发病速率可以表述为：0.009 头/动物月，或 0.108 头/动物年。“0.108 头/动物年”表示该 100 头母猪的群体一年可新增加 11 头繁殖与呼吸综合征阳性猪。

4. 罹患率

罹患率是指测量某动物群某病新病例发生频率的指标，通常是指在某一局限范围短时间内的发病率。适用于描述局部地区疫病的暴发强度，如传染病、饲料中毒等暴发流行。有时动物群体可能在某个特定时间段内存在患病的风险，如动物群体仅在某个阶段(如断奶期间)才存在患病的风险。这种情况下，即便我们对动物群体观察时间很长，其发病率可能也不会发生太大的改变。那么在这种风险存在时间较短的情况下，我们可以用罹患率来描述动物由无病状态变为有病状态的比例。从某种意义上说，罹患率是一种特殊形式的发病风险。

$$罹患率=\frac{观察期间某病的新病例数}{同期暴露动物的总数}\times 100\%$$

5. 续发率

续发率是指在某些传染病在最短潜伏期到最长潜伏期之间，易感接触者中发病动物数占所有易感接触者总数的百分比。其描述的是在传染发生时，由于接触原发病例而导致患病的动物的比例。可用于比较传染病传染力的强弱，分析传染病的流行因素，评价预防干预措施的效果。以续发病例数为分子，以该群体内接触者总数为分母，以百分数表示称为续发率。

$$续发率=\frac{一个潜伏期内接触原发病例动物后发病的动物数}{所有接触原发病例动物的总动物数}\times 100\%$$

二、患病频率

1. 感染率

感染率是指在某时间内，被检动物群体中检出的感染动物数占被检动物总数的比例。

某些传染病感染后不一定发病，但可以通过微生物学方法、血清学方法、其他免疫学方法、分子生物学方法检测是否感染。

$$感染率=\frac{检出的阳性动物数}{一定时间内被检动物总数}\times 100\%$$

感染率是与流行率意义相近的概念。实际上在有些情况下可以互用。例如，在屠宰场对牛肝片形吸虫感染做现况调查时，也用流行率作指标。

感染率用途很广，主要用于研究某些传染病或寄生虫病的感染情况，用它来推论该病的流行态势，特别是对那些隐性感染、病原携带者及轻型和不典型病例的调查较为常用，也可为制定防控对策提供依据。

2. 患病率

患病率又称为流行率，是指某特定时间内动物总数中某病新旧病例所占的比例。用来反映疫病的现患状况，描述病程较长的慢性病的流行情况，估计某病对动物危害的严重程度。

$$流行率=\frac{在一定时期内某群体的患病动物数}{同时间该群体暴露动物总数}\times 100\%$$

流行率是流行病学中用于测量疫病状态最简单的一种表现形式，只针对观察期或者样本采集期的疫病状态，在观察期或样品采集期前后，动物的患病状态都有可能发生改变，因此时间不能拖得太长，应在一至数个月内完成。某一特定时间点的流行率称为点时流行率，某一特定时间段的流行率则称为期间流行率。流行率统计对病程短的病价值不大，但对病程长的病则有相当价值。

例如：一周内，某个育肥猪场存栏 1 000 头，其中 100 头被确诊为猪瘟，则该猪群在这一周内的猪瘟流行率为 100/1 000=0.1，或 10%。

3. 携带率

携带率，一般是指隐性感染，是指一定时期内某群体中携带某病原体的动物所占的比例。根据携带病原体的不同又可分为带菌率、带毒率、带虫率等。

$$携带率=\frac{一定时期内群体中携带某病原体的动物数}{该时期内的被检动物总数}\times 100\%$$

三、死亡与生存频率

1. 死亡率

死亡率与发病率相似，但前者是指一定时期内某动物群体中因某病死亡的动物数，可表示为一段时间内某动物群体中因某病新死亡动物数与该时间内群体的暴露动物总数之间的比例。反映一个动物群体总死亡水平的指标，用于衡量某一时期某一地区动物群死亡危险性的大小。

$$死亡率=\frac{在一定时期某群体的因病死亡动物数}{同时期该群体暴露动物总数}\times 100\%$$

2. 累计死亡率

累计死亡率是指一定时期内，某动物群体因某病新发生的死亡动物占所观察的动物的比例。其分子为一定时期内由某特定疾病所导致的新发生的死亡动物数量，分母为该段时期内存在死亡风险的动物总数，包括在观察开始时的健康动物和处于患病状态的动物。

$$累计死亡率=\frac{一定时期内因特定疾病新发生的死亡动物数量}{观察开始时的动物总数}\times 100\%$$

3. 死亡速率

死亡速率又称为死亡密度，是指特定群体中的动物因患某病在特定时期内相对时间发生死亡的快慢。分子为新发生的死亡动物数量；分母则为包含所有未死亡动物所经历的时间总和(即“动物时”)。动物一旦死亡，则对该动物的观察结束，停止计算该动物的时间。

4. 病死率

病死率是指一定时期内因某病死亡病例数占该病患病病例的比例。表示确诊某病病例的死亡概率，可反映疫病的严重程度，常用于急性传染病，也可用于慢性病。

$$病死率=\frac{一定时期内因某病死亡动物数}{同期某病的病例数}\times 100\%$$

5. 致死率

致死率是指一定时期内因患某病的动物中死亡动物的比例。

$$致死率=\frac{一定时期内因患某病而死亡的动物数}{同期患该病的动物数}\times 100\%$$

某病的致死率是疫病分布的一项重要指标。对致死率高的疫病(如狂犬病、非洲猪瘟、禽流感等)的流行病学研究很有价值，因为它可以代替发病水平，且不易出错。

6. 存活率

存活率是指特定时期内新患某病的动物维持存活的可能性。反映疫病对动物生命的危害程度，可用于评价某些病程较长疫病的远期疗效，常用于结核病等慢性疫病的研究。

$$存活率=\frac{同期内新诊断为该病的动物数-特定时期内因患某病导致死亡动物数}{同期内新诊断为该病的动物数}\times 100\%$$

存活率是致死率的相反方面，二者相加应该等于 1 或 100%。

任务二　疫病的流行态势

任务目标

知识目标

能够准确阐述动物传染病散发性、地方流行性、流行性、大流行及暴发的概念，明晰不同流行形式的特点、适用范围及形成原因，掌握各流行形式间的关联与区别。

技能目标

能依据给定的动物传染病案例，精准判断其所属流行形式，分析流行强度的影响因素，并能运用所学知识对常见传染病流行趋势进行初步预测。

素质目标

培养严谨的科学态度，提升其对动物传染病流行形势的敏锐观察力与分析能力，增强动物疫病防控的责任感与使命感。

案例导入

某偏远山区，有几个小型养猪场。其中一个养猪场，以往每年都会按照规定对猪群进行猪瘟疫苗接种。然而 2023 年春天，场主发现有个别猪出现了类似猪瘟的症状，但并没有大规模暴发。这种零星出现病例的情况，其实就是动物传染病流行表现形式中的散发性。与此同时，在隔壁县的家禽养殖场，某种禽类疫病在特定的几个村子里小规模传播，虽然发病范围不大，但在当地养殖户中引起了不小的恐慌，这属于地方流行性疫病。

由此引出两个问题：

1. 为什么在做好疫苗接种的情况下，猪瘟还会散发病例？

2. 从散发性到地方性流行，中间可能受到哪些因素影响？

带着这些疑问，让我们深入了解动物传染病的流行过程及各种表现形式。

二维码 3-2
疾病的流行态势

知识要点

在动物传染病的流行过程中，根据一定时间内发病率的高低和传染范围大小（即流行强度）可将动物群体中疫病的流行表现分为下列四种形式。

一、散发性

疫病发生无规律性，随机发生，局部地区病例零星地散在发生，各病例在发病时间与发病地点上没有明显的关系，或在一定地区的发病率呈历年一般水平，称为散发。

散发适用于范围较大的地区。不同病种、不同时期散发水平不同。散发一般多用于区、县以上范围，不适于小范围的畜（禽）群，如猪场等。在小范围畜（禽）群中出现的病例称为散发病例或单个病例。以下情况时，疫病分布常呈散发形式：①常年流行，病后免疫力持久，或因预防接种使畜（禽）群维持一定免疫水平的疫病，如猪瘟。②隐性感染为主的疫病，如乙型脑炎等。③传播机制难以实现的传染病，如炭疽等。④潜伏期较长的传染病，如猪痢疾。

传染病出现散发的原因可能有：①畜（禽）群对某病的免疫水平较高，如猪瘟本是一种流行性很强的传染病，但在每年进行全面免疫注射后，易感动物这个环节基本上得到控制，如平时预防工作不够细致，免疫密度不够高时，还有可能出现散发病例。②某病的隐性感染比例较大，如家畜（禽）钩端螺旋体病、流行性乙型脑炎等通常在畜（禽）群中主要表现为隐性感染，仅有一部分动物偶尔表现出临床症状。③某病的传播需要一定的条件，如破伤风的发病由于需要有破伤风梭菌和厌氧深创同时存在的条件，故在一般情况下常只能零星散发。

二、地方流行性

在一定的地区和畜（禽）群中，带有局限性传播特征的，并且是比较小规模流行的家畜传染病，称为地方流行性，或谓病的发生有一定的地区性。

三、流行性

所谓流行性是指在一定时间内一定畜（禽）群出现比寻常为多的病例，它没有一个病例的绝对数界限，而仅仅是指疫病发生频率较高的一个相对名词。因此任何一种病当其称为流行时，各地各畜（禽）群所见的病例数是很不一致的。流行性疫病的传播范围广、发病率高，如不加防治常可传播到几个乡、县甚至省。这些疫病往往是病原的毒力较强，能以多种方式传播，畜（禽）群的易感性较高，如口蹄疫、牛瘟、猪瘟、鸡新城疫等重要疫病可能表现为流行性。

“暴发”是一个不太确切的名词，大致可作为流行性的同义词。一般认为，某种传染病在一个畜（禽）群单位或一定地区范围内，在短期间（该病的最长潜伏期内）突然出现很多病例时，称为暴发。

四、大流行

大流行是一种规模非常大的流行，流行范围可扩大至全国，甚至可涉及几个国家或整个大陆。在历史上如口蹄疫、牛瘟和流感等都曾出现过大流行。上述几种流行形式之间的界限是相对的，并且不是固定不变的。

上述几种疫病发展态势之间存在以下关联或区别。

(1)地方性流行的疫病往往存在稳定的传染源和易感动物,发病率常比零星发生的疫病要高一些。

(2)暴发是短时间内出现比预期要多出很多的病例,所以是一种流行(故暴发又被称为暴发流行),但疫病的流行不一定是暴发,如在很长一段时间才出现比预期要多出一些的病例,就不是暴发。

(3)地方流行性疫病可能因为一些社会或自然因素的改变,发病率超过预期值,导致疫病的流行。

(4)一种新的疫病,初期可能表现为暴发,随后转变为地方流行性;在之后的某些年份,还可能再次表现为暴发、流行性,甚至大流行。

任务三　疫病的分布

任务目标

知识目标

能够理解动物疫病的个体与群体表现形式,掌握“三间分布”概念,熟知时间、动物群体、地区分布的类型、特点及影响因素,明晰流行特征与病因、防控的关联。

技能目标

能运用流行曲线等工具描述疾病时间分布,依据发病时间推算潜伏期与暴露日期,通过分析“三间分布”数据探究疫病病因,制定针对性防控策略。

素质目标

培养严谨的科学思维与数据分析能力,树立关注动物疫病防控、保障公共卫生安全的责任意识,提升解决实际问题的综合素质。

案例导入

养殖户老李最近愁眉不展。他的养殖场里,原本健康活泼的猪群,突然出现了异常状况。部分小猪开始发烧、咳嗽,食欲减退,短短几天,病情迅速蔓延,让老李心急如焚。与此同时,隔壁村的老张也遇到了类似问题,他家的鸡舍里,多只母鸡产蛋量骤减,还出现了精神萎靡的症状。当地动物疾病防控部门接到消息后,迅速展开调查。他们发现,不仅这两个养殖场出现问题,周边几个村子的畜禽也陆续出现不同程度的疫病症状。从个体表现看,畜禽有着各自的临床表现;从群体表现分析,疫病在这片区域集中暴发,涉及猪、鸡等不同动物群体。

根据以上案情，请在学习本任务时思考以下问题：

1. 该地区疫病分布具有哪些特点？

2. 该地区疫情群体分布有哪些特点？

知识要点

任何疫病都有两种表现：一是疫病的个体表现，如临床上的各种症状，称为临床表现。二是疫病的群体表现，即流行病学表现，包括疫病在什么地区发生、什么时间发生、什么畜（禽）群发生，有何规律和特点。把动物疫病在动物群体间、时间和地理空间上的分布状况称为疫病分布，在流行病学中简称"三间分布"。疫病分布是流行病学的一个重要概念，包括流行和不流行两个连续不断的过程，会受到致病因子、环境和宿主特征变化的影响，因此是一个动态过程。

疫病的流行特征，通过疫病的"三间分布"得以实现。对于病因已知的疫病，流行特征是判断和解释病因的根据；对于病因未明的疫病，流行特征是病因的外在表现，是形成病因假设的重要来源。离开流行特征，不可能进行流行病学研究。因此，动物疫病防控部门制定有效防控对策时，必须先了解疫病的三间分布状况，即什么动物发病较多、什么时间发病较多、什么区域发病较多（图 3-1）。研究疫病分布是研究疫病流行规律和探索疫病病因的基础，可为研究提供病因线索，提出研究的问题或假设；帮助认识疫病流行的基本特征，是临床诊断的依据，是很有价值的重要信息。对疫病分布规律及其影响因素的分析，有助于科学地制定防控措施提供依据。

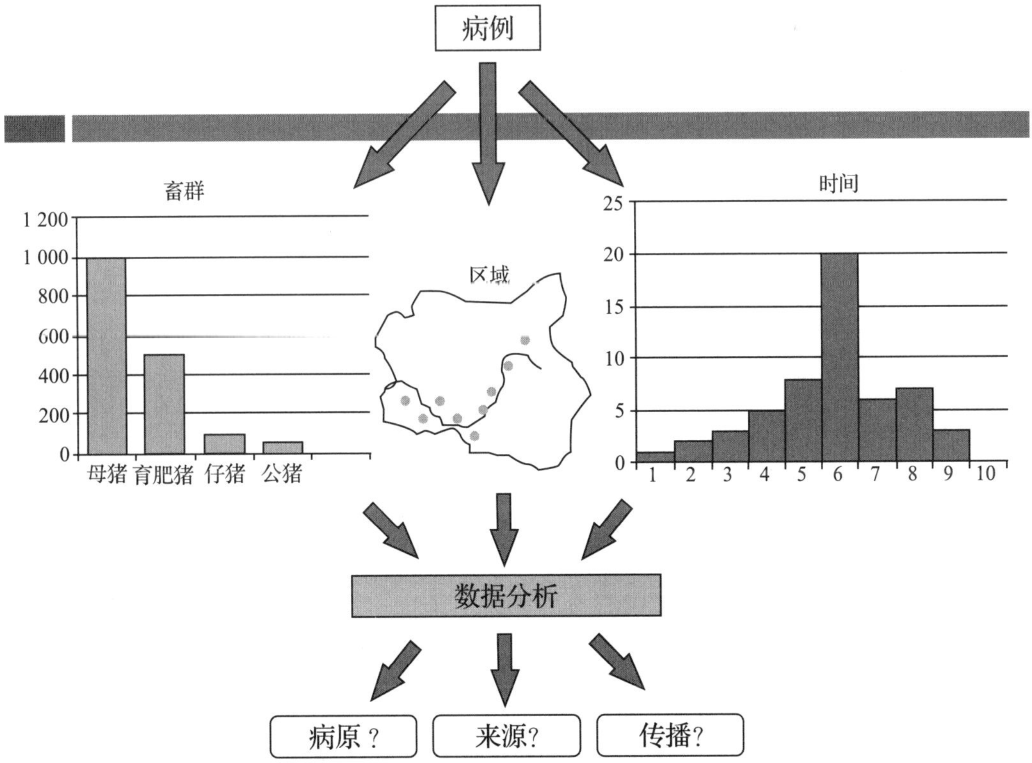

图 3-1　动物疫病的三间分布

一、时间分布

无论是传染病还是非传染病，其发生频率均随时间的推移而不断变化，流行形式可从散发发展为流行，直至消灭。描述疫病的时间分布和变化，有助于判断传染病疫情的发展动态，探索原因不明疫病的病因。

二维码 3-3
疾病的时间分布

（一）时间分布的描述

病原、宿主和环境三者的变化和相互作用，通常导致疫病在时间序列上出现变动。通过时间分布变化研究病因的变化，据此制定疫病防控措施。

疫病的时间分布特征需要以流行曲线或其他时间图形绘制。在流行病学图形的坐标系中，通常以横轴代表时间（小时、天、周、月、年），纵轴代表给定时间内的病例数、疫情起数、死亡率等（图 3-2）。

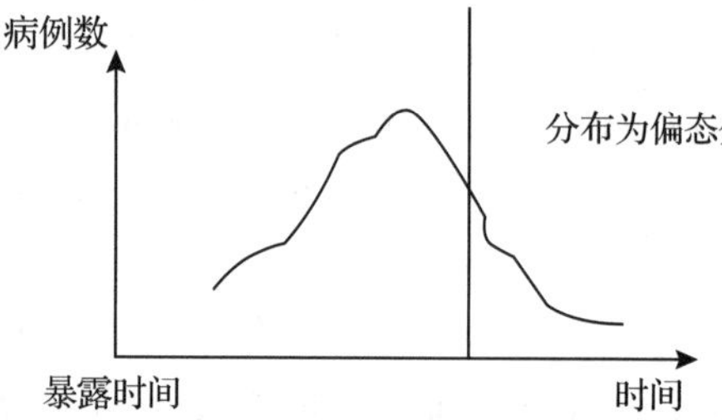

图 3-2 疫病的时间分布特征

如图 3-3 Ⅰ 所示，一次简单的同源暴露引起的暴发。同源暴露感染的病例通常可通过畜与畜之间的传播蔓延，因此可有一定数量的二代病例出现，因而流行曲线可持续一段时间（图 3-3 Ⅱ 中 B-C）。

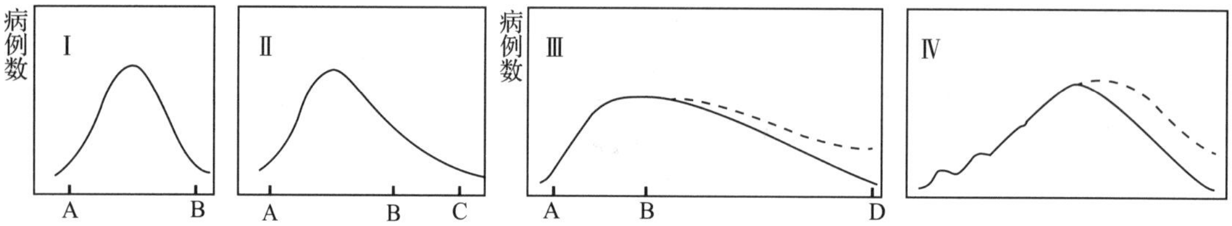

图 3-3 疫病暴露引起暴发的特征

如图 3-3 Ⅲ 所示的流行持续时间更长，并且终止时的疫病发生率与流行发生前的水平相似或更高。如系同源暴露，可能因畜与畜间的传播未能得到控制，或者同源暴露持续了较长一段时间，如某水井被附近厕所不断污染造成持续性同源暴发。

如图 3-3 Ⅳ 所示，一次非同源暴露，其病例出现缓慢、逐渐积累增多，在暴发过程的早期，有时可能看到波浪形的曲线，“波”代表连续传播的“代”，两个波峰之间的间隔为平均潜伏期。肠道疾病、呼吸道疾病及畜作为宿主的虫媒传播疾病中可见到这种流行曲线。

确定暴露日期（时间），可从发病高峰倒推一个潜伏期，用潜伏期来推算暴露日期（时间范围），如图 3-4 所示。

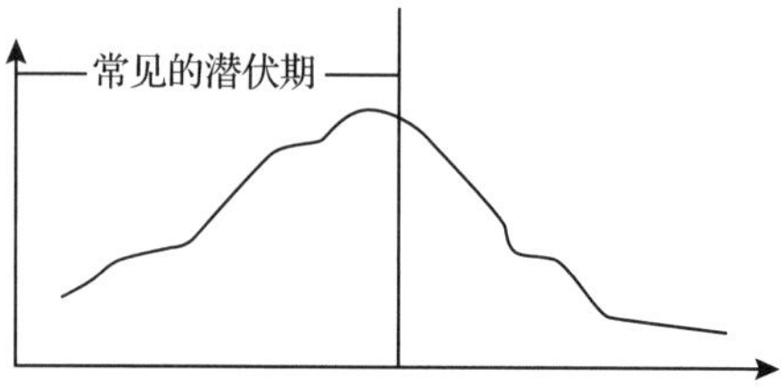

图 3-4 根据发病高峰倒推一个潜伏期

(二)时间分布的表现形式

疫病时间分布的表现形式可以分为短期波动、季节性波动、周期性波动、长期趋势。

1. 短期波动

短期波动是典型的流行,也称为时点流行或暴发。由突发事件造成宿主与寄生物或其他致病因子之间的平衡被破坏,表现为短时间内特定群体中的发病动物突然增多,迅速超过平时的发病率,经过一定时间后又平息下去。短期波动是动物群体中的大多数易感动物短时间内接触或暴露于同一致病因素所致。由于致病因素的特性和宿主抵抗力的不同,潜伏期长短出现变化。

共同来源暴发和增殖流行都属于短期波动。

(1)共同来源暴发又称共同来源流行,最常见的是传染病和畜禽的饲料中毒。所有的病例都是由接触同一传染源或同一批污染饲料引起的,常局限于一个地区或一个牧场。畜禽常见的共同来源暴发是由于畜禽产品商贩的活动,如收鸭毛的小贩走村串户,无意识地将病原沿路散播,导致其经过的村户的畜禽几乎同时感染和发病。由于不同传染病潜伏期的长短不同,发病有快慢,先发病者为短潜伏期病例,后发病者为长潜伏期病例,大多数病例往往在最短和最长潜伏期之间发生。发病高峰与疾病的常见潜伏期基本一致,可以从发病高峰推算暴露时间,从而找出引起暴发的原因。

(2)增殖流行是指畜(禽)群中原发病例排出传染性病原体,直接或间接感染周围易感宿主,产生续发病例所带来的疫病流行。畜禽常见的增殖流行是新引进的一批畜禽因在启运前在外地感染而发病,发病后不久,原有的畜禽也被传染开始发病,原有的畜禽感染的病原来自新引进的畜禽。

点状流行时,所有病例都在致病因子的一个潜伏期内出现。所以,如果随后流行的时间短于最常见潜伏期,则很难区别是增殖流行还是一系列点状流行。在易感畜(禽)群中增殖流行也具有暴发性质。

2. 季节性波动

季节性波动是指某些疫病在特定季节内发病率升高的现象,这与环境因素、病原体特性、宿主的免疫状态、媒介生物等多种因素有关。不同的疫病可能表现出不同的季节性特点,包括严格季节性和季节性升高两个特点。严格季节性是指某些疫病如虫媒传播的传染病,我国华东地区猪流行性乙型脑炎,一般 6 月开始出现病例,8—9 月为发病高峰,10 月病例减少并消失,11 月至翌年 5 月则很少或没有病例发生,这与该地区蚊子(如三带喙库蚊、东乡伊蚊等)的季节性活动密切相关,这种现象在北方地区尤为明显。

季节性升高是指一些疫病全年都可能发生,但在特定季节内发病率会升高。如呼吸道传染病,包括新城疫、禽流感、猪流行性腹泻,往往在冬春两季多发,而夏季多发一些细菌性疾病如家禽大肠杆菌病、猪痢疾等,雨季过后空气潮湿霉菌性疫病显著增多。

3. 周期性波动

周期性波动是指某些动物疫病每隔一定时间(通常以年计)有可能再度发生流行。这种现象被称为疫病流行过程中的周期性。

随着社会经济周期的变化和畜禽移动,疫源地扩大,新生动物数量增加,病原体不断进化,感染力和抵抗力增强,导致疫病的流行表现出明显的周期性。此外,在传染病流行期间,易感动物除发病死亡或淘汰外，其余感染畜禽均获得免疫力，从而使得流行逐渐停息。经过一定时间后，由于免疫力逐渐降低，新一代的出生或引进外来的易感动物，使饲养群易感动物的比例升高，并超过了一定阈值时，结果有可能重新暴发流行。如在巴拉圭，口蹄疫大约每 4 年发生一次周期性流行；马流感一般 3～5 年大流行一次。牛、马等大动物每年畜（禽）群更新比例不大，几年后易感家畜的比例才达到引起再度流行的阈值水平，因此周期性明显；对于繁殖周期短、畜（禽）群更新快的猪、禽等动物，这种周期性一般不明显。

4. 长期趋势

长期趋势又称长期变异，是在几年、几十年，甚至几百年一段长时间内疫病发生的变化趋势。这些变化包括发病临床症状严重程度的变化，发病率、死亡率的变化，以及某些传染性病原体变异后导致的疾病变化。

有的病呈长期减少的趋势，这与实施防控措施或环境气候变化有关。如牛瘟，20 世纪 50 年代以前在我国严重流行，后因采取防疫接种和其他防控措施，逐渐减少以至消灭；又如猪瘟、鸡新城疫等多种烈性传染病，由于多年来疫苗免疫等防控措施的实施，发病率也一直呈下降趋势。在很多发达国家，一些传染病在流行多年后，经过不懈努力，如今已被消灭，如英国、芬兰、匈牙利、瑞士、瑞典、冰岛等国已成功消灭了猪瘟。此外，也有疫病呈现上升趋势。例如，近些年，我国动物布鲁氏菌病呈现快速上升的趋势，这与我国牛羊饲养总量、运输总量持续上升，而疫病防控资金和措施不足相关。

此外，病原的变异也会导致疫病的发生形成某种长期趋势。当一种传染病长期流行后，病原体本身会发生改变，如出现抗原型或毒力型与原来流行的毒株有差别的变异株。例如，在 20 世纪 70 年代初美国推广使用火鸡疱疹病毒疫苗后，鸡马立克病发病率迅速下降，但在 70 年代末和 80 年代初在有些地区发病率又回升，研究发现，这是因为出现了火鸡疱疹病毒疫苗不能保护的马立克病病毒超强毒株造成的。我国部分地区在推广使用火鸡疱疹病毒疫苗几年以后，也有类似发病回升现象。2007 年中国鉴定出由猪繁殖与呼吸综合征（又称为猪蓝耳病）病毒高致病性变异株引起的高致病性猪繁殖与呼吸综合征，该病给我国养猪业造成了重大经济损失。

二、动物群体分布

二维码 3-4
动物群体分布

动物群体分布是研究疫病的宿主群体分布，即研究疫病在具有不同年龄、性别、种和品种等特征的宿主群体中的分布情况，通常用发病率、患病率和死亡率等描述和比较。例如，某些疫病可能在特定年龄段或性别中更为常见，或者某些疫病可能因为养殖环境而有更高发病率。了解和掌握疫病的宿主群体分布，有助于了解影响疫病分布的因素，探究病因，为防控工作提供依据。

动物群体分布是一个复杂的现象，受到多种生物学、生态学和环境因素的影响。了解这些因素对于保护生物多样性和制定有效的生态保护策略至关重要。

从年龄分布、性别分布、种和品种分布几个方面进行描述。

(一)年龄分布

疫病的发生与年龄的关系甚为密切,大多数疫病在不同年龄段发病率不同,临床表现也有差异,这种现象是由多种原因造成的。分析疫病不同年龄的分布差异,有助于探索致病因素;根据年龄的分布特点,可以确定重点风险群体;根据年龄的动态变化,推测群体免疫状况的变化趋势,为合理制定免疫程序提供依据;根据年龄分布特点,科学评价疫病经济损失的依据;疫病的年龄分布也是诊断的重要依据。

1. 影响疫病年龄分布的因素

(1)内在因素。不同日龄或年龄阶段的畜禽,其解剖结构、生理功能及免疫系统的成熟度不同,处于不同的发育阶段,因此,对疫病的敏感性和抵抗力也不同。

初生和幼龄动物的免疫系统尚未完全发育,因此更容易受到某些病原体的感染。随着年龄的增长,动物可能会通过自然感染或疫苗接种获得免疫力,从而影响疫病的年龄分布。例如,由C型产气荚膜梭菌引起的仔猪红痢,常在1周龄以内的仔猪中引起严重发病甚至导致死亡,随着年龄的增长,敏感性很快下降;布鲁氏菌病主要发生于性成熟以后的动物,幼龄动物对其具有一定的抵抗力;鸡传染性法氏囊病主要发生在2～11周龄的鸡,3～6周龄为发病高峰,这与该病的靶器官法氏囊的发育有密切关系。在正常情况下法氏囊于雏鸡出壳后的3周内发育最快,3～6周生长趋于稳定,而后逐步退化,到12周龄时基本萎缩无功能。

某些疫病可能与年龄相关的遗传易感性有关,一些遗传性疾病可能在特定年龄阶段显现出来。例如,新生幼畜溶血病和水貂的脑水肿病都在初生阶段发病死亡;但是与遗传因素有关的牛地方流行性白血病,则主要发生于成年牛。

动物的生理状态和行为习性也会影响疫病的年龄分布。例如,繁殖期的动物可能因为激素水平的变化而更容易感染某些疫病,如子宫内膜炎和乳腺炎。

有些疫病虽然各种年龄阶段的动物都易感,但不同年龄阶段的动物在临床表现和发病严重程度方面有很大差异。例如,猪繁殖与呼吸综合征,母猪和仔猪更易感,发病率高,临床症状典型;母猪表现为流产、产死胎等繁殖障碍症状;仔猪呼吸困难、运动障碍,耳朵发绀,死亡率比较高;而育肥猪感染后大多症状轻微,仅表现为一过性呼吸道症状,病程短,病死率较低,大多为良性经过。

(2)外在因素。免疫因素是影响动物疫病年龄分布最重要的外在因素。不同年龄的动物由于免疫系统的成熟度不同,对疫病的敏感性和抵抗力也不同。例如,初生和幼龄动物的免疫系统尚未完全发育,因此更容易受到某些病原体的感染。随着年龄的增长,动物可能会通过自然感染或疫苗接种获得免疫力,对某病易感的动物转变为不易感动物。因此在口蹄疫、猪瘟和禽流感等烈性疫病的防控中,疫苗具有很重要的作用。

由于各种疫苗制品产生免疫时间长短不同,免疫接种时动物健康状态有差异,以及畜(禽)群的免疫程序的不一致,免疫因素对疾病年龄分布的影响十分复杂。一般来说,在免疫畜(禽)群中,刚出生不久的幼龄畜禽由于得到了母源抗体的保护,如果此时接种疫苗,会受到母源抗体的干扰导致免疫失败。很多疫病的发病年龄分布在很大程度上取决于畜(禽)群的年龄结构和不同年龄组的免疫力水平。有效的疫苗接种计划和预防措施可以改变某些疫病的自然年龄分布,通过提高特定年龄段动物的免疫力来减少疫病的发生。

疫病流行的时间长短也通过免疫力水平影响年龄分布。当一个地区或一个牧场刚传入一种新的传染病，成年动物多在幼时已受到感染而获得免疫，因此幼龄动物发病多。当然由于群体普遍缺乏免疫力，各年龄组的发病率无显著差异。某病在某一地区反复流行可使发病年龄推后，如猪的气喘病。在新疫区仔猪、育肥猪和母猪均可感染发病；在老疫区一般多见于仔猪和未免疫的肥猪，1岁以上的母猪有一定免疫力，通常不发生感染或呈隐性感染。上述现象只发生于病后能产生较长时间免疫力的疫病，对猪流行性腹泻一类病后免疫力不巩固的疫病则不发生这种情况。

致病因子的生物学特点和致病机理是影响疫病年龄分布的另一种重要因素。有些传染性病原体可以通过生殖道感染造成垂直传播，如鸡白痢由于胚胎感染可造成孵化期间和育雏期间的大批死亡。又如，禽淋巴细胞白血病由于从感染到产生肿瘤这段时间的潜伏期较长，一般16周龄才开始发病；鸡马立克病由于其特殊的致病机理，在1月龄之内的仔鸡很少发生肉眼可见的肿瘤。

有些疫病的特殊年龄分布是宿主、环境和致病因子综合作用的结果。如雏鹅一氧化碳中毒，是在鹅育雏期需要保温，而育雏舍又用煤炉供暖的特定条件下才会发生，并非一氧化碳不能致死大鹅，而是大鹅不需要用煤炉增温，所以不大可能暴露于产生致病因子的环境中。

2. 研究年龄分布的用途

(1)通过分析不同年龄组的疫病分布情况，可以深入探索致病因素，为病因研究提供线索。有助于理解疫病发生的根本原因，从而为预防和控制疫病提供科学依据。

(2)根据年龄分布的动态变化，配合血清流行病学调查，推测群体免疫状况的变化趋势，为制定合理的免疫程序提供依据。

(3)对于传染病，根据不同年龄组的发病情况，可以了解畜(禽)群免疫状态的变动趋势。这对于预测疫病传播趋势和调整免疫策略具有重要意义。

(4)确定主动或被动免疫的重点对象，提高预防效果。

(5)合理计划畜(禽)群的年龄结构并改善饲养制度，避免疫病在畜(禽)群中连续传播。

(6)为研究原因未明疫病的病因及影响因素提供线索，或作为病因已知疫病的诊断依据之一。

(7)帮助分析某些疫病的传播途径，如垂直传播、水平传播等。

(8)通过分析年龄分布差异的客观原因，有利于探索致病因素并制定和评价防治措施。这有助于制定出更加有效的疫病防治策略，提高公共卫生管理的效率和效果。

(9)确定重点保护对象和高危畜(禽)群：研究疫病的年龄分布可以帮助确定需要重点保护的对象以及发现高危畜(禽)群。这对于有针对性地开展防治工作至关重要，可以确保预防措施更加精准地作用于最需要保护的群体。

(10)评估预防接种效果：年龄分布的研究还有助于观察畜(禽)群免疫状况的变化，确定预防接种对象，并评估预防接种措施的实施效果。这对于保证预防接种计划的成功实施和效果评估具有重要意义。

3. 研究年龄分布的方法

(1)很多疫病在不同年龄段的发病率、患病率和死亡率可能不同，有时年龄分布差异较大。因此，在具体比较不同群体疫病频率时，要对年龄进行标化，或以同一年龄段进行比较，这样就可以更准确地了解和掌握某个地区在一定时间内什么年龄段易患某病，以及什么年龄段患某病的比例较高。否则，重要的流行病学特征可能被笼统模糊的调查数据所掩盖。

不同的畜（禽）群中动物年龄组构成比存在差异，因此年龄专率在比较分析中有很重要的意义。

（2）横与纵的观察在描述疫病的年龄分布时可进行横断面观察，这属于横的观察。这是对一定时期（如某年或更短时间内）群体的年龄现状进行分析，描述不同年龄组的发病率、患病率或死亡率。特别是描述传染病的年龄分布时，对暴露于致病因子至发病的间隔时间较短的疾病，其年龄分布的情况一般能反映出致病因子作用与年龄的关系。

（二）性别分布

很多疾病表现出性别分布的差异，其影响因素较为复杂。有些与动物内在因素有关，也有些与外在因素有关，还有些目前无法得到科学的解释。

1. 内在因素的影响

不同性别动物在解剖和生理上的特点，是影响疾病性别分布的重要决定因素。例如，公犬由于其特殊的生理结构，在阴茎尿道部容易形成结石，且结石不易排出，故公犬大多是膀胱与尿道同时发生结石；而母犬尿道短，多数情况下结石可自行排出，所以母犬的结石以膀胱结石较为多见。

另外，性激素的影响也是导致很多疾病出现不同性别分布的原因之一。比如，未绝育的母犬发情次数相对较多，这会导致卵巢功能异常，激素分泌紊乱，子宫内膜长期受到刺激，容易发生病理性改变，进而引发子宫蓄脓。母犬去势后，乳腺癌的发病率会大大降低，这表明雌激素在乳腺癌的发病机理中起着重要作用。

2. 外在因素的影响

外界环境、饲养管理方式以及动物的用途，是影响疾病性别分布的重要外在因素。举例来说，公猫生性好斗，容易患上化脓性感染；公犬易感染犬恶丝虫，是因为公犬在野外狩猎的机会较多，所以被蚊虫叮咬并感染的概率也相对更大。在畜牧场中，雄性牛、鸡往往不受青睐，这也导致了发病率和死亡率出现差异。比如在奶牛场，公犊的死亡率通常高于母犊，这是因为从经济角度考量，母犊一般会得到比公犊更好的照料。

有些疾病的分布与性别存在联系，如癫痫、黑色素瘤和纤维肉瘤，公犬的发病率明显高于母犬。然而，其影响因素至今尚未完全明确。

在描述疾病的性别分布时，应比较雄性和雌性（或不同年龄组的雄性、雌性）的发病率、患病率或死亡率。有时，也可以用性别比来表示，即分别以雄性或雌性的发病率或死亡率为1，按照相应的比值来进行计算。

（三）种和品种分布

种和品种对不同传染病的易感性和应答反应有差异。不同种和品种对疾病的感受性不同。如口蹄疫病毒只感染偶蹄兽，单蹄兽对口蹄疫病毒不易感，而乌龟等冷血动物对狂犬病病毒不易感。不同品种的鸡对马立克病的易感性差异很大，如伊沙鸡、狼山鸡对马立克病高度易感，水貂阿留申病也是如此，而有些品种则有较高的抗病力。

许多动物都可感染同一疾病，但表现症状差异很大，蓝舌病只有当美利奴绵羊引入南非后才发现。实际上本地的偶蹄动物早已呈隐性感染。

不同种动物的细胞表面存在针对不同传染性病原体的受体，这对病毒尤为重要，因为病毒感染需要进入宿主细胞。例如，猴对脊髓灰质炎病毒不易感，因为它们缺乏合适的受体。在种内易感性也有差异。

影响不同种动物易感性差异的因素很多，虽然与病原体的种类和毒力强弱有关，但主要是由畜体的遗传特性、特异免疫状况等因素所决定。某些品种的猪对带 K88 黏附素的大肠埃希菌易感，其易感性决定于是否存在相应的肠道受体，该受体已查明按简单孟德尔方式遗传。在系统发育上关系近的动物可能对相同病原体易感，虽然症状可以表现不同。很多疾病与特定的家系或品种有联系，通常认为是遗传性的。当纯种动物的发病率高于杂交种时，就可能有遗传性病因在起作用，如犬的心血管缺陷和心瓣膜病。疾病也可能在一系列品种中存在，因为这些品种在遗传上有关系的。另外，某特定品种发生某病的危险性在国家间的差异可能很大，表明有不同的遗传库或不同的环境和饲养管理方法。

在某些疫病流行时，畜（禽）群中未经免疫接种的畜（禽）个体最易感，常发病死亡，有些患病后可耐过，或经免疫接种或无症状感染可获得特异免疫力。因此，疫病流行过后，该畜禽群中的易感动物数量随之减少，疫病便会停止流行。在某些疫病常在地区，当地动物的易感性一般较低，大多表现为隐性感染，但从无该病地区新引进的畜（禽）群由于易感动物较多，一旦被感染后常引起急性暴发流行。外界环境条件如气候、饲料、饲养管理、卫生条件等，对畜（禽）群的易感性也有一定影响。饲养管理不当、饲料质量粗劣、数量不足、畜舍内拥挤潮湿、通风不良、检疫隔离不及时等均可促进某些传染病的发生和流行。加强饲养管理、搞好畜舍卫生、合理使役等可使畜（禽）群对传染病的易感性降低。

当地的种或品种与某些病原体处于很好的平衡状态，呈现不明显感染，但外来的种或品种与病原体间由于生态不适应而产生临床疾病，症状明显。例如，当欧洲品种绵羊引入南非时，易感染蓝舌病并出现明显的临床症状，而该病毒在本地绵羊中一般不引发明显的临床症状。

（四）动物群体分布的影响因素

影响动物群体分布的因素众多，涵盖遗传学、生态学、进化生物学、病理学、环境因素、行为学以及人为因素等方面。以下是对一些关键因素的概述。

1. 遗传学

宿主的遗传背景能够显著影响其群体的分布。举例来说，某些遗传变异可能使宿主对特定病原体表现出更高的易感性或者更强的抗性，进而影响宿主在特定环境中的生存和繁衍能力。相关研究表明，宿主遗传学对肠道微生物组成存在影响。尽管肠道微生物组成的个体间差异主要由环境因素驱动，但部分肠道微生物具有可遗传性，因此会受到宿主遗传学的调控。

2. 生态学

宿主群体的分布受到生态位、资源可利用性、栖息地选择以及环境条件等多种生态因素的综合影响。微生物生态学主要研究微生物群落的构建、组成演变、多样性及其与环境之间的关系，这些因素共同作用，对宿主群体的分布和多样性产生影响。

3. 进化生物学

宿主群体的分布模式可能在长期的进化过程中受到自然选择、遗传漂变和基因流等因素的影响。这些进化驱动力塑造了宿主群体的遗传多样性和环境适应性，从而进一步影响宿主群体在不同环境中的分布情况。

4. 病理学

宿主群体的分布可能受到疾病以及病原体压力的作用。病原体施加的压力能够导致宿主群体中抗性基因的频率发生改变，进而影响群体的分布和结构。

5. 环境因素

环境因素包含气候、地理、土壤以及水文条件等。例如，气候变化可能促使宿主群体向更适宜的气候区域迁移，从而改变其地理分布格局。

6. 行为学

宿主的行为模式，如迁徙、觅食以及社会交往等行为，同样会对其群体的分布产生影响。例如，某些物种因具有迁徙习性，可能会在特定季节集中出现在特定地区。

7. 人为因素

人类活动，像城市化进程、农业扩张以及环境污染等，也会对宿主群体的分布产生重大影响。这些人类活动可能会破坏宿主原有的自然栖息地，进而导致群体分布发生变化或者出现破碎化的情况。

三、疫病的地区分布

疫病的分布通常具有显著的地区性特征。有些疫病能够在全球范围内传播，有些疫病仅局限于特定的地区，还有些疫病仅在特定经纬度或特定地形、地貌条件下出现。即便为同一种疫病，在不同地区的不同牧场或自然村镇，其发病率往往也不尽相同。研究疫病在不同地区的分布特点，是描述流行病学的重要任务之一。

二维码 3-5
疾病的地区分布

1. 研究地区分布的意义

研究疫病的地区分布，能够阐明导致疫病分布差异的原因，这对制定防控策略具有重要意义。对于一些病因不明的疾病，通过对发病率存在显著差异的不同地区展开多方面对比，可获取有关病因的线索。并且，通过对暴露于假设因素程度不同地区的发病率作进一步比较，能够证实或否定病因假设。例如，某地区出现耕牛血尿现象，而相邻地区发病情况极少。经临床诊断和实验室检查，推测可能是磷摄入量过低所致。随后，对该地区和相邻地区的土壤矿物元素进行分析，证实该地区土壤含磷量偏低。

目前，全国已建成 605 个“一场两区”，即国家级动物疫病净化场、无疫小区和无疫区，覆盖全国 31 个省份以及新疆生产建设兵团。这些区域的建成，有助于提升生物安全管理水平，其中广西、山东、河南等地建成数量较多。国门生物安全是国家安全的重要构成部分，海关通过强化动植物检疫工作，防范外来物种入侵以及物种资源流失。例如，新疆地区因地理位置特殊，与多个国家接壤，动物疫病疫情传入风险较高。

2. 影响疫病地理分布的原因

(1)自然地理因素。自然地理因素包括气候、地形地貌、土壤和植被等。气候对植被、媒介昆虫以及整个生态环境都有着重要影响,进而也影响着动物疫病的地区分布。例如,疟疾的地区分布与地区的气候条件密切相关,因为气候能影响媒介昆虫按蚊的种类、密度、嗜血习性,同时也能影响疟原虫在按蚊体内的发育以及宿主暴露的机会。对于人畜共患病肝形吸虫感染,即使在同一地区内,其分布有时差异也很大,这与地形地貌有关。如某县有一个乡(镇)肝形吸虫的感染率仅为5%,而相邻的另一个乡(镇)的感染率竟高达43.6%。这是因为发病高的乡位于淡水河流域,淡水鱼虾资源丰富,当地人有吃生鱼的习惯,所以感染风险大、感染率高;同时,家畜采食鱼虾内脏器官的概率增加,其感染率也随之增高。另外,有些疾病的分布与土壤和植被有关,如畜禽的硒缺乏症等与土壤中硒元素的含量有关。马森林脑炎与以针叶为主的针阔叶混交林的分布有关,而家畜毒芹中毒和青杠叶中毒大多发生在林区和草原地区。

(2)媒介昆虫和中间宿主地理性分布。很多疫病的传播依赖于媒介昆虫和中间宿主,因此疫病的分布与媒介昆虫和中间宿主的分布相一致。日本血吸虫病在我国分布于北纬33°15′一线以南的地区,这是因为该地区适宜于日本血吸虫病原中间宿主钉螺的生长繁殖。又如,牛得克萨斯热在美国的分布可以用一条线来划分:在这条线以南为发病区,而在这条线以北为非发病区。这条线被称为得克萨斯热线,也是得克萨斯热的媒介昆虫蜱滋生地的分界线。

(3)易感宿主的地理分布。马、驴等马属动物在我国内蒙古、新疆等地分布较多,而在山东、黑龙江、江苏、江西等地分布相对较少。因此,我国马属动物疫病主要分布在内蒙古、新疆等地,而在山东、黑龙江、江苏、江西等地则较少见。

(4)饲养管理。畜牧制度等饲养管理因素对畜禽疫病的地区分布有着很大的影响。如牛的肝片吸虫病,其中间宿主是淡水螺,所以在低洼地放牧饲养的地区发病率较高,而以舍饲为主的地区发病率较低。

(5)兽医工作。兽医工作水平的高低对畜禽疫病的地区分布影响显著。如果每个地区都能严格执行兽医法律法规,兽医机构和设施健全,兽医技术水平和服务效率高,那么多数疫病可以得到有效控制甚至消灭。如有的国家已成功消灭了多种传染病,并通过采取限制动物和动物产品进口以及严格的隔离和检疫等措施,成功地阻止了动物传染病从其他国家传入。我国对疯牛病采取了严格的防控措施,至今未出现疯牛病病例。但是,有的国家由于对动物和动物产品的进口没有严格的限制,加之检疫措施不力,导致新病不断从国外传入。我国不仅消灭了马传贫、牛瘟和牛肺疫,而且像猪瘟、鸡新城疫等一些烈性传染病也已基本得到控制。然而,随着国际贸易日益频繁,这些病再次从国外传入我国的风险也日益增加。例如,由于周边接壤国家暴发小反刍兽疫,我国于2007年7月14日和2008年7月10日在西藏阿里地区和那曲地区先后发生小反刍兽疫疫情,这对我国动物健康与公共卫生构成了严重威胁。不过,由于采取的防控措施得力,疫情最终得到了有效控制。

任务四　动物疫病频率、态势和分布的影响因素

任务目标

知识目标

能够清晰阐述影响动物疫病传播和流行的自然因素，如气候、地理如何作用；理解社会因素包含的经济、生产方式等如何影响，明确宏观与微观因素的范畴。

技能目标

可依据所学影响因素，分析不同地区动物疫病传播的可能性，并结合实际案例，判断养殖场微观环节对疫病传播的影响，并提出改进思路。

素质目标

培养关注动物疫病防控的责任感，提升其在分析疫病传播因素时的严谨思维，增强对不同因素相互作用的综合考量素养。

知识要点

一、宏观方面

1. 自然因素

最明显的是气候因素与地理因素，它们影响动物疫病传播和流行的原因有以下几点。

(1)改变病原在体外存活的时间，如气温下降或湿度增大时，流感病毒在体外存活时间延长。

(2)改变宿主的抵抗力，如气温骤然下降，宿主动物的免疫抵抗能力减弱。

(3)改变媒介生物的群体规模，如寒冷季节或地区库蠓数量明显降低，这些季节或地区由库蠓传播的疫病被传播的概率很小。

(4)改变感染动物和易感动物的行为，如寒冷季节，马外出活动频率通常显著降低，马流感等接触传染的疫病传播的概率降低。

(5)改变感染动物或自然贮藏宿主的分布，如日本脑炎感染动物和自然贮藏宿主绝大多数分布在东亚和东南亚一带，因此此病在其他地方传播的概率很小。由于全球气候变暖，一些以前只分布在热带地区的动物疫病，如蓝舌病正在向温带地区扩散。

2. 社会因素

社会因素包括经济因素、畜牧业生产方式、生产条件、行为习惯、商品流通、旅游交通、兽医机构工作水平、社会秩序、政策和宏观调控、灾难等。发达国家由于绝大多数实行了规模化饲养，采取了严格的防疫措施，长期保持疫情快速报告和检测的能力，很多动物疫病传播的效率大为降低，甚至彻底阻断。相反，一些欠发达国家疫病的预防和控制都很困难。例如，目前全球各地大多数地区已经普遍扑灭了牛瘟疫情，但是少数非洲地区由于社会动荡，疫苗接种难以落实，这导致牛瘟疫情仍在非洲个别地区存在。在我国，畜禽产品的价格是影响疫病传播和流行的重要因素。当畜禽产品价格较高的时候，养殖户对动物防疫投入的积极性和经济能力较强，疫病防控效果较好；相反，当畜禽产品价格较低的时候，养殖户对动物防疫投入的积极性和经济能力较低，动物疫病往往流行程度加重。

二、微观方面

微观方面包括养殖场的选址、建筑、饲养方式、防疫措施、饲料饮水来源等诸多细节。例如，某一个大型养鸡场在各个方面都做得很好，但是却发生了一次较大的疫情。后续调查发现，在禽粪处理环节上，病原有可能借助拉运粪便处理的车辆进入这个养殖场。此养殖场对这个环节进行改进后，再没有发生大的疫情。

课后训练

一、名词解释

1. 发病率　2. 病死率　3. 罹患率　4. 疾病分布　5. 散发性

二、填空题

1. 疫病的流行表现形式可以分为__________、__________、__________和__________四种形式。

2. 感染率是指在某时间内被检动物群体中检出的__________动物数占__________动物总数的比例。

3. 疫病的三间分布是指__________、__________和__________三种分布方式。

4. 疫病时间分布的表现形式可以分为__________、__________、__________和__________四种。

三、判断题

(　　)1. 携带乙脑病毒的蚊虫是乙脑传播的传染源。

(　　)2. 只要切断传染病流行过程三个环节中的任何一个环节，流行即可中断。

(　　)3. 自然疫源性疫病必须有人与动物的参与。

(　　)4. 鸡白痢可以通过被沙门菌污染的卵传播，因此属于垂直传播。

(　　)5. 易感动物必须和患病动物直接接触才可以被传染。

(　　)6. 国家无规定疫病区必须是获得国家认可的特定地域。

四、简答题

1. 简述传染病出现散发性流行的原因。
2. 影响疫病年龄分布的内在因素有哪些？

思政小贴士

动物疫病的频率、态势和分布是一个复杂的系统，涉及不同地区、不同动物群体以及多种环境因素。在研究和防控工作中，需要各地区、各部门以及不同专业人员之间密切协作。在学习和实践中要树立全局观念，明白每个人的分工都是整体防控体系中的重要一环，要学会倾听他人意见，发挥各自优势，共同解决问题，培养良好的沟通能力和团队合作精神，只有协同合作，才能高效地完成工作。

二维码 3-6
思政小贴士(三)

项目小结

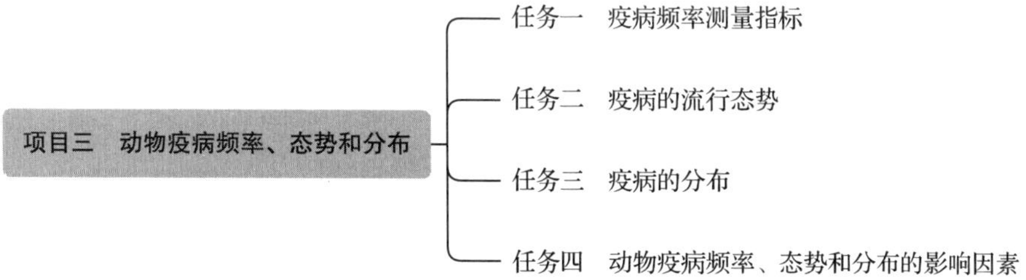

项目四
几种重要的流行病学调查

任务一　紧急流行病学调查

任务目标

知识目标

理解紧急流行病学调查的目的、特性、步骤，熟知突发重大动物疫情调查的内容，掌握相关法律法规赋予的权利与义务，明晰调查中各环节的知识要点。

技能目标

能够迅速制定调查方案，高效开展现场调查，精准评估事态风险，合理实施控制措施，熟练运用调查方法和工具，及时进行结果汇报与沟通。

素质目标

培养在复杂紧急情况下的应变能力、团队协作能力、风险评估意识和严谨的科学态度，增强法律意识和社会责任感，以应对调查工作中的各类问题。

案例导入

2024 年在一个养殖密集的小镇，当地养殖场的大量家禽突然出现不明原因死亡。短短几天，死亡数量急剧攀升，养殖场主心急如焚，当地养殖户也陷入恐慌。公共卫生部门迅速警觉，意识到事态严重，立即启动紧急流行病学调查。调查人员争分夺秒奔赴现场，他们面临着复杂的局面。一方面要在有限时间内确定病因，防止疫情扩散；另一方面要安抚养殖户情绪，协调各方资源。经过紧张的工作，他们初步怀疑是一种新型病毒作祟，但还需进一步确认。此时，紧急流行病学调查的重要性凸显，它关乎能否及时控制疫情，减少经济损失和社会影响。

基于此，我们不禁思考：在这次调查中，如何依据紧急流行病学调查的特性来高效开展工作？又该如何精准运用调查步骤，确定疫情的源头和传播路径呢？这就需要深入了解紧急流行病学调查的各方面内容，接下来让我们详细探究。

知识要点

一、目的

紧急流行病学调查，又称为现场流行病学调查，是针对突发疫病情况开展的调查。其目的在于尽早依据流行病学调查结论，制定有效的防控措施，尽快控制疫病暴发等突发状况，防止突发情况恶化，并从中汲取经验，防范类似情况再度发生。

二维码 4-1
紧急流行病学调查

该调查方法着重强调第一时间抵达现场展开调查了解。鉴于高致病性禽流感、人感染猪链球菌病、非洲猪瘟等突发疾病以及重大动物疫情的出现，紧急流行病学调查需应对复杂的环境、生物医学、社会等诸多问题，且往往没有充足的准备时间。因此，参与调查的人员需具备较高的综合素质。

一般而言，紧急流行病学调查的首要目标是及时发现并采取有效措施，控制和预防疾病蔓延，阻止其进一步发展；其次是探寻疾病发生的原因。

若调查对象为暴发的疫情，通常又称为暴发调查。暴发调查主要应用于急性传染病以及暴发流行的中毒事件。对于像非洲猪瘟、食盐中毒等病因明确的疾病，需确定暴发的具体原因；对于病因未知的疾病，则要探寻病因线索，制定快速防控对策，为后续深入研究指明方向。

二、特性

1. 紧急性

紧急性是指在紧急状况下，必须立即开展流行病学调查和处理的特性。当动物同时或单独出现以下情况时：动物大量死亡、动物群体生产能力下降、公共卫生受到威胁、出现不明疫情。

2. 现场性

紧急流行病学调查通常必须亲临现场，展开实地调查。

3. 时效性

动物疾病暴发、重大疾病流行态势迅猛，影响广泛且难以预知。一旦出现此类情况，应迅速做出反应加以应对。稍有疏忽，流行范围便会扩大，进而导致更为严重的经济损失。所以，紧急流行病学调查对时效性极为重视。

此外，在调查时，必须尽早采集必要的环境和生物学标本以及其他相关证据。例如，当动物疾病暴发，开展紧急流行病学调查时，要进行动物体样本采集，不能将发病或病死动物全部扑杀、掩埋；若考虑动物疾病源于食源性因素，要采集可疑食物和饮水样本，不能任其全部遭受污染或被丢弃。

“时效性”决定了在实施紧急流行病学调查时，需快速收集关键资料，难以做到精心设计、反复研讨、逐级报批，其完整性与系统性难以得到充分保障。

4. 敏感性

紧急流行病学调查所要解决的问题本就复杂，常常不可避免地涉及责任追究、法律诉讼、多部门协作、媒体监督等方面。在调查设计及实施方式方法上，需要格外谨慎。

5. 双管性

紧急流行病学调查既要收集和分析资料，探寻科学的调查结果，又要尽快采取恰当的控制措施，需“双管”齐下。所采取的控制措施既不能对调查结果和结论产生影响，又要有助于平息突发事件。

若只进行调查，而不采取措施，不利于紧急事件的控制。采取控制措施并观察其效果，也会对探究事件发生的原因、流行特点起到重要作用。

6. 证据性

紧急流行病学调查着重强调收集证据，其中，实验室检测数据至关重要。官方兽医技术支持单位、第三方检测机构应持续强化实验室检测技术与技能，确保检测项目能够良好开展，以便在紧急调查时提供精准数据。同时，参与调查的人员应与实验室检测人员密切沟通，相互了解完整的工作内容及详细的工作流程。例如，在何种情况下采集的样本？样本是如何采集的？又是怎样保存和运送的？

7. 社会性

紧急流行病学调查主要针对动物疾病引发的突发事件，对社会有着重要影响。通过紧急流行病学调查来阐释和解决这些问题，在社会发展进程中意义重大。在紧急流行病学调查开展过程中，需要多个部门协同合作，只有不同组织、团体密切配合，才能取得良好成效。

8. 合法性

紧急流行病学调查必须拥有充足的法律依据和支撑。《中华人民共和国动物防疫法》《重大动物疫情应急条例》《国家突发重大动物疫情应急预案》等法律法规，赋予了动物流行病学调查人员开展工作的权利，同时也明确了相关工作人员的主体责任与配合义务。例如，《中华人民共和国动物防疫法》第七十六条规定：“县级以上地方人民政府农业农村主管部门执行监督检查任务，可以采取下列措施，有关单位和个人不得拒绝或者阻碍：对动物、动物产品按照规定采样、留验、抽检；对染疫或者疑似染疫的动物、动物产品及相关物品进行隔离、查封、扣押和处理；对依法应当检疫而未经检疫的动物和动物产品，具备补检条件的实施补检，不具备补检条件的予以收缴销毁；查验检疫证明、检疫标志和畜禽标识；进入有关场所调查取证，查阅、复制与动物防疫有关的资料。县级以上地方人民政府农业农村主管部门根据动物疫病预防、控制需要，经所在地县级以上地方人民政府批准，可以在车站、港口、机场等相关场所派驻官方兽医或者工作人员。”

被调查的机构和个人应积极配合。若调查遭遇阻力，兽医行政部门可依法采取措施，或请求司法机关传唤当事人，强制其接受调查并提供必要资料；被调查的有关机构和个人依法享有司法保护和豁免权；被调查者享有隐私权，有权拒绝提供个人资料；在饲料中毒等紧急流行病学调查中，调查人员应做好对某些产品商业秘密的保护工作。

我国对重大动物疫情的公布有着严格规定。紧急流行病学工作者在调查过程中必须严格遵守这些规定。此外,紧急流行病学调查工作者有责任提交科学合理而非错误的调查分析结果。

三、步骤

1. 组织调查

(1)成立调查组,明确组织分工、负责人以及各成员的职责。调查组通常由政府兽医行政部门人员、公安系统人员、新闻工作人员以及流行病学、微生物学、环境保护学等领域的专业人员构成。

(2)调查组成立后,制定调查方案并准备相关物品,其中包括调查过程所需的车辆、通信工具、疫点疫区处理设备、个人防护用品、调查表、执法文书、参考资料(专业资料、法律法规等)、宣传资料、调查取证工具(如照相机、录像机)以及经费等。

(3)调查组在开展工作前,应召开预备会议,并做好会议记录。

2. 实施调查

调查组现场指导原则为提供协助、规划调查流程以及制定控制措施。

与当地负责人进行有效沟通,通过询问当事人、知情人,听取汇报,查阅已有资料和信息,充分了解事件的发生发展过程、已采取的措施及其效果等。全面分析获取的资料,明确需调查的内容以及可能涉及的敏感性问题,评估当地监测、应急和检测能力,确定交流沟通方式,发表的意见需经调查组讨论通过。

其一,调查情况应以事实为依据,核查是否发生了 ×× 事件,确认危害程度、时间分布、发病规模、疫病诊断等信息是否准确。

其二,评估事态恶化的风险程度。例如,在某起布鲁氏菌病疫情的紧急流行病学调查中,需调查疫情的传入源头、发病地易感动物及动物产品的去向、周边养殖状况、发病场所污染物的处理情况、人员车辆的流动情况以及近期消毒措施的实施情况等。若掌握了疫情的传染来源,要了解该地是否仍有疫情;若知晓发病场所的易感动物及动物产品的流向地,需了解该地是否出现疫情或存在疫情发生风险。这些信息对评估事态恶化风险极为关键。

针对不同的突发事件,通常还需调查其他事项,如查找事件原因并制定有效的控制措施。

3. 结果汇报

在调查结束后,或调查取得阶段性成果时,调查人员应及时、有效地与相关方面进行信息汇报和沟通,可采用电话、现场(线上)会议、书面报告等方式。

四、突发重大动物疫情调查的内容

突发重大动物疫情流行病学调查通常针对高致病性禽流感或口蹄疫的疫情。当猪繁殖与呼吸综合征、非洲猪瘟、猪瘟、新城疫、布鲁氏菌病等动物疫病发病率或流行特征出现异常变化,或发生小反刍兽疫、疯牛病、牛肺疫等外来动物疫病可疑疫情时,也需要开展紧急流行病学调查。具体包括以下五个方面的内容。

1. 基础信息

包括养殖场(户、小区)的地理位置、养殖经历、检疫防疫情况、既往病史、饲养管理等情况。

2. 现况调查

包括感染动物群发病情况、周边野生动物感染死亡情况、患病动物临床表现及病理剖检变化、采样情况、疫点的地理特征、疫情对人和其他动物的影响。

3. 疫情溯源

疫情溯源调查的目的是分析疫情发生的原因和引起疫情病原的来源,以便全面、迅速控制疫情,防止疫情恶化、蔓延,甚至造成新的疫情发生。溯源的时间段为一个最长的潜伏期,即从第一例病例发现日起,向前追溯一个最大潜伏期。疫情的来源包括但不限于饲料、饮水、引进的动物、流动的人员(饲养管理人员、外来人员)、配种、放养、车辆、野生动物等。

4. 疫源追踪

调查追踪的目的是分析疫情扩散概率的大小,以及如何降低这种扩散概率。对第一例病例发生前一个潜伏期至当前,所有从疫点出售的动物产品,以及与疫点动物群接触的人、动物进行追踪调查,包括输出的动物、配种、参加展览、放养、人员流动等行为的调查,重点关注病死动物、易感动物的去向。以布鲁氏菌病为例,发生疫情后,流行病学调查人员应尽快开展追踪调查以下几个方面。

(1)调查出入发病动物养殖场所的人员、动物及动物产品的流动情况。

(2)对疫点、疫区的牛、羊等偶蹄类动物及其他易感动物的发病情况进行调查。

(3)联系因发病场所的人或物品进出而受到威胁区域的兽医机构,调查受到威胁地区的动物发病情况。

5. 控制措施

包括疫区内处置措施(隔离、封锁、扑杀、消毒等)和受威胁区处置措施(检疫、免疫等)。

任务二　发病原因与风险因素调查

任务目标

知识目标

掌握动物疫病流行病学调查的系列调查、病例对照调查和暴露对照调查的概念、流程、特点及统计分析方法,理解发病原因、风险因素与疫病防控的关联。

技能目标

能够运用系列调查推断疫病病因,准确设计病例对照调查和暴露对照调查方案,进行样本分组、资料收集与分析,依据调查结果提出合理防控建议。

素质目标

培养严谨的科学态度、敏锐的观察能力、缜密的逻辑分析能力以及良好的团队协作精神，使其在面对动物疫病时，具备科学防控和风险评估的职业素养。

案例导入

某大型养猪场近期仔猪发病率陡然升高，症状表现为发热、下痢，部分仔猪甚至死亡。场主心急如焚，立刻联系兽医专家团队。专家团队赶赴现场，首先观察到患病仔猪均来自同一批新引进的种猪后代。同时，在饲养管理方面，近期猪舍卫生状况未出现明显异常，饲料饮水来源也与以往相同。但经过进一步了解，发现此次引种过程中，并未严格按照科学流程进行检疫。

根据上述病例，请在学习本任务时思考以下问题：

1. 此次仔猪发病，真的是因为引种环节的疏忽导致的吗？

2. 若引种是主要原因，那么该如何精准确定疫病与引种之间的关联呢？

带着这些疑问，让我们深入了解动物疫病流行病学调查中的系列调查、病例对照调查和暴露对照调查等方法，探寻解决此类问题的科学途径。

知识要点

动物疫病流行病学调查常常调查发病原因或风险因素，调查引起某种疫情的防控措施是否完善，免疫接种是否确实，引种是否科学，人员车辆管理是否严格，饲料饮水来源是否可控，饲养管理人员是否容易感染等情况。对于疑似某些特征明显的已知传染病，如口蹄疫，调查是否处于易感区域。

二维码 4-2
发病原因与风险因素调查

风险因素一般与发病原因有紧密联系。例如，未经检疫的引种容易发生疫病，其风险因素“不科学的引种制度”，与“有些病原可以通过引进动物，向养殖场所传播”这一发病原因紧密相关。

一、系列调查

系列调查是指调查一系列病例或疫情，从中探寻系列病例或疫情存在哪些共同的暴露历史。例如，采用相同的饲养管理方式、从同一个养殖场引种、处于同一区域、发病时间具有相关性，或者处于动物生产过程中的特定阶段等。系列调查虽无严格对照，但实际上是以未发病的健康群体作为参照。通过调查，找出共同的暴露条件，以此推断可能的病因或风险因素，或排除某些病因或风险因素。

例如，某地区大面积暴发某种动物疫病，经系列调查发现，该地区在养殖过程中，不仅疾病表现相似，引种方式也相似。据此推断，该疫情可能与引种有关。依据这一调查结果，对种源进行追踪，发现种源地正在流行表现相似的疾病，证实了引种确实存在重大安全问题。又如，某养殖户判断疑似动物群患有某种疫病，紧急接种该疫病疫苗后，动物群从第二天开始出现更明显的临床症状，甚至出现死亡。养殖户找到兽医，认为是出现了其他疾病。兽医技术服务人员对近期紧急接种的病例展开调查，发现未出现类似情况。最终，经过详细调查了解，确定是养殖户凭个人感觉更改了兽医提供的免疫方案所致。

在开展系列调查前，详细分析已收集的资料，如有必要，应重新收集资料，最终确定调查重点。例如，若临床上疑似动物患的是寄生虫病，调查时应重点收集一些与判定寄生虫病相关的资料，如“使用驱虫药后，疫情得到控制”。但不能一概认为“寄生虫病使用驱虫药治疗后，必然会取得良好效果”，因为每种驱虫药都有其抗虫谱，部分驱虫药药效可能降低，且可能出现寄生虫耐药性问题，这些都可能致使使用驱虫药后未达到理想效果。

二、病例对照调查和暴露对照调查

（一）分组与调查方法

病例对照调查的对象分为两组，一组是被研究患病人或动物的病例组，另一组是被研究未患病人或动物的对照组。调查这两组在病例组发病前，对某种或某些因素的暴露状况，比较两组中暴露率和暴露水平的差异，以研究该病与这种或这些因素的关系。病例对照调查是在疾病发生后进行的一种回顾性调查。

暴露对照调查的对象也分为两组，一组是暴露于某种因素的人或动物，另一组是没有暴露于这种因素的人或动物。根据实际情况，也按照暴露于某种因素程度的不同，把调查对象分成多个组进行研究，通过回顾或跟踪观察一段时间，比较各组的发病率或死亡率的差异，以检验这种因素与疾病有无因果关系。

暴露对照调查是一种具有前瞻性的调查。

（二）案例

某种疾病病例对照调查确定了两个组：一组是发生某种疾病的羊场，另一组是没有发生该种疾病的羊场，调查这两组羊场的各种暴露状况。结果显示，发生这种疾病的羊场没有接种三联四防疫苗，而未发生该病的羊场均接种了三联四防疫苗。由此推测，接种三联四防疫苗是抑制该病发生的重要因素，这种疾病很可能与产气荚膜梭菌的感染有关。此外，在调查过程中，发现大部分发生该病的羊场有采食青玉米的病史，可推测，采食青玉米是导致该病发生的原因之一。综合分析后，可以推测可能是采食青玉米导致了羊梭菌性疾病的发生。

某种疾病暴露对照调查确定了两个组：一组是繁殖与呼吸综合征阳性仔猪，另一组是背景相似的繁殖与呼吸综合征阴性仔猪。追踪调查到 6 月龄，显示繁殖与呼吸综合征阳性仔猪在 6 月龄内发生呼吸道疾病的概率较大，而繁殖与呼吸综合征阴性仔猪在 6 月龄内发生呼吸道疾病的概率较小。这项调查的结果支持了猪群发生繁殖与呼吸综合征是呼吸道病发病率升高的原因之一的说法。

（三）特点

病例对照调查法的优点是样本需求量小，出结果快，费用低，可同时研究一种疾病与多种风险因素的关系。该方法广泛应用于各种疾病病因的调查，尤其是发病率较低的动物疫病病因的调查。其缺点如下：病例对照的代表性较差，病例对照调查的病例组一般选自正在患病的个体，本应属于该组的死亡病例、轻病例或不典型病例难以采集到，或者未被发现；选择合适的对照难度较大，不容易确定对照组是否健康；被调查对象有时因记忆、描述、经济等原因，无法客观提供暴露的历史；不适合用于暴露概率很小的风险因素调查，否则需调查大量样本。

暴露对照调查法的优点是暴露资料比较完整和客观，可计算发病率，能同时研究某种风险因素与多种动物疫病之间的关系，能了解疾病发生、发展和转归的病理过程。该方法在很大程度上能推断出疾病的发生原因。缺点是需要调查大量样本，需要长期跟踪，费用高，不适用于发病率较低的疾病调查。对发病率较低的疾病进行队列研究需要调查大量样本。

（四）统计分析方法

根据分组的方式，病例对照调查和暴露对照调查的统计方法不同。病例对照调查用比值，而暴露对照调查用风险比。

（五）设计

1. 病例对照调查

病例对照调查时，依据某些因素或特征使病例组与对照组的分配保持一致。例如，若两组都包含处于不同阶段的猪，需先对病例组进行分层，如分为后备猪、种公猪、母猪、哺乳仔猪、保育猪、育肥猪等；随后按照相同比例，依据病例组的分层情况对对照组进行分层。此外，还能按个体特征进行匹配，按照相同比例，为每个发病个体匹配基本信息相近的对照。通过这种匹配方式，增加样本的多样性，能够用较少样本获取较为客观、确切的调查结果，不过，这种匹配也会增加工作的量和难度。

病例对照调查一般分为 5 步：第一步，提出病因假说；第二步，制定调查计划；第三步，收集并整理资料；第四步，对收集到的资料进行分析与讨论；第五步，提交调查报告。在进行病例对照调查方案设计时，确定样本量需要考虑多种因素，包括被研究因素在两个分组中的暴露率、预计该因素在疾病发生发展过程中作用的大小、期望结论所具有的可信程度，以及可获取的资源等。

2. 暴露对照调查

暴露对照调查一般分为 7 步：第一步，确定被调查因素。暴露对照调查通常一次仅调查一种因素，在确定调查因素以及对其进行定义和测量时需格外谨慎。第二步，确定调查过程中所需收集的信息。暴露对照调查可通过一次调查了解某种因素在各个方面的效应，因此要合理选择所需收集的信息，如某些疾病的发病率、饲料利用率、生产成绩等，以此提高调查研究的效率。第三步，确定被调查对象，涵盖区域、养殖场（户），并明确哪些属于暴露组与非暴露组。第四步，确定样本数量。在设计调查方案时，要综合考虑被研究对象的发病率、预计该病在暴露组与非暴露组中发病率的差异、期望结论的可信度，以及可获取的调查资源等其他相关因素。第五步，组织人员开展调查，收集并整理资料。第六步，对收集的资料进行分析与讨论。第七步，提交调查报告。

任务三　病原调查

任务目标

知识目标

能够识别常见逻辑错误，明晰病原确定标准，包括科赫原则、Bradford-Hill 标准，知晓病原确定程序，掌握病毒与细菌鉴定方法及流程。

技能目标

可运用最吻合原则，依据临床、流行病学等信息判断病原，通过初步、深入调查，进行非特异性、特异性诊断，准确鉴定病毒和细菌种类。

素质目标

培养严谨的科学思维，使其在面对疫情病原调查时，能避免逻辑错误，秉持科学态度，依据专业知识，精准、高效地开展工作。

案例导入

某养殖大县，多个养猪场近期陆续出现了猪只发热、食欲不振、皮肤红斑等症状，部分猪只甚至死亡。养殖户们忧心忡忡，当地兽医部门迅速介入调查。起初，有兽医在几只病死猪体内分离出了猪瘟病毒，联想到猪瘟病毒的高致病性，便有人认为此次“无名高热”疫情的病原就是猪瘟病毒。然而，随着调查范围的扩大，其他养猪场送检的样本中，又检测出了多种不同病原体，情况变得扑朔迷离。这时，大家才意识到，不能仅凭少数病例的检测结果就妄下结论。

根据以上病例描述，请在学习本任务时思考以下问题：

1. 在面对复杂疫情时，仅依据少量病例的病原检测数据来推断整体疫情病原，为何容易出错？

2. 当养殖场内同时检测出多种病原体时，如何准确判断哪一种才是引发此次疫情的真正元凶呢？

知识要点

发生疫情，如猪“无名高热”、非洲猪瘟、口蹄疫等，确定病原是流行病学调查需要调查的核心因素之一，往往也是不容易的。

一、常见的逻辑错误

二维码 4-3　病原调查时常见的逻辑错误和病原调查标准

1. 以单个病例或少数病例的病原调查数据推断全部数据

2003 年，在 SARS 疫情出现早期，有人在极少数的病例中分离到了 H5N1 亚型禽流感病毒。而且，1997 年该病毒曾在香港导致 18 人感染，其中 6 人死亡，有这样的先例，所以他们提出该次疫情的病原是 H5N1 亚型禽流感病毒。

在 2006 年，全国出现的猪“无名高热”疫情早期，有人在一些病例中分离到了猪瘟病毒。同时，数据显示猪瘟病毒对猪只的致病力很强，所以他们提出该次疫情的病原是猪瘟病毒。

上述两个案例中，根据少量个体调查数据统计后推断出关于全部数据的结论和观点是错误的。错误的原因在于，在进行调查时，不能仅用单个或少数病例的调查数据来推断全部数据。虽然某个病例或少数病例与要调查的病例在临床特征上可能相似，但它们的病原很可能是不同的。

2. 以感染的调查数据判断病原

对某地区蛋鸡群产蛋下降的事件进行调查，经检测数据显示，这些蛋鸡场没有鸡新城疫、H5 亚型禽流感、传染性支气管炎和产蛋下降综合征的流行情况，但是这些鸡场都检测出了 H9 亚型禽流感病毒呈阳性。据此，有人推断导致该地区蛋鸡产蛋量下降的病原是 H9 亚型禽流感病毒。

对某地区猪群病死率较高的事件进行调查，经检测数据显示，这些猪场很多都存在猪链球菌病的感染情况。据此，有人推断导致该地区养猪场病死率较高的病原是猪链球菌。

上述两个案例中，根据感染的调查数据判断病原有可能是错误的。动物个体或动物群内同时存在多种病原微生物是比较常见的现象，如在消化道或呼吸道中存在多种病原微生物或者在血液中存在慢性感染的致病微生物。这些病原微生物并不一定就是引起疫情的病原，也就是说不一定是我们要调查的发病因素。例如，由猪伪狂犬病病毒引起的仔猪腹泻，在调查时检测出大肠杆菌阳性，虽然大肠杆菌也能引起腹泻，但我们不能就此下结论，认定该病例的病原就是大肠杆菌。

二、病原确定的标准

病原的确定，有的有标准，有的没有严格的标准，确定病原取决于实际需要和可供调查的资源情况。例如，在临床上，一个肺炎病例，经血液学检查和影像学诊断，提示疑似细菌性感染，应用抗生素治疗 1 d 后，病情明显好转，那么这个病例就没有必要进行病原学检测了，也不用确定具体的病原是什么。如果是症状相似的肺炎病例，经血液学检查，提示疑似病毒性感染，治疗 1 d 后，不但没有好转，反而有加重的倾向或恶化，调查发现与该病例接触的人员也有高热、咳嗽、气喘等症状，那么就必须进行病原学检验，确定感染的是什么病原，防止疫情的蔓延、扩散。

1. 科赫原则

在进行病原确定时,著名的判断标准是科赫原则(Koch's postulates)。该原则是德国细菌学家罗伯特·科赫在1890年提出的一套病原确定标准。它指出,如果微生物被确定为病原,需要同时满足以下条件:

一是该病原微生物必须存在于每个患病宿主体内。

二是该病原微生物可以从患病宿主体内分离出来,并得到纯的培养物。

三是将分离出的纯培养物人工接种敏感宿主时,必须出现该疾病所特有的症状。

四是从人工接种的宿主中可以再次分离出性状与原有微生物相同的纯培养物。

科赫原则为病原微生物学的研究奠定了基础,对人们建立严谨的病原微生物学思考习惯具有重要意义,但也会受到现实条件的制约:

一是对于人的疫病,从安全考虑,对人进行攻毒试验是不可行的(有时用灵长类动物进行代替试验,如猴子)。

二是对于病毒病,在理论上不能像细菌一样,获得纯培养物,通常的病毒培养物中都很可能存在其他病原微生物。

三是在很多情况下,很难确定某种病原微生物一定存在于每个患病宿主体内,因为病原微生物在宿主体内存活的时间很短,不容易被检出,还可能存在患病个体的临床表现相似或相同,但病原不一样的情况。

四是一些混合感染引起的疫病难以用科赫原则进行病原判断。例如,猪单一感染猪繁殖与呼吸综合征病毒或链球菌,都可能是隐性感染,没有明显的临床表现,但是,如果二者混合感染,猪繁殖与呼吸综合征病毒引起猪免疫功能降低,链球菌在这种情况下在体内大量繁殖,造成严重感染,出现明显的临床症状,就难以用科赫原则确定病原。

另外,对于已经确定为病原的一些微生物,如鼠疫杆菌、流行性出血热病毒、流行性感冒病毒、狂犬病病毒,依据其具有特征性临床症状和流行病学特征,结合病原学或血清学检测结果,较容易确诊,不需要病原纯培养和攻毒试验进行验证。

2. Bradford-Hill 标准

对于病原的确定还可以应用 Bradford-Hill 标准(布拉德福德·希尔准则)的9个方面的内容进行判断。以某次人链球菌感染为例进行病原判定:

一是时序性。符合。患病者是接触病(死)猪(羊)之后发病。

二是关联强度。符合。患病者的发病和接触病(死)猪(羊)相关性很强。

三是生物学合理性。已有的知识已经表明人感染猪链球菌病可以导致相似或相同的症状和血象。

四是可重复性。基本符合。虽然从公开报道文献看,人感染猪链球菌从未出现过类似的大规模疫情,但1998年在江苏省已经发生过较大规模的人感染猪链球菌疫情。

五是特异性。基本符合。该起疫情所有病例均来自猪链球菌病的历史疫源地。四川省历史上未发生过疫情的地市,此次均未发生疫情。

六是一致性。符合。区、省、国家卫生部门的技术人员调查与检测结果,以及流行病学调查监测结果,基本一致。

七是类比性。基本符合。与猪链球菌类似的因素,如丹毒杆菌、鼠疫杆菌等,可以导致类似的疾病损伤(以外毒素造成的损伤为主,病程短,抗菌药及时治疗有效)。

八是剂量-反应关系。该方面内容不适用于本病例。

九是实验证据。符合。从 3 名病人内脏器官内和 5 头病猪体内分离到猪链球菌。

综上所述,按照 Bradford-Hill(布拉德福德·希尔准则)因果判定标准,引起该次疫情的病原被判定为“猪链球菌”是合理的。

上述疫情发生时,在调查过程中,有些观点怀疑是流行性出血热、炭疽、鼠疫、尼帕病毒感染。但是患者的肾损伤不明显,且流行病学特征与病死猪相似,不符合流行性出血热的判断;患者没有皮肤、肺脏或肠出血坏死的病理变化,且与接触病死猪高度相关、人之间传染性不强的流行特征,不符合炭疽和鼠疫的判断。至于尼帕病毒感染,虽然该次疫情与猪密切相关,但参考文献显示尼帕病毒感染均发生在国外,并且很少见到皮肤出现淤斑,一般以呼吸系统症状或脑部症状为主,所以也不符合尼帕病毒感染的判定。

根据以上分析,在实际调查工作中,可以运用最吻合原则确定病原:设计临床症状、流行病学特征、血液学检验、病原学检测等指标,根据已获得的信息对各个指标进行分析,判断某病原与这些信息的吻合度,最后确立病原。最吻合原则适合于时间、资源、信息有限的各种情况。获得的结论不一定正确,但是在可供选择的范围内,这个结论正确的概率较大。

三、病原确定的程序

1. 初步调查,明确病例定义

在开展病原调查的初始阶段,依据典型症状或指征,或基于疾病发生与传播的关联性,明确待调查病原疾病的定义,将患病动物与同时罹患其他疾病的动物予以隔离。例如,调查某种特殊皮肤出血性疾病的病原时,依据典型症状或者凭借因该病传播而新增病例的临床症状,确定诊断该疾病的指标,把患有这种特殊皮肤出血性疾病的动物,与其他皮肤出血的患病动物区分开来,以此提高调查的准确性,减少干扰信息。

二维码 4-4　病原确定的程序和病原鉴定

2. 调查新病例,确定疾病分布

按照病例定义,在调查区域内,排查新病例是否存在,明确这种疾病在时间、空间和群体中的分布状况,借此获取有助于病原推断的线索。

3. 深入调查,确定疫情病因

(1)暴露情况调查。对病例的各类暴露情况展开调查,如免疫接种情况、近一个月内是否投喂新饲料、是否提供洁净饮用水、是否新引进相同品种或其他动物等。

(2)临床特征、病史、防治措施及防治效果调查。调查并统计各病例的临床特征、现病史与既往病史、防治措施的设计及执行情况、发病率、出栏时间以及防治效果等。

(3)非特异性检查。非特异性检查涵盖血液学检查、影像学诊断、病理学结合微生物学检查。通过这三方面的基础调查,通常能够确定疾病大致具有哪些流行特征,判断病原是细菌还是病毒。

①若病原为细菌,通过微生物学检查,一般可在病变部位检测到细菌,或者宿主呈现明显的细菌毒素中毒迹象。除部分特殊细菌外,大多数细菌传染性不强;传染性较强的细菌,如鼠

疫杆菌、霍乱弧菌、炭疽杆菌引发的鼠疫、霍乱、炭疽，通常具有显著的临床表现或流行病学特征。

②在细菌感染的血液学检查中，白细胞数一般显著增多，而病毒感染时，淋巴细胞增多、白细胞总数减少。

③细菌感染常出现化脓性病理变化，病毒感染通常则无此现象。

结合临床症状以及对已知疾病的认知，通过上述三个方面的基础性调查，还能够大致明确是哪种病原微生物感染，如肾型鸡传染性支气管炎、鸡白痢等，依据发病过程引发的特征性病理变化，做出较为确切的初步诊断。

若基础性调查无法进行病原学判断，则需开展下一步特异性诊断。

4. 特异性诊断

此步骤是针对已知病原开展的特异性检测，如检查呼吸道是否存在支原体感染。一般而言，通过基础项目调查，再结合特异性检测，对于多数病例，能够较为准确地判断并确定病原。倘若发现检测到的病原与临床特征或流行病学特征不相符，此时便要考虑病原是否发生变异，尤其是在判定 RNA 病毒时。

5. 未知病原检测

在某些个别情形下，上述调查仍无法确定病原时，常采用一些方法针对未知病原进行检测。例如，细菌的分离与鉴定，对分离出的细菌进行 16S RNA 测序，以确定细菌种类，然而对分离得到的未知病毒进行鉴定的技术难度较大，原因在于测定未知病毒的核酸序列较为困难。

目前，未知病毒核酸序列的扩增方法有差别显示 PCR 法、基因芯片法、简并引物 PCR 法等，此外，传统的电子显微镜观察和血清学筛查，也能为未知病毒的鉴定提供一定线索。例如，1999 年马来西亚出现的疫情病原尼帕病毒属于未知病毒，当时美国疾病控制中心利用血清学检测，发现其与澳大利亚 1994 年发现的亨德拉病毒（一种副黏病毒）极为相似，并且其在电镜下观察到的结构也与亨德拉病毒相似，所以利用副黏病毒基因组设计并合成 PCR 引物，很快便得到了尼帕病毒的核酸序列，从而将尼帕病毒鉴定为与亨德拉病毒相似的一种新型副黏病毒。

四、病原鉴定

（一）病毒的鉴定

对于病毒引起的疾病，病毒的鉴定是确定病原最可靠的方法。主要通过 PCR，扩增病毒某段核酸，再进行序列测定鉴定病毒。鉴定过程中，要避免实验室污染造成假阳性或错误的结果，保证调查结论的准确性。

（二）细菌的鉴定

通过挑取单个菌落进行纯化培养，进而开展细菌的鉴定工作。

1. 一般鉴定程序

首先进行革兰染色，然后依据染色结果将细菌分为革兰阳性菌（呈现蓝紫色）和革兰阴性菌（呈现红色）。

对于革兰阳性菌，进一步细分为球菌（包括葡萄球菌、链球菌、肠球菌和微球菌等）、杆菌，以及呈现丝菌或树枝状形态的菌类（如放线菌、星形奴卡菌或嗜皮菌等）。对于革兰阳性菌中的杆菌，通过染色观察芽孢情况，可鉴定为有芽孢的菌类（如梭菌、芽孢杆菌和炭疽杆菌等）和无芽孢的菌类。对于无芽孢的革兰阳性杆菌，经过抗酸染色后，可鉴定为抗酸染色阳性菌（如分枝杆菌、鼠麻风杆菌和副结核分枝杆菌等）和抗酸染色阴性菌（如棒状杆菌、化脓放线菌、马红球菌、李氏杆菌、猪丹毒杆菌等）。

对于革兰阴性菌，进一步细分为球菌（如奈瑟菌、摩拉菌和不动杆菌等）和杆菌。对于革兰阴性菌中的杆菌，经过 MZN 染色后，可鉴定为 MZN 染色阳性菌（如布鲁氏菌等）和 MZN 染色阴性菌[包括弯曲菌（呈弧状）、弧菌（呈弧状）、坏死杆菌（呈丝状）、螺旋体（呈螺旋状）、肠杆菌、假单胞菌、气单胞菌、波氏杆菌、放线杆菌、嗜血杆菌、巴氏杆菌和拟杆菌等]。

2. 鉴定方法

（1）用 PCR 方法扩增细菌 16S RNA 基因，测定其基因序列。

（2）用试剂盒快速检测细菌的一些表型特征，这种方法主要用于肠道内细菌的鉴定。

（3）用 PCR 方法检测细菌某个或某些特定的基因，如大肠杆菌的 O157、布鲁氏菌等。

（4）用气相-液相-质谱方法，分析细菌特定的脂肪酸组成。

任务四　免疫状况调查

任务目标

知识目标

能够准确阐述免疫状况调查的概念、目的，清晰理解常用调查指标（免疫接种率、平均抗体水平等）及调查方法（通用、历史对照等）的内涵与计算方式。

技能目标

能熟练运用公式计算各项调查指标，针对不同情况正确选择并实施相应的调查方法，对调查数据进行初步分析与处理。

素质目标

培养严谨的科学态度，在调查中注重数据准确性；提升逻辑思维能力，能基于调查结果进行合理推断；增强团队协作意识，共同完成免疫状况调查任务。

案例导入

某养殖场一直致力于优质肉猪的养殖，规模不断扩大。然而，最近他们却遭遇了难题。一批育肥猪在生长过程中，出现了异常的发病情况，这让养殖场主心急如焚。为了查明原因，他

二维码 4-5
免疫状况调查

们决定对猪群的免疫状况进行调查。经过统计，养殖场共有肉猪 5 000 头，其中 4 500 头接种了某种常见的猪病疫苗，初步计算免疫接种率为 90%。接着，对部分猪只进行抗体检测，从随机抽取的 20 头猪的检测数据来看，平均抗体水平却不尽如人意。同时，在接种疫苗一段时间后，对猪群的健康状况跟踪发现，仍有一定数量的猪发病。

根据以上病例描述，请在学习本任务时思考以下问题：

1. 免疫接种率达到 90%，为何还会有猪发病？这个免疫接种率是否足够保障猪群健康？

2. 平均抗体水平较低，是反映了疫苗质量问题，还是免疫程序存在漏洞呢？

知识要点

免疫状况调查是指按照某种免疫程序进行免疫接种后，了解免疫接种率、免疫保护水平等情况的调查。目的是了解免疫接种后，效果的好坏或疫苗的质量优劣等情况。

一、常用的调查指标

1. 免疫接种率或免疫密度

免疫接种率或免疫密度是指实际免疫接种动物数量与应该免疫接种动物总数的比值。例如，某个养殖场，饲养奶牛 10 000 头，其中，9 521 头免疫接种的口蹄疫疫苗，那么该养殖场该次口蹄疫疫苗的免疫接种率或免疫密度是：9 521÷10 000=95.21%。

2. 平均抗体水平

平均抗体水平是指某动物群体抗体检测的平均值。由于抗体检测值一般是对数正态分布，故常用血清样品抗体检测值的几何平均数表示平均抗体水平。例如，某个蛋鸡养殖场，随机抽样 10 只进行新城疫抗体检测，检测值分别为 2^2、2^4、2^8、2^7、2^6、2^3、2^7、2^6、2^5、2^1。那么，这 10 只蛋鸡的平均抗体水平是 $2^{4.9}$。

3. 免疫合格率

免疫合格率是指动物群免疫后，免疫指标合格的动物数与免疫接种动物数之间的比值。例如，某种猪场养殖种猪 1 000 头，某次全群种猪免疫接种猪伪狂犬病基因缺失疫苗，15 d 后进行基因缺失抗体检测，结果 965 头猪基因缺失抗体呈阳性。那么，本次猪伪狂犬病基因缺失疫苗免疫合格率是 965÷1 000=96.5%。

4. 疫苗保护率

$$疫苗保护率=(对照组发病率-免疫组发病率)/对照组发病率$$

式中的发病率可用死亡率、感染率等免疫接种后出现的指标进行代替。对照组的动物可以是没有进行免疫的一群同种动物，与免疫组在品种、日龄、性别、健康程度、饲养管理技术、生存环境等方面应一致。

例如，某试验场，对照组 A 群 1 000 头母猪未免疫猪瘟疫苗，500 头发生了猪瘟，该群猪瘟发病率是 50%；免疫组 B 群 3 000 头母猪免疫接种猪瘟疫苗，300 头发生了猪瘟，该群猪瘟发病率是 10%。那么，该次免疫接种猪瘟疫苗的保护率是(50%−10%)÷50%=80%。

5. 疫苗效果指数

疫苗效果指数是对照组的发病率与免疫组的发病率的比值，和疫苗保护率一样都是用来评价免疫接种疫苗效果的。例如，上述例子中，对照组的发病率是 50%，免疫组的发病率是 10%。那么，该次免疫接种猪瘟疫苗效果指数是 50%/10%=5。

二、常用的调查方法

(一)通用调查法

通用调查法是对一些数据的调查。如养殖数量、发病率、某疫苗免疫接种率、平均抗体水平、免疫合格率等。

(二)历史对照调查法

历史对照调查法有两种：一是接种某种疫苗前抽取的调查样本不是同一群体的动物，该种调查需要抽样较多的动物；二是接种某种疫苗前抽取的调查样本是同一群体的动物，并记录动物疫苗接种前后的实验室检测抗原、抗体的结果，该种方法需要对抽样的动物进行标记。

一般在免疫接种前后，对动物群体的平均抗原、抗体水平进行检测，比较免疫接种前后动物群体的平均抗体水平、免疫合格率、抗原结果的差异。例如，免疫接种后检测抗体，一般在免疫接种后的 2～3 周，抽样检测。如果检测时间过早，抗体生成不足，抗感染能力未能达到最佳。如果免疫接种前，抗体水平过高可能检测过程存在错误或误差，或动物发生了病毒感染或体内母源抗体较高。

(三)接种对照调查法

接种对照调查法是将调查的动物分成两组：一组进行免疫接种疫苗，另一组不进行免疫接种疫苗，主要比较两组在某一调查时间段内发病率和死亡率的差别。因此，该方法常用于针对某一疫情或特定病原的调查。

运用该调查方法时，需要确保调查条件一致。针对同一动物群，处于相同的类型或饲养阶段，如都是育肥猪或者都是成年奶牛等。可在同一养殖场内，选择对照组不免疫，选择免疫组接种疫苗，如此一来，两组的条件便具有了一致性。

在养殖过程中，若要调查某种疫苗对动物群的免疫效果，可以选择多个养殖场。在这些养殖场中，随机选取一部分动物进行免疫，这部分动物即为免疫组，其他未免疫的动物则为对照组。然后分别调查免疫组和对照组的发病率与死亡率，进行适当的统计分析，进而推断出该疫苗的免疫效果。

(四)病例对照调查法

病例对照调查法是将调查对象分为两组：一组是发病组，另一组是健康组；或者一组是感染组，另一组是无感染组。调查时，除接种的疫苗相同外，其他方面的条件也要相似。通过调查两个组的免疫接种情况，分析健康组免疫接种率是否高于发病组。例如，在某次调查中，A组若干个养殖场感染了某种病原，B组若干个养殖场没有发现感染该种病原。A组养殖场有70%接种了这种病原引起疾病的疫苗，B组养殖场有65%接种了这种病原引起疾病的疫苗，两组疫苗接种率没有显著差异，即本次调查没有发现该疫苗对防止该病毒感染有何联系。

任务五　描述性研究

任务目标

知识目标

能准确阐述描述性研究的概念、内容、分类、方法及用途，熟知常规数据收集的来源，理解数据描述的各项要点，明晰其在动物疫病防控中的作用。

技能目标

学会运用直接观察法、访谈法等开展描述性研究，能从多渠道收集常规数据，熟练使用商业数据分析软件对数据进行处理与分析，绘制图表展示数据特征。

素质目标

培养严谨的科学态度，提升信息甄别能力，在研究与数据处理中注重细节；增强对动物疫病防控的责任感，树立公共卫生安全意识，具备团队协作与沟通能力。

案例导入

某大型养殖基地，近期出现了畜禽不明原因的发病和死亡情况。养殖场内牛、羊、猪、鸡等各类畜禽均有涉及，发病时间较为集中，短短1周内就陆续出现多起病例。部分区域的畜禽发病情况尤为严重，发病的畜禽种类和日龄也呈现出一定特点，幼龄畜禽似乎更容易受到影响。

根据以上病例描述，请在学习本任务时思考以下问题：

1. 面对这种复杂的发病情况，如何利用描述性研究来确定发病的具体时间、地点、发病对象以及病因呢？

2. 描述性研究的不同分类，如现况调查和监测，在解决此次养殖场疾病问题上分别能发挥怎样的作用呢？

二维码4-6
描述性研究

知识要点

一、概述

(一)描述性研究概念

描述性研究是最基本的流行病学调查方法,是以现场调查为主,研究在一定时间内畜(禽)群中发生的疾病事件及疾病现象,描述疾病的畜(禽)分布、地区分布和时间分布的动态过程。描述性研究得到的结果对疾病进一步的病因研究、制定防治对策及评价效果提供线索。观察研究和试验研究是兽医临床的两大类,描述性研究属于观察性研究,广泛应用于各类疾病的流行病学调查中。

(二)描述性研究的内容

描述性研究的内容包括:什么时间?什么地点?哪种动物?什么病因?引起的什么疾病?

(1)确定发病时间:为疾病诊断提供线索。如冬季常发呼吸道疾病。

(2)确定发病地点:地理学对动物健康有很大影响,如地方性微量元素缺乏导致营养代谢病。

(3)确定发病对象:描述发病动物的种类和日龄。有些疾病能引起多个种类动物共患,尽量详细地描述动物具体品种和日龄,缩小怀疑疾病对象范围。

(4)确定发病原因:描述性研究可为更复杂的病因研究方案提供线索。

(5)确定疾病种类:在描述性研究中,必须制定一个清楚、特异和可操作的病例定义,动物疾病病例定义处于不断变化中。例如,2019 年世界动物卫生组织对动物结核病定义除牛分枝杆菌外,还包括结核分枝杆菌和山羊分枝杆菌。

(三)描述性研究的分类

1. 现况调查

现况调查也称为现患调查或横断面调查。它是在一个确定的群体中,在某一个时间点或短时期内同时评价暴露因素与疾病的状况,从而获得某病流行率和特征信息。它通过在特定时间时点或时期,对特定范围内的畜(禽)群进行全面或抽样调查,以描述疾病或健康状况的分布及其与暴露因素的关系。横断面研究的特点为不设对照组,依靠事件(如疾病或药物不良反应)发生频率与样本量大的优势,提示某种可能性,为进一步监测、防控提供科学依据和策略打下基础。

2. 监测

监测可以看作区域内的预警,主要通过收集、分析和解释动物医学相关资料,并将这些资料及时反馈到兽医行政部门或相关养殖场,用于评价和改善动物公共卫生活动。

通过监测确保区域内动物群体的健康状态,一旦发现疫情,可以迅速采取措施进行隔离和治疗,防止疫情的扩散,进而减少动物死亡率和发病率,提高动物产品的产量和质量。通过监测,也可以预警和预防潜在的跨物种传播疫情,减少全球公共卫生危机的发生,还可以从源头上限制染疫动物产品进入市场，保障人类食品安全和健康。

监测的资料提供了疫病流行特征、病原体变异情况等信息，为疫苗的研发提供依据。

(四)描述性研究采用的方法

根据调查目的确定描述性研究采用的方法，通常有直接观察法、访谈法、填表法、网络问卷调查法等。

1. 直接观察法

直接观察法又称为肉眼观察法，依赖观察者在现场通过“看”来获取信息。观察者需有计划、有目的地按步骤在现场收集目标信息，这种数据收集方式准确、生动且具体。它不仅能核实访问对象所提供信息的真伪，还可捕捉到被遗漏的信息。

(1)优点：直观形象。

(2)缺点：花费大，人力、物力与时间成本高；部分养殖场内部禁止外人进入，致使观察结果与真实情况可能存在偏差。

2. 访谈法

访谈分为电话访谈与见面访谈。通过访谈可快速、便捷地获取所需信息，如发病时间、临床症状、病畜禽来源及去向等。

(1)优点：能够有计划、有目的地设计访谈内容，具有一定的主动权。

(2)缺点：当事人是否愿意接受并配合访谈存在不确定性；对所获得的访谈内容需进行“去伪存真”的甄别。

3. 填表法

依据要调查项目的内容设计调查表，调查表(问卷)设计质量的优劣直接影响养殖户反馈的信息质量。调查者可通过邮寄纸质版问卷或利用电子邮箱、QQ、微信等发送电子版问卷的形式来收集信息。

4. 网络问卷调查法

随着互联网技术的广泛应用，通过扫描二维码等方式直接链接到网站填写问卷调查，能快速、高效、便捷地获取信息，有效节约时间成本。

(五)描述性研究的用途

1. 揭示疾病分布规律

描述性研究能够系统地收集和分析动物疾病在特定时间、地区和动物群体中的分布数据，从而揭示疾病的流行特征、发病趋势和影响因素。

2. 提供病因线索

通过对疾病分布特征的描述和分析，提出病因假设，为后续的病因学研究提供重要的线索和方向。

3. 疾病监测与预警

描述性研究在动物流行病学中常用于疾病监测和预警，通过持续观察和描述疾病的分布特征，及时发现疫情的流行趋势和异常情况，为疫情的预防和控制提供早期预警。

4. 为公共卫生安全决策提供依据

描述性研究的结果可以为公共卫生决策提供科学依据，帮助政府和相关机构制定有效的防控策略、资源分配方案和健康教育计划。例如，2022 年山东省烟台市报告 19 例人感染布鲁氏菌病病例，随即对烟台市 9 个区县 46 个规模化养殖场进行牛羊布鲁氏菌病横断面调查，掌握了烟台市牛羊调运监管、饲养管理、意识行为及畜间布鲁氏菌病感染情况，为防范布鲁氏菌病散播风险指明了方向，为布鲁氏菌病防控及非免疫净化区建设提供了支撑。

虽然描述性研究的优势在于数据易获取、成本低，但是缺点在于很有危害性。在描述性研究中，假设的病因和后果的临时关联度不强，导致调查者在没有病因和后果强关联度的情况下下定结论。

二、常规数据收集、描述

(一)常规数据的收集

常规数据收集有别于紧急流行病学调查，是有计划地对一定地区内养殖过程中出现的疫病相关信息的收集和整理，是养殖地区的日常工作，收集到的数据为该地疫病的诊断、风险预测、制定防控对策提供依据。数据收集的来源有以下几个方面。

1. 官方机构与数据库

(1)全国畜牧兽医总站。其疫情测报系统是一个重要的数据来源，该系统能够准确详细地记录动物流行病信息，并满足系统的需求。

(2)农业农村部动物检疫所国家动物流行病学中心。该中心建立的国家动物卫生信息系统(NAHIS 系统)以及其他相关数据库，也是动物流行病学数据的重要来源。这些系统经过长期的积累和完善，形成了包含多种动物疫病信息的数据库。

2. 专业研究机构与实验室

(1)科研院校与研究所。这些机构通常会进行动物疫病的监测与研究，并收集相关的流行病学数据。例如，某些研究所可能针对特定动物疫病进行流行病学调查，并发布相关的研究报告。

(2)实验室检测数据。实验室通过细菌分离、RT-PCR 检测、基因测序及同源性比对等方法，对动物疫病进行监测和分析，这些数据也是流行病学调查的重要来源。

3. 现场调查与观察

(1)调查问卷。通过设计调查问卷，向动物饲养者了解动物种群的相关情况，包括动物数量、健康状况、疫苗接种情况等。这些数据能够直接反映动物群体的健康状况和疫病流行情况。

(2)现场观察。调查团队深入各地现场，实地观察动物的饲养环境、生活习性等，并收集相关的数据和信息。这些观察数据有助于了解动物疫病的传播途径和影响因素。

4. 养殖企业与个体

(1)养殖记录。养殖企业和个体通常会记录动物的饲养管理、健康状况、疫苗接种和疾病治疗等情况。这些记录是了解动物疫病流行情况的重要参考。

(2)疫情报告。当动物疫病发生时,养殖企业和个体有义务向相关部门报告疫情。这些疫情报告包含疫病的详细信息,如发病时间、地点、症状、诊断结果等,是流行病学调查的重要依据。

5. 其他来源

(1)兽医诊所与动物医院。这些机构通常会接诊患病动物,并收集相关的诊断和治疗数据。这些数据能够反映动物疫病的流行趋势和防控效果。

(2)媒体与网络。有时媒体和网络上也会发布关于动物疫病的报道和讨论。虽然这些数据可能不够准确和全面,有待权威部门证实,但可以作为动物流行病学调查的参考和补充。

(二)常规数据的描述

常规的数据覆盖内容较多,包括当地动物养殖的情况、整体动物疾病的构成、特定动物疾病构成及发病特征的分别展开描述。常规数据录入数据库后,利用商业数据分析软件(如SPSS 25.0软件包等)进行处理。这些软件能提供描述性统计、均值比较、一般线性模型等分析方法,并能根据数据绘制各种图形,直观地展示数据的分布、关系和趋势,使研究者能更好地理解数据,发现数据的规律和特点。

(1)当地整体动物养殖情况的描述。主要描述当地饲养动物的种类、数量、规模、地区分布、饲养管理方式等。在进行特定性疾病流行病学调查时,对当地整体的养殖情况描述是必不可少,如当地存在较多的集约密集型养猪场发生流行性传染病的风险远大于单个散养猪场。

(2)整体动物曾患和现患疾病描述。主要描述所有动物的疾病种类,对于同一种动物传染病对新疫区和老疫区的疾病流行风险是不同的。

(3)某种动物所有疾病的构成描述。主要对在一定范围内某种动物所有疾病的组成和比例的描述。例如,对某地区10年间收集985例鹿死亡病例并进行病因调查,统计病因结果如下:19%外伤、18%饥饿、15%胃肠炎、11%细菌感染、11%寄生虫感染、11%全身性疾病、2%肿瘤、1%先天性疾病、6%其他因素、6%不明原因。通过疾病构成的描述,为当地制定防控措施提供数据支撑。

(4)流行强度、趋势的描述。对收集病例的分析统计,以一定时间为单位,描述疾病的发病率、病死率、死亡率和感染率等参数,分析流行趋势。

(5)畜(禽)群分布描述。包括两种情况,一是动物共患病对不同动物的感染和发病情况的描述,二是某种疾病对同一类别的不同品种的感染和发病情况的描述。例如,1997年以后,亚洲首次出现了人感染禽流感的病例;2005年四川资阳出现了人感染猪链球菌病的病例;2007年西藏阿里地区首次发现了小反刍兽疫(羊瘟),山羊的感染数量明显大于绵羊。

(6)畜(禽)群日龄分布、性别分布的描述。主要是对疾病发生的日龄和性别的描述。例如,仔猪黄痢、仔猪白痢、鸡传染性法氏囊病,感染发病有日龄分布特点;某些引起繁殖障碍的疾病,畜禽性别分布有一定的特征。

(7)自然因素分布描述。主要描述地理分布和气候、季节分布对疾病的影响。例如,马属动物疾病多发生于内蒙古、新疆、青海等地;日本血吸虫病多发生于中间宿主钉螺较多的湖泊、湿地等南方地区;靠吸血蚊虫传播的猪乙型脑炎、疟疾等疾病多发生于夏季;流行性感冒、鸡传染性支气管炎等疾病多发生于寒冷的冬季。

(8)饲养方式对疾病发生影响的描述。不同的养殖模式对畜禽疾病的发生有着显著影响。以养猪为例，集约化标准养猪场由于养殖密度大、空间相对封闭等特点，猪群患呼吸道疾病的比例呈上升趋势；而在放牧地区，猪因接触到土壤里的中间宿主蚯蚓，感染猪肺后圆线虫疾病的情况有所增多。

(9)养殖场疫病预防控制措施及效果的描述。兽医所采取的防疫手段直接关乎疫病防控的效果，包括接种疫苗、合理使用药物以及强化生物安全等措施。例如，某养鸡场按规定接种了高致病性禽流感疫苗，经监测鸡群的抗体水平也处于较高状态，但随后鸡场仍出现了禽流感病毒感染的情况。在防控措施执行规范的前提下，此时就需要考虑到禽流感病毒可能发生了基因变异，致使毒株变强，从而突破了原有的免疫防线。

任务六　观察性研究

任务目标

知识目标

能够阐述观察性研究的定义、类型（现况研究、病例-对照研究、队列研究）及其与描述性研究、实验研究的区别，解释病因假设，掌握显著性检验、关联强度指标等相关知识。

技能目标

可以运用 t 检验、卡方检验等方法进行数据统计分析，计算 RR、OR 等关联强度值，能依据研究目的选择合适观察性研究方法并分析结果，判断因素与疾病的联系。

素质目标

培养严谨的科学态度和逻辑思维，提升对动物群体疾病研究的兴趣与责任感，增强在研究中识别和控制偏倚、批判性思考及解决实际问题的能力。

案例导入

在某大型养鸡场，鸡群突然出现了一种不明原因的疾病，部分鸡只精神萎靡、食欲不振，产蛋量也大幅度下降。鸡场管理人员对此十分担忧，遂邀请兽医专家团队展开调查。首先，专家们采用现况研究方法，对鸡场所有鸡只进行了全面检查与数据收集。发现鸡舍的卫生状况、饲料来源与以往并无明显差异，但在对鸡只品种进行分析时，注意到患病鸡只中某一特定品种的比例较高。接着，运用病例-对照研究，专家团队选取了患病鸡只作为病例组，未患病鸡只作为对照组，深入调查它们过去的生活环境、免疫情况等。结果显示，病例组中曾接触过某种外来鸟类的比例显著高于对照组。最后，通过队列研究，专家团队将鸡群按照是否接触过该外来鸟类分为暴露组和非暴露组，经过一段时间追踪观察，发现暴露组的发病率明显高于非暴露组。

根据以上病例描述，请在学习本任务时思考以下问题：

1. 在观察性研究过程中，如何准确判断不同因素与疾病之间的因果关系？

2. 现况研究、病例-对照研究和队列研究这三种方法在实际运用中，各自的优势与局限性又体现在哪些方面呢？

知识要点

一、概述

观察性研究包括现况研究、病例-对照研究和队列研究，用于鉴别疾病的主要病因或特定因素的致病作用，估计各种病因因素的定量效果。与描述性研究不同的是，观察性研究是将动物组群与假设病因暴露与否进行比较，以辨明某因素与某病是否有统计学联系，确定联系是否有因果性。观察性研究是主动研究病因，积极探索动物群体中影响疾病频率分布的因素，直接把因素和疾病联系起来的研究方法。与实验研究不同，观察性研究是依据对群体中自然存在疾病的观察数据进行研究。

Evans 于 1976 年提出了病因假设，认为疾病是由多因素引起的。病因假设前三条为：

(1)暴露于某假设病因的个体，发生某病的比例应显著高于未暴露于该假设病因个体患该病的比例。

(2)在所有其他危险因素都均衡的条件下，患病动物应比未患病动物更普遍地暴露于假设病因。

(3)在前瞻性研究中，暴露于假设病因的动物，其新病例应显著高于未暴露于假设病因的动物。

这三条分别对应着现况研究、病例-对照研究和队列研究。

在观察性研究中，检验疾病和假设病因因素之间统计学显著联系是确定病因很重要的一步，因为它是 Evans 病因假说的基础。

(一)显著性检验

1. 变量间的统计学联系

(1)测定两种因素下，某变量值概率分布的均数间的差异。如果两种因素下的均数间有显著差异，则可能对这两种因素之间的关系给出因果关系方面的解释。例如，有两群奶牛，一群发生乳腺炎，另一群没有，测量两群奶牛群的泌乳量，通过分析两群奶牛的泌乳量均数间的差异可以评估乳腺炎对泌乳量的影响。

(2)寻找分类变量之间的显著联系。有许多属性及其性状不能直接用测量方法来加以衡量。如性别中的雌雄、药物试验的治愈或无效等，需要通过对具有相同属性的计数来分析。通常用卡方(χ^2)检验来分析属性资料。如按是否有生理性尿失禁和是否去势将母犬分类，然后寻找尿失禁与去势间联系的证据，通过估计尿失禁与去势间的联系强度，可以进一步得出因果关系的结论。

(3)寻找变量间的相关。研究变量之间相互关系的密切程度,称为相关。以相关系数来表示。如可以记录血吸虫的患病率和降水量,来研究降水量增加是否与血吸虫患病率有显著联系。

2. 显著性检验的原理

(1)均数差异的显著性。正态分布曲线是一根两端低中间高的曲线,其形状如同一个钟、一顶帽子或小山丘,因此得名钟形曲线。曲线的中间是均值或平均数,也就是最普遍的数值,而曲线离中间越远的部分,对应的数值出现的频率越少,是最不典型的部分。正态分布钟形曲线不仅用于描述呈正态分布的连续变量值的频率分布,而且也可用于描述从该群体(参考群体)重复抽样样本均数值的频率分布。如果样本均数接近于尾部,则表明该样本或者是从参考群体抽的非概率样本,或者更可能是从群体均数不同的群体中抽的样本。需要决定的是,什么情况下一个样本均数不可能来自参考群体。假定从参考群抽一个样本,其均数接近于尾部,得到这个均数值的概率 p 小于显著性水平的值,这时就否定了原来的假设,即样本不可能来自参考群体。

显著性水平用 α 来表示。在生物科学中 α 值通常取 0.05,代表 5%的显著水平。如果概率 $p<0.05$ 表示样本来自总体(参考群体)的可能性小于 0.05,根据小概率事件不可能性原理,则认为样本并不是来自参考群体。如对差异的评价需要更谨慎些,则可选 1%或 0.1%的显著水平。

(2)无效假设。在上述均数差异显著性的讨论中,假定样本来自某一群体,且该样本的均数与参考群体的均数没有差异,这种假定所形成的假设就是无效假设。有显著差异则表明否定无效假设,而接受备择假设(也称对立假设或备选假设)即样本来自其特性与参考群体不同的群体。

置信区间与显著性检验结果紧密相关。例如,当无效假设设定了某正态分布均数的一个特定值后,抽取一个样本进行显著性检验,若在 5%的显著水平上否定了无效假设,那么对应的 95%置信区间便不会包含无效假设所规定的均数值。

(3)推断错误。分为Ⅰ型错误和Ⅱ型错误。

①Ⅰ型错误也被称为 α 错误、拒真错误或假阳性错误,是指在假设检验中,原假设(H_0)实际上为真,但检验结果却错误地拒绝了原假设的情况。Ⅰ型错误的概率通常用 α 表示,因此 α 也被称为显著性水平。例如,在设定 $\alpha=0.05$ 的情况下,如果在 100 次假设检验中,平均有 5 次会发生Ⅰ型错误,即错误地拒绝了实际上为真的原假设。

②Ⅱ型错误也被称为 β 错误、取伪错误或假阴性错误,其含义指的是在假设检验中,原假设(H_0)实际上为假,但检验结果却未能拒绝原假设。Ⅱ型错误的概率通常用 β 来表示。β 的大小与样本量、效应大小以及 α 的取值等因素有关。Ⅱ型错误的发生意味着研究者未能发现实际上存在的处理效应或差异。

3. t 检验

小样本正态分布资料常用 t 检验,它有以下三种用途。

(1)用于检验从一个参考群体来的样本。数据来自均数为 μ 的正态分布,方差 σ 为未知。如果 $\bar{x}$ 和 S^2 分别为样本的均数和均方,则检验统计量为:

$$t=\frac{(\bar{x}-\mu)}{\sqrt{S^2/n}}$$

式中，n 为样本含量，自由度为 $n-1$。

(2)用于检验从不同群体来的两个样本。数据分别来自两个群体，其均数差($\mu_1-\mu_2=\delta$)已知，且公共方差 σ^2 未知，两个群体均服从正态分布。如果 n^1、$\overline{x_1}$、S_1^2 和 n^2、$\overline{x_2}$、S_2^2 分别为第一群体和第二群体的样本含量样本均数和样本均方，则未知的公共方差 σ^2 的估计值为：

$$\overline{S}^2=\frac{(n_1-1)S_1^2+(n_2-1)S_2^2}{n_1+n_2-2}$$

检验统计量：

$$t=\frac{\overline{x}_1-\overline{x}_2-\delta}{\sqrt{\overline{S}^2\left(\frac{1}{n_1}+\frac{1}{n_2}\right)}}$$

式中，自由度为 n_1+n_2-2。

(3)用于检验两样本间配对观察值的比较。配对具有除去变异来源的优点，因此比未配对资料的检验更敏感。假定每对成员间的差异呈正态分布，其均数 μ_d(常为 0)已知而其方差 σ^2 未知，如果 $\overline{d}$ 和 S_d^2 分别为样本中每对成员间的差异的均数和均方，则检验统计量为：

$$t=\frac{(\overline{d}-\mu_d)}{\sqrt{S_d^2/n}}$$

式中，n 为样本含量，自由度为 $n-1$。

4. 卡方(χ^2)检验

卡方(χ^2)检验是一种常用的统计检验方法，用于比较两个及两个以上样本率(构成比)和两个分类变量的关联性分析。例如，估价病因与病例相关的数据见表 4-1。

表 4-1 估价病因与病例相关的数据表

组别	有疾病	无疾病	合计
假定病因	a	b	$a+b$
非假定病因	c	d	$c+d$
合计	$a+c$	$b+d$	n

卡方公式：

$$\chi^2=\frac{\left(|ad-bc|-\frac{n}{2}\right)^2 n}{(a+b)(c+d)(a+c)(b+d)}$$

式中，$\frac{n}{2}$ 为校正项。

(二)确定关联强度

危险性评估是测量暴露动物和未暴露动物发生某病频率之间的差异，以衡量因素引起疾病的危险性。通过危险性估计，才能衡量因素引起疾病的危险性大小。危险性估计通常用相对危险性(RR)、比数比(OR)、特异危险性(AR)、病因分值(EF)等来表示。

1. 相对危险性

暴露组的发病(死亡)率与非暴露组的发病(死亡)率之比值,称为相对危险性(RR)。

参照表 4-1 估价病因与病例相关的数据表。计算公式如下。

$$RR=\frac{\text{暴露组的发病(死亡)率}}{\text{非暴露组的发病(死亡)率}}=\frac{a}{a+b}\Big/\frac{c}{c+d}$$

若 $RR>1$,表明因素和疾病间有正的统计学联系;若 $RR<1$,表明因素和疾病间有负的统计学联系,即因素对该病有保护作用;若 $RR=1$,则无联系。

如表 4-2 所示可作为 RR 的数值所表示的联系强度的解释。

表 4-2 相对危险性与联系强度

相对危险性		联系强度
负联系(保护作用)	正联系(致病作用)	
0.9～1.0	1.0～1.1	无
0.7～0.8	1.2～1.4	弱
0.4～0.6	1.5～2.9	中等
0.1～0.3	3.0～9.0	强
＜0.1	＞9.0	很强

2. 比数比

比数(odds)又称比值、优势,是表示某种事件发生的概率大小(a/b,c/d)。

比数比(OR)又称为比值比或优势比,是测量联系强度的另一种方法。如为现况调查或队列研究,暴露组的患病(发病)比数 a/b,未暴露组的这一比数为 c/d。两组的比数比为:

$$OR=\frac{(a/c)}{(b/d)}=\frac{ad}{bc}$$

在以兽医院或诊所病例为基础的病例-对照研究中,一般不能计算 RR 值,但可以计算 OR 值。在一定条件下 OR 近似于 RR。如表 4-1 所示数据是来自总体的一个随机样本,调查一种罕见病,总体上患病数量,无论暴露组还是未暴露组,A 与 C 远小于未患病数 B 与 D(字母大写表示总体数据,字母小写表示样本数据)。所以 $A+B$ 近似于 B,$C+D$ 近似于 D。

$$RR=\frac{A/(A+B)}{C/(C+D)}\approx\frac{A/B}{C/D}=\frac{AD}{CB}$$

随机样本中 a/b,c/d 可以估计 A/B,C/D。

故,
$$RR\approx\frac{A/B}{C/D}=\frac{a/b}{c/d}=\frac{ad}{bc}=OR$$

也就是说,可以用 OR 作为 RR 的估计值。

3. 特异危险性

由某因素引起的净危险性称为特异危险性(AR),又称为归因危险性、对危险性或净增危险性，用暴露组与未暴露组发病(死亡)率之差来表示，即：

$$AR=\text{暴露组发病(死亡)率}-\text{非暴露组发病(死亡)率}=\frac{a}{a+b}-\frac{c}{c+d}$$

4. 特异危险性百分比

$$AR\%=\frac{\text{暴露组发病(死亡)率}-\text{非暴露组发病(死亡)率}}{\text{暴露组发病(死亡)率}}\times 100\%$$
$$=\frac{\dfrac{\text{暴露组发病(死亡)率}}{\text{非暴露组发病(死亡)率}}-\dfrac{\text{非暴露组发病(死亡)率}}{\text{非暴露组发病(死亡)率}}}{\dfrac{\text{暴露组发病(死亡)率}}{\text{非暴露组发病(死亡)率}}}\times 100\%$$
$$=\frac{RR-1}{RR}\times 100\%$$

5. 群体特异危险性

上述的特异危险性(AR)，是评估随机样本的特异危险性，不能测量群体暴露危险因素的比例。可用群体特异危险性(PAR)和病因分值(EF)又称为群体特异危险性百分比，这两个指标来测量。PAR 是测量在群体中因暴露于某因素所致的发病率(死亡)率。

$$PAR=\text{群体暴露发病(死亡)率}-\text{群体非暴露组发病(死亡)率}$$

6. 病因分值

病因分值(EF)又称群体特异危险性百分比、归因比例，是指群体归因于暴露某因素的全部病例的比例。用 f 表示群体中暴露于某因素的发病动物数占群体发病动物总数的比例。

$$EF=\frac{\text{群体暴露组发病(死亡)率}-\text{群体非暴露组发病(死亡)率}}{\text{群体暴露组发病(死亡)率}}\times f$$
$$=\frac{\dfrac{\text{暴露组发病(死亡)率}}{\text{非暴露组发病(死亡)率}}-\dfrac{\text{非暴露组发病(死亡)率}}{\text{非暴露组发病(死亡)率}}}{\dfrac{\text{暴露组发病(死亡)率}}{\text{非暴露组发病(死亡)率}}}\times f$$
$$=\frac{RR-1}{RR}\times f$$

在此基础上，还可以进一步分析因素间的相互作用，即当两个或多个因素联合作用的效果大于或小于各因素单独作用相加的期望效果，就表明因素间存在相互作用。如疾病频率大于期望值则存在协同作用；如疾病频率小于期望值，则存在拮抗作用。一般来说，因素相互作用的发病率最适合于用加法模型进行分析。

(三)应用实例

【实例 1】 某省对布鲁氏菌病检测阳性的养羊户周围的养羊户进行调查研究，与布鲁氏菌病血清阳性相关的因素很多，但近年来，布鲁氏菌病观察性研究发现“引进动物”可能是羊场间传播布鲁氏菌病最主要的风险因素之一，调查数据如表 4-3 所示。

表 4-3 "曾引进过羊"与布鲁氏菌病检测阳性养羊户数据表

组别	布鲁氏菌病检测阳性养羊户	布鲁氏菌病检测阴性养羊户	合计
曾引进过羊	370(*a*)	150(*b*)	520(*a*+*b*)
未引进过羊	360(*c*)	580(*d*)	940(*c*+*d*)
合计	730(*a*+*c*)	730(*b*+*d*)	1 460(*n*)

为了确定"曾引进过羊"因素和布鲁氏菌病检测阳性是否有联系，根据表 4-3 数据做显著性检验。

1. 卡方检验(χ^2)

$$\chi^2=\frac{\left(|ad-bc|-\frac{n}{2}\right)^2 n}{(a+b)(c+d)(a+c)(b+d)}=\frac{\left(|370\times580-150\times360|-\frac{1\ 460}{2}\right)^2\times1\ 460}{(370+150)(360+580)(370+360)(150+360)}=127.35$$

自由度=1，$p<0.001$。

结果说明，"曾引进过羊"这一因素与布鲁氏菌病检测阳性有非常显著的联系。

2. 危险性评估

(1)相对危险性(*RR*)。

$$RR=\frac{a}{a+b}\Big/\frac{c}{c+d}=\frac{370}{370+150}\Big/\frac{360}{360+580}=1.86$$

$RR>1$，表明"曾引进过羊"这一因素和布鲁氏菌病检测阳性间有正的统计学联系。

(2)比数比(*OR*)。

$$OR=\frac{(a/c)}{(b/d)}=\frac{ad}{bc}=\frac{370\times580}{150\times360}=3.97$$

表明"曾引进过羊"的布鲁氏菌病阳性率是"未引进过羊"的布鲁氏菌病阳性率的 3.97 倍。

(3)特异危险性(*AR*)。

$$AR=\frac{a}{a+b}-\frac{c}{c+d}=\frac{370}{370+150}-\frac{360}{360+580}=0.71-0.38=0.33$$

表明布鲁氏菌病血清阳性率的 33%归因于"曾引进过羊"，而 38%为背景危险性。

(4)特异危险性百分比(*AR*%)。

$$AR\%=\frac{RR-1}{RR}\times100\%=\frac{1.86-1}{1.86}\times100\%=46\%$$

表明由"曾引进过羊"的布鲁氏菌病阳性数量占总布鲁氏菌病阳性数量的 46%。

(5)病因分值(*EF*)。

$$EF=\frac{RR-1}{RR}\times f=\frac{1.86-1}{1.86}\times\frac{370}{730}=23\%$$

表明如果"曾引进过羊"这一因素与养羊户布鲁氏菌病检测阳性是因果关系，那么 23%的病因归结为“曾引进过羊”。

【实例 2】 某鸡场有东西两幢种鸡舍，相距 15 m，鸡舍结构相似，均饲养白洛克种鸡，公母比例相似，日龄也相似，两幢鸡舍喂同样饲料，疫苗接种和卫生防控措施相同，饲养管理制度也完全一样，发病前两幢鸡舍正常死亡数相似。但从入冬起，东舍的鸡死亡数量急剧上升，剖检鸡病变一致，均为卵黄性腹膜炎。经进一步调查发现，两幢鸡舍的饲养员不同，原本两幢鸡舍窗户都是开着的，但寒流入侵，东舍饲养员怕种鸡被冻坏关闭了窗户，而西舍饲养员怕关窗后舍内气味难闻，窗户依旧照常开着。根据东西鸡舍统计的数据，构建了卡方(χ^2)2×2 列联表(表 4-4)。

表 4-4 鸡死亡数量与鸡舍通风关系数据表

舍别	死亡鸡数/只	存活鸡数/只	合计
鸡舍通风恶劣(东舍)	281(a)	5 044(b)	5 325($a+b$)
鸡舍通风良好(西舍)	21(c)	5 411(d)	5 432($c+d$)
合计	302($a+c$)	10 455($b+d$)	10 757(n)

为了验证假设病因鸡舍通风不良是否与鸡死亡有联系，做显著性检验。

1. 显著性检验

$$\chi^2=\frac{\left(|ad-bc|-\frac{n}{2}\right)^2 n}{(a+b)(c+d)(a+c)(b+d)}=\frac{\left(281\times 5\ 411-5\ 044\times 21-\frac{10\ 757}{2}\right)^2\times 10\ 757}{5\ 325\times 5\ 432\times 302\times 10\ 455}=233.9$$

自由度为 1，$p<0.001$。

结果表明，两舍间的死亡差异极显著，鸡舍通风不良与鸡死亡有联系。

2. 危险性评估

$$RR=\frac{a}{a+b}\Big/\frac{c}{c+d}=\frac{281}{5\ 325}\Big/\frac{21}{5\ 432}=20.6$$

表明鸡舍通风不良的因素和导致鸡死亡有很强的联系。

在一些集约化经营的种鸡场和蛋鸡场，鸡舍内卫生不良，通风不畅，卵黄性腹膜炎造成的大批鸡死亡屡有发生，其发病原因为鸡舍空气中混有大量的大肠杆菌，由鸡呼吸道进入腹气囊，引起腹腔器官炎症，卵子破裂而死亡。

(四)相关及相关系数

相关是确定某疾病是否与某变量有联系的另一个重要概念。如记录乳腺炎的发病率和泌乳量，可以确定泌乳量与乳腺炎是否有显著联系。

相关通常用散点图来表示。如以水平轴(x)度量降水量水平，以垂直轴(y)度量腐蹄病水平，每个点的位置决定于每对发病率和降水量值。如果正相关，则大多数点集中在图上从左下方到右上方的一条线上，反之，两者不相关，则点随机分散在图上(图 4-1)。

相关系数是衡量两个变量(x 和 y)之间关联程度和性质的指标，系数值在 +1 和 −1 之间，正号表示正相关，负号表示负相关，0 表示不相关。如果 x 和 y 为连续变量并呈正态分布，则根据相关系数可以计算 x 和 y 值。

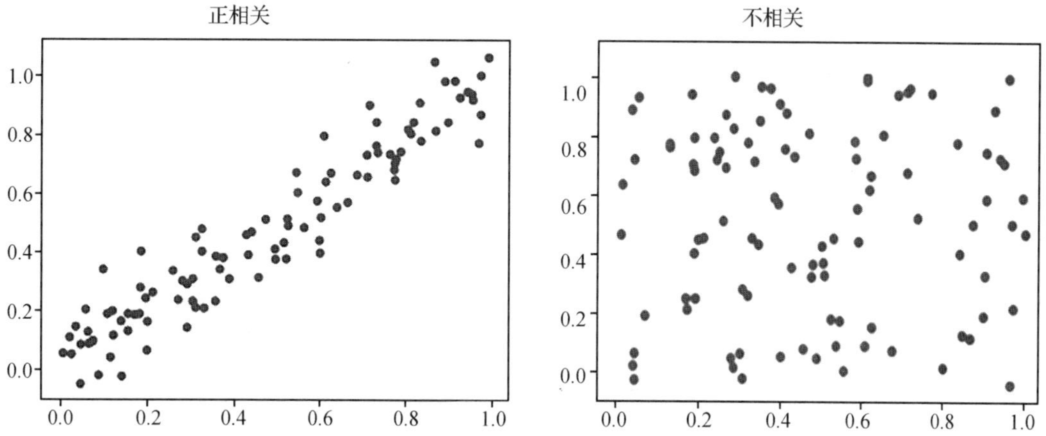

图 4-1　腐蹄病与降水量水平的相关性

相关系数 ρ 是对总体而言，它只能从样本相关系数 r 做出估计，r 值可以从下式算出。

$$r=\frac{\sum(x-\bar{x})(y-\bar{y})}{\sqrt{\sum(x-\bar{x})^2(y-\bar{y})^2}}=\frac{\sum xy-\sum x\sum y/n}{\sqrt{\left[\sum x^2-\left(\sum x\right)^2/n\right]\left[\sum y^2-\left(\sum y\right)^2/n\right]}}$$

(五)观察性研究中的偏倚

观察性研究中的偏倚是指随机误差以外的、可导致研究结果与真实情况差异的系统误差。这种误差具有方向性，并且理论上是可以避免的。

主要的偏倚有 3 种：①由研究群体和目标群体在特性方面的系统差异引起的选择偏倚。②由数据收集、记录、编码、分析过程中的缺点造成的信息偏倚。③由混杂因素引起的混杂偏倚。应在调查设计阶段及研究和分析过程中控制这些偏倚。

二、现况研究

现况研究又称为横截面研究或现患研究，是指应用普查或抽样调查等方法，收集群体中特定时间点上的疾病或健康状况和暴露状态的资料，以描述疾病或健康状况的分布，以及探索疾病与某些因素之间关联的研究方法。在一般情况下，现况研究不能区分暴露与疾病的时间顺序关系，但适用于调查个体的先天特征，如血型、种或品种、性别等，对这些因素来说，暴露与疾病的时间关系明确。

(一)现况研究的优缺点

1. 优点

(1)现况研究的抽样调查结果有较强的推广意义，以样本估计总体的可信度较高。

(2)现况研究将样本按是否患病或是否暴露来分组比较，即有来自同一群体的自然形成的同期对照组，使结果具有可比性。

(3)现况研究的问卷调查或采样检测等手段可在一次调查同时观察多种因素，其在疾病病因探索过程中，是不可或缺的基础工作之一。

2. 缺点

(1)调查时疾病与暴露因素一般同时存在,难以确定先因后果的时相关系。

(2)一般不能获得发病率资料。

(3)控制外在变量可能是不完全的。

(二)现况研究的要求

(1)掌握目标群体中疾病流行状态。调查动物群体存在或不存在疾病。患病和死亡情况分别用患病率和死亡率表示。

(2)为了解疾病自然史提供资料。调查动物群体的品种(品系和家系)、性别、年龄、营养、免疫等;调查环境条件的时间、气候、地区、畜牧制度、饲养管理(饲料、饮水、畜舍)等;以及调查其他动物或人类患病情况及媒介昆虫或中间宿主,如种类、分布、生活习性等。

(3)提供疾病致病因素的线索。调查物理学、化学和生物学致病因子。

(4)对疾病监测、预防接种效果及其他资料质量的评价。应用现况研究中抽样调查的设计特征,通过对疾病监测系统中监测对象、预防接种群体等的随机样本的复核检测以评价该疾病监测系统或预防接种的资料完整性、可靠性和正确程度。

(三)结果分析与评价

现况研究用于病因研究,在分析调查结果时,必须检验某个因素与患病和死亡之间的联系是否有统计学显著性以及联系强度如何。

现况研究结果常用患病率(现患率)来表示,定量数据(如体高、体重、年龄、血色素含量等)可算出平均数。

1. 描述分布

按照不同畜(禽)群、不同时间以及不同地区对疾病的分布特征进行描述。

2. 比较分析

按调查畜(禽)群是否暴露于研究因素进行分组(暴露组和非暴露组),将暴露组作为对照组进行比较(表 4-5)。

表 4-5 单因素现况研究模式

组别	有疾病	无疾病	合计
有暴露	a	b	$a+b$
无暴露	c	d	$c+d$
合计	$a+c$	$b+d$	N

3. 比数比(*OR*)

$$OR=\frac{(a/c)}{(b/d)}=\frac{ad}{bc}$$

比数比为事件发生的概率与不发生的概率之比。*OR* 为两组比数之比。可计算资料的发病比数比(*ROR*)或暴露比数比(*EOR*)。发病比数比为暴露组发病比数与非暴露组发病比数之比。暴露比数比为疾病组的暴露比数与非暴露的暴露比数之比。

4. 患病率比(*PR*)

$$PR=\frac{\frac{a}{a+b}}{\frac{c}{c+d}}$$

(四)应用实例

某地区饲养肉牛 50 000 多头，发生一种以血尿为特征的疾病。肉牛使用的精料为当地甲、乙两个饲料厂提供的配合料。使用哪个厂的饲料完全由用户自己选择。该病不具有传染性，使用甲厂饲料的发病率似乎比使用乙厂的高些，怀疑该病可能与饲料有关。相关部门做了以下的现况研究。

根据各牛场的登记牛号构成抽样框架，随机抽 5 000 头牛作为样本，其血尿病和饲料来源的关系如表 4-6 所示。

表 4-6　某地牛群血尿病与饲料来源的关系

饲料来源	有疾病	无疾病	合计
甲厂	395(a)	1 805(b)	2 200($a+b$)
乙厂	179(c)	2 621(d)	2 800($c+d$)
合计	574($a+c$)	4 426($b+d$)	5 000n

为了确定血尿病与饲料来源是否有联系，首先可以根据表 4-6 数据做显著性检验。

$$\chi^2=\frac{\left(|ad-bc|-\frac{n}{2}\right)^2 n}{(a+b)(c+d)(a+c)(b+d)}=\frac{\left(|395\times 2\ 621-1\ 805\times 179|-\frac{5\ 000}{2}\right)^2\times 5\ 000}{2\ 200\times 2\ 800\times 574\times 4\ 426}=160.9$$

自由度$=1$，$p<0.001$。

结果说明，饲料来源与发生血尿病有非常显著的联系。因为本研究是从目标群体选择的随机样本，所以目标群体中患病动物和暴露于假设病因动物的比例在抽样误差的范围内可以直接从样本估计出来。

喂甲厂饲料牛的患病率(%)$=a/(a+b)=395/2\ 200=18.0$

喂乙厂饲料牛的患病率(%)$=c/(c+d)=179/2\ 800=6.4$

该地区牛的总患病率(%)$=(a+c)/n=574/5\ 000=11.5$

现况研究往往是初步的，它为病例-对照研究、队列研究、实验研究提供线索。虽然初步的结果表明该地区牛的血尿病与饲料来源有联系，但致病因子是什么，是中毒还是某种营养成分的过多与不足，喂乙厂饲料的发病背景水平为什么会这样高，两厂饲料有什么区别，怎样防控该病等问题还没有得到解决，需要用病例-对照研究、队列研究、实验研究的方法做进一步研究。

三、病例-对照研究

病例-对照研究是一种基础且关键的研究类型，它主要用于探索和检验病因假说。

(一)基本原理

病例-对照研究是以现在确认的患有特定疾病的动物个体组成病例组，以没有患该病但具有可比性的动物个体作为对照组。通过询问、实验室检查或复查病史，收集既往多种可能危险因素的暴露史，测量并比较病例组和对照组中各因素暴露的比例。如果经统计学检验，两组差异有意义，则可认为该因素与疾病之间存在着统计学上的关联。在评估了多重偏倚对研究结果的影响后，再借助病因推断技术，可以推断出某个或一些暴露因素是疾病的危险因素。病例-对照研究方法是由疾病探索可能的病因，即从果推因，所以病例-对照研究又称回顾性研究。

(二)病例组与对照组的选择

在病例-对照研究中，病例组和对照组的选择和确定是至关重要的。在比较性研究中，病例组和对照组在真正危险因素暴露比例上的差异，可能蕴藏着疾病病因学的本质。

1. 病例组的选择

(1)内外部特征的限制。病例组应在病原学方面保持同质性，对病理学类型、诊断标准等病例内部特征应有明确限制，对年龄、性别和品种也应有明确规定。

(2)病例组类型的选择。病例组类型有新发病例、现患病例和死亡病例三种，它们各有优缺点，都可使用。

(3)病例组来源的限制。病例组的发现和诊断方法必须同质，即病例是通过筛选、监测、临床诊断还是病理剖检确定的必须保持同一质量；病例必须来自同一限定性群体。

2. 对照组的选择

(1)病例的特征和来源，对照组必须与之相应。

(2)假设病因。来自动物医院或诊断实验室的患其他疾病的对照，其病因不应与所研究的假设病因相同或有联系。

(3)混杂因素影响。用限制法和匹配法控制混杂因素，使对照组和病例组一致。

(三)病例-对照研究方法的优缺点

1. 优点

(1)适合于研究稀有疾病或潜伏期长的疾病。

(2)时长较短，费用较低。

(3)需要的动物数较少。

(4)可以使用现有记录。

(5)对被选动物无危险性。

(6)可以研究多种可能的病因。

2. 缺点

(1)不能估计目标群体中暴露动物和非暴露动物的比例。

(2)不能估计暴露动物和非暴露动物的发病率。

(3)依赖对以往暴露的回忆和记录。

(4)资料的确认较困难，有时甚至是不可能的。

(5)对外在变量的控制可能是不完全的。

(6)选择合适的对照组比较困难。

(四)研究的结果分析与评价

Evans 病因假说的第二条：患病动物应比未患病动物更普遍暴露于假设病因。以有无疾病为横坐标，有无暴露于假设病因为纵坐标，构建病例-对照研究卡方 2×2 列联表(表 4-7)。

表 4-7　病例—对照研究模式表

组别	暴露于假设病因	未暴露于假设病因	合计
病例组	a	b	$a+b$
对照组	c	d	$c+d$
合计	$a+c$	$b+d$	n

在进行病例-对照研究之初，先确定病例组总数和对照组总数，比较 $a/(a+b)$ 与 $c/(c+d)$，如果 $a/(a+b)$ 显著大于 $c/(c+d)$，则说明病例组的假设病因的暴露率显著大于对照组的假设病因的暴露率，即疾病与假设病因有联系。

疾病与假设病因之间的统计学上显著联系，不一定都有因果关系，有几种可能性。第一种可能性是存在直接因果关系；第二种情况是存在间接因果关系，即因素 A 与因素 A' 联系，因素 A' 又直接与疾病联系；第三种可能性是没有因果联系，即因素 A 与因素 C 有联系，疾病也与因素 C 有联系。

1. χ^2 检验

在病例-对照研究中，χ^2 检验常用于成组资料和配对资料的分析。

$$\chi^2=\frac{\left(|ad-bc|-\frac{n}{2}\right)^2 n}{(a+b)(c+d)(a+c)(b+d)}$$

2. *OR* 值

对大多数病例-对照研究，如用屠宰场、动物医院或诊断实验室数据的研究，由于病例总数和对照总数都是从研究群体抽的样本，所以不能得到研究群体中暴露组和非暴露组的发病率，也不能直接计算相对危险性。这时需用 OR 来估计 RR。

$$OR=\frac{(a/c)}{(b/d)}=\frac{ad}{bc}$$

(五)单因素分析与分层数据分析

1. 单因素分析

山东某县毛皮加工村暴发了布鲁氏菌病，为了尽量减少混杂，病例组为本次调查到的所有符合确诊病例定义的 23 例，对照组为所有与病例同等情况下自愿参加体检的非布鲁氏菌病 124 人。单因素分析，危险因素为村民剥羊皮手上伤口，因此构建了如表 4-8 所示的联表。

表 4-8　毛皮加工村民布鲁氏菌病与手上伤口的关系　　人

组别	手上有伤口	手上无伤口	合计
布鲁氏菌病	19(a)	4(b)	23($a+b$)
未发病	57(c)	67(d)	124($c+d$)
合计	76(a+c)	71($b+d$)	147(n)

代入公式：

$$OR=\frac{(a/c)}{(b/d)}=\frac{ad}{bc}=\frac{19\times 67}{4\times 57}=5.58$$

$$\chi^2=\frac{\left(|19\times 67-4\times 57|-\frac{147}{2}\right)^2\times 147}{23\times 124\times 76\times 71}=9.02$$

自由度=1，$p<0.01$。

上述结果说明毛皮加工村民患布鲁氏菌病与手上伤口之间有联系，并有显著差异。

2. 分层数据分析

单因素分析病例-对照资料是最简单的情况，除所研究的因素外，其他全部因素都相似。但实际上可能有多种因素与疾病有联系，这时就需要用检验一个因素来控制其他因素(即所谓混杂因素)的分析方法。这种因素控制分析法又称为分层数据分析法，因为常采用分层来控制混杂因素的作用。分层就是把样本按照某一个或多个混杂因素的暴露与否或作用强度而划分为若干个组，再分别在每一组内分析暴露与患病之间的联系，即计算 *OR*(表 4-9)。实际上也可以把 1∶1 匹配看作一种最细的分层，也就是每一层只包括一个病例与一个对照。如果各层的 *OR* 具有齐性(即各层 *OR* 值接近，差异无统计学意义)可以计算总的 *OR*，即各层 *OR* 合并的 *OR*。方法按照 Mantel-Haenszel 公式进行：

表 4-9　第 *i* 层内病例与对照暴露与否分组

组别	病例	对照	合计
暴露	a_i	b_i	m_{1i}
未暴露	c_i	d_i	m_{0i}
合计	n_{1i}	n_{0i}	n_i

$$OR_{MH}=\frac{\sum(a_id_i/n_i)}{\sum(b_ic_i/n_i)}$$

计算公式如下：分层以后计算总的卡方，称为 χ^2_{MH}，做显著性检验。计算公式如下：

$$\chi^2_{MH}=\frac{\left[\left|\sum a_i-\sum E(a_i)\right|-0.5\right]}{\sum V(a_i)}=\left[\left|\sum\frac{a_id_i}{n_i}-\sum\frac{b_ic_i}{n_i}\right|-0.5\right]^2\Big/\sum V(a_i)$$

$$E(a_i)=\frac{n_{1i}m_{1i}}{n_i}\qquad V(a_i)=\frac{n_{1i}n_{0i}m_{1i}m_{0i}}{n_i^2(n_i-1)}$$

式中，a_i 为各层的 a 的实际数值，$E(a_i)$ 为 a_i 的期待值，$V(a_i)$ 为 a_i 的方差。

检验假设 $H_0: OR=1$，双侧备择假设 $H_A: OR \neq 1$。统计量 χ^2_{MH} 呈自由度为 1 的卡方分布。

下面举例简单说明分层数据分析法。

一段时期以来，某猪场发生腹泻疾病与更换 X 厂饲料的数据如表 4-10 所示。与更换饲料的危险性（OR、χ^2）可用分层数据分析法求出。

表 4-10　猪腹泻病例和不同厂饲料、年龄、性别的对照动物

年龄	病例/例			对照/例			病例和对照/例		
	X 厂饲料	其他饲料	合计	X 厂饲料	其他饲料	合计	X 厂饲料	其他饲料	合计
	(A)	(B)	(N_1)	(C)	(D)	(N_2)	(M_1)	(M_2)	(T)
	第(1)项	第(2)项	第(3)项	第(4)项	第(5)项	第(6)项	第(7)项	第(8)项	第(9)项
仔猪	3	15	18	51	401	452	54	416	470
架子猪	9	18	27	60	485	545	69	503	572
育肥猪	9	27	36	59	734	793	68	761	829
种公猪	1	13	14	40	351	391	41	364	405
种母猪	1	14	15	50	381	431	51	395	446

从数据中做两列导数运算：

	$\frac{AD}{T}$	$\frac{BC}{T}$	
	$\frac{(1)(5)}{(9)}$	$\frac{(2)(4)}{(9)}$	
	第(10)项	第(11)项	
	2.560	1.628	
	7.631	1.888	
	7.969	1.922	
	0.867	1.284	
	0.854	1.570	
$\sum \frac{AD}{T}$	19.881	8.292	$\sum \frac{BC}{T}$

(1)与 X 厂饲料联系的 RR 值用近似值 OR 表示：

$$OR = \sum (AD/T) / \sum (BC/T) = 19.881/8.292 = 2.40$$

(2)从表中还可以计算总差异(Y)：

$$Y = \sum (AD/T) - \sum (BC/T) = 19.881 - 8.292 = 11.589$$

(3)计算卡方(χ^2)。

		V(A)
$\frac{(3)(7)}{(9)}$ =第(12)项	$\frac{(6)(8)}{(9)}$ =第(13)项	$\frac{(12)(13)}{(9)-1.0}$
2.068	400.068	1.764
3.257	479.257	2.734
2.953	727.953	2.596
1.417	351.417	1.233
1.715	381.715	1.471
	$\sum V(A)$	9.798

$$\begin{aligned}\chi^2 &= (|Y|-0.5)^2/\sum V(A)\\ &=(11.589-0.5)^2/9.798\\ &=12.55>9.21(\alpha=0.01)\end{aligned}$$

这样就说明X厂饲料与猪腹泻是有联系的。

四、队列研究

(一)队列研究的定义及分类

队列研究又称为定群研究，根据是否暴露于某假设因素选择两群动物，追踪观察并记录每一群动物疾病发生和发展情况，比较其发病率，确定假设因素对疾病的危险程度。所以队列研究是由因推果，又称为前瞻性研究。

队列研究分为并存队列研究和回顾性队列研究两种类型。

并存队列研究是指选择暴露于和未暴露于某因素的两个队列，观察一段时间以确定两个队列中的病例。

回顾性队列研究是指根据现有关于暴露于某因素与否的可靠记录，选择过去一段时间内曾经暴露于某因素和未曾暴露于某因素的动物形成两个队列，用各种方法观察从过去某时间开始直到现在发生某疾病的情况。

(二)队列研究的优缺点

1. 优点

(1)可以计算出暴露动物和非暴露动物的发病率。

(2)在选择系统记录的变量方面有伸缩性。

(3)在时间顺序上有利于确定假设因素和疾病之间的因果关系。

2. 缺点

(1)不能估计目标群体中暴露动物和非暴露动物的比例。

(2)研究稀有疾病需要较多的动物数。

(3)可能需要长期追踪。

(4)相对而言费用较高。

(5)控制外在变量可能是不完全的。

队列追踪是队列研究的关键环节,为减少因观察带来的偏倚,应采用双盲试验的方法。

(三)并存队列研究

1. 研究方法

(1)确定假设因素。队列研究的目的是检验某假设因素对特定疾病发病率或死亡率的影响。假设因素通常是在现况研究和病例-对照研究结果分析的基础上提出的,借助队列研究做进一步验证。在队列研究中,假设因素的存在与否或存在的水平不依赖于研究者的行动,这一点与由研究者人为施加因素的实验研究不同。

(2)划分暴露组和对照组。研究畜(禽)群有两种类型:一种是以整个区域的畜(禽)群作为研究畜(禽)群,如以区域内全部畜(禽)群作为研究畜(禽)群。另一种是以特定的畜(禽)群,如对某假设因素有高度暴露危险的畜(禽)群或遗传上确定的畜(禽)群作为研究畜(禽)群。

①区域畜(禽)群暴露组和对照组的划分:可以按照暴露于一种或多种假设因素将总群体分为两个组或多个组,对解决具体问题的队列研究可以建立更具体的队列划分原则。例如,山羊对水牛类恶性卡他热发病影响的队列研究,可将疫区内水牛总群体按是否与山羊同舍饲养或混群放牧分为不同的队列。

②特定畜(禽)群暴露组和对照组的划分:可以像对区域畜(禽)群一样,按对照假设因素暴露与否和暴露水平的高低将动物分为不同的队列,但选择合适的非暴露组非常困难。假如根据描述性研究得知,选定的畜(禽)群是对某假设因素有高度暴露危险的畜(禽)群,我们可以选出所有暴露于该因素的动物为一组,所有未暴露于该因素的动物为另一组。或从每一组随机抽样构成队列,比较它们将来发生某疾病的情况。

无论何种研究群体,都是根据对假设因素的暴露水平分为不同的队列,然后比较各队列疾病的频率。应注意未进行研究的其他因素(如年龄、性别或品种)的可能影响。各队列之间如果在这些因素中有任何一种存在不同,必须重新考虑研究设计。在比较两组的均衡性时,除选定的假设因素条件外,其他条件不应有明显差异。

(3)队列的追踪。队列研究中很重要的一个环节是对暴露水平不同的队列进行追踪观察,以确定研究对象对假设因素的应答情况,这一过程往往非常困难。可能遇到的困难包括:所研究的动物在被追踪的过程中可能死于与假设因素无关的疾病;畜主可能对日常追踪感到厌烦,从而不愿继续参与;被选个体迁移使得追踪观察既耗费资金又花费时间等。

队列追踪资料的来源应可靠,要能够显示每个队列实际发生的绝大多数病例。对于癌症一类致死性疾病而言,将死亡作为一种结果指数是有意义的。但对于较温和或较急性的疾病进行追踪观察时,以死亡作为结果指数就显得过于粗略了。

追踪研究通常取决于对被选个体的周期性检查。为了减少因观察而产生的偏倚,通常会采用盲试的方法。当研究者本人也参与判断被追踪动物对假设因素的应答时,必须将动物"盲"分配到队列中,即研究者不知道动物属于哪一组队列,这样可以保证对结果的评价也是盲态的。当有第三方观察者协助判断应答结果时,他们同样也必须不知道哪些动物属于研究队列,哪些动物属于对照队列。这种在动物分配和观察结果评价方面都采用盲法的试验被称为双盲试验。

2. 资料分析与统计

卡方检验是队列研究中最常用的统计检验方法之一。用于测量因素与疾病联系强度的指标有相对危险性和特异危险性，这两个指标的计算方法基本上与病例-对照研究中的计算方法相同。但是在队列研究中对相对危险性的估计，应使用实际相对危险性，因为比数比无法提供对危险性的合适估计值。此外，对于暴露期较长、被追踪动物变化较大的队列研究，发病率或死亡率通常需要根据暴露动物年数来计算。暴露动物年数为发病率或死亡率的计算提供了合适的分母，如暴露马年、暴露牛年等。对于生命周期较短的动物，也可以将暴露动物月、暴露动物周作为合适的分母，如暴露犬月或暴露鼠周等。计算暴露动物年(月、周)的方法是构建追踪寿命表。例如，根据从 2011 年年初开始到 2016 年年初记录的，为减轻牛白血病而进行药物治疗实验的追踪牛寿命数据(表 4-11)，可以计算出暴露牛年的发病率、存活率。

表 4-11 构建为减轻白血病而进行药物治疗实验牛的追踪寿命表(假设数据)

(1)	(2)	(3)	(4)	(5)	(6)	(7)	(8)	(9)	(10)	(11)
年份	治疗后年数	一年开始时活的动物数/头	一年追踪期间丢失的牛数/头	与治疗无关因素致死牛数/头	一年内仅观察部分时间的活牛数/头	一年内暴露于死亡危险因素的病牛数/头	年内死亡于白血病的牛数/头	年内死亡比例	年内存活比	从 2011 到 2016 年的存活比
	x	O_X	n_{W_x}	n_{DX}	n_{SX}	n_{RX}	n_{ax}	n_{qx}	n_{px}	P_x
2011 年	0	166	4	2	0	163	27	0.166	0.834	1.00
2012 年	1	133	3	2	2	129.5	18	0.139	0.861	0.834
2013 年	2	108	2	0	7	103.5	10	0.097	0.903	0.718
2014 年	3	89	3	1	12	81	8	0.099	0.901	0.649
2015 年	4	65	0	3	13	57	3	0.053	0.947	0.585
2016 年	5	46	1	2	10	39.5	1	0.025	0.975	0.554

说明：表 4-11 中，(3)列、(4)列、(5)列、(6)列、(8)列的数据是记录而来。(7)列、(9)列、(10)列、(11)列的数据是计算而来。假设(3)列、(4)列、(5)列中数据(丢失、其他原因致死和观察时间不足的牛数)按照观察半年计算。则：

(7)列＝(3)列－[(4)列＋(5)列＋(6)列]÷2，

即：

$$n_{RX}=O_X-(n_{W_x}+n_{DX}+n_{SX})/2$$

如：2 年追踪中，暴露于死亡危险因素的病牛数＝108－(2＋0＋7)/2＝103.5

(9)列＝(8)列/(7)列

即：

$$n_{qX}=n_{aX}/n_{RX}$$

如：2 年追踪中，年内死亡率＝10/103.5＝0.097

$$(10)列=1-(9)列$$

即：
$$n_{px}=1-n_{qX}$$

如：2 年追踪中，年内存活率＝1－0.097＝0.903

$$(11)列=上一年的(10)列\times(10)列$$

即：
$$P_x=n_{p(x-1)}\times P_{(x-1)}$$

如：2 年追踪中，存活比＝0.861×0.834＝0.718

存活比例 P_x 的标准差可以用以下公式计算：

$$SE(P_x)=P_x\sqrt{\sum\frac{n_{qx}}{n_{Rx}-n_{ax}}}=P_x\sqrt{\sum\frac{n_{ax}}{n_{Rx}(n_{Rx}-n_{ax})}}$$

这里的求和从 $x=0$ 开始，一直延续到 P_x 的前一年。

以 2015 年，4 年追踪的 P_4 为例：

$$\begin{aligned}SE(\mathrm{P}_4)&=0.585\times\sqrt{\frac{27}{163\times136}+\frac{18}{129.5\times111.5}+\frac{10}{103.5\times93.5}+\frac{8}{81\times73}}\\&=0.585\times\sqrt{0.004\ 851}\\&=0.585\times0.070\\&=0.041\end{aligned}$$

这样，就可以建立置信区间。如果存在不同的跟踪队列，可以检验它们的存活比是否有显著性差异。

(四)回顾性队列研究

1. 研究对象

如果有完整的记录，根据记载的数据也可按过去暴露于某致病因素的不同情况，将被观察动物分为队列，然后观察不同队列动物发病或死亡的情况。在动物流行病学研究中，对一些长期的封闭群体和实施特定疾病区域防控或消灭计划的畜(禽)群，可采用回顾性队列研究。该研究方法是将“回顾”与“前瞻”结合起来的研究方法，使用起来迅速而经济。

2. 应用条件

(1)记录中记载所有畜(禽)群的成员从现在到过去一段时间的数据。如一个地区的所有羊只、一个奶牛场的所有奶牛。

(2)在该段时间内对所需要研究的因素有可靠的记录。

(3)对原有队列所有成员的结局(患病、死亡、健康)必须有准确记载。

(4)回顾性观察的动物数比一般队列研究的对象要少，但比一般病例-对照研究的对象要多。

(5)回顾性观察的时间比病例-对照研究长些，而比并存队列研究(前瞻性研究)要短得多。

如图 4-2 所示，按时间区分三种研究方法(病例-对照、并存队列、回顾性队列)。

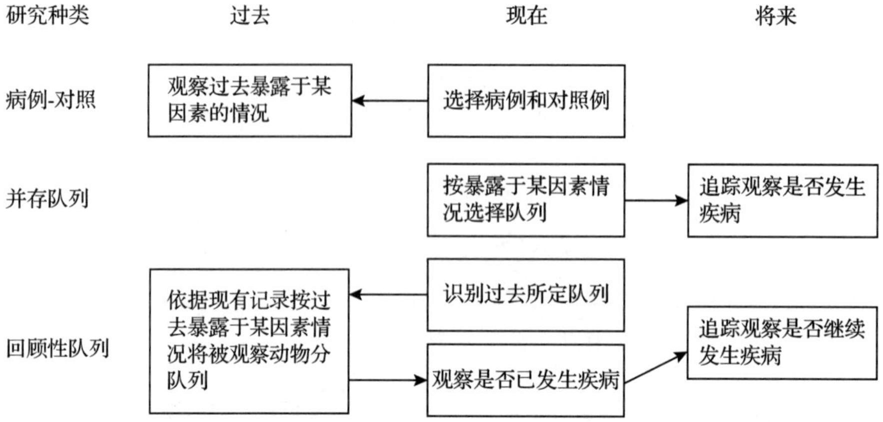

图 4-2　时间区分三种研究方法

五、三种观察性研究主要特征比较

要证明某因素与某疾病有因果关系，从时间逻辑上讲，在发病之前动物必须暴露于该因素，队列研究的设计不仅保证了这种时间顺序的检查，还能度量发病率且能更精准地估计危险性和确定病因。但它缺点也不容忽视，队列研究费用高，观察时间长，投入大量人力、物力，还可能跟丢目标，所以在动物流行病学调查研究中更常用现况研究和病例-对照研究这两种方法。

三种观察性研究的示意图如图 4-3 至图 4-5 所示。

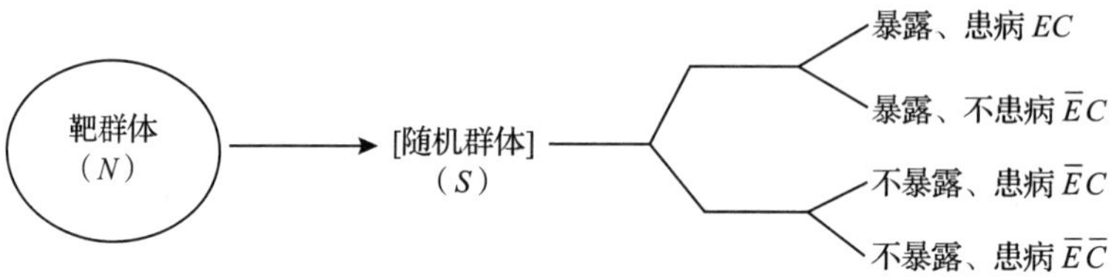

图 4-3　现况研究示意图

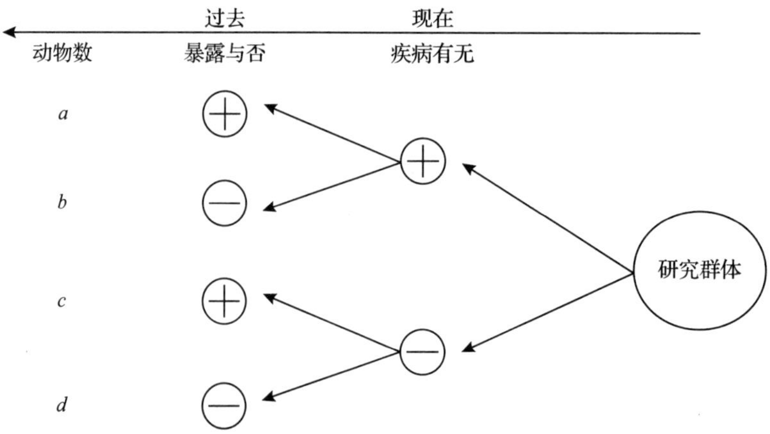

图 4-4　病例-对照研究示意图

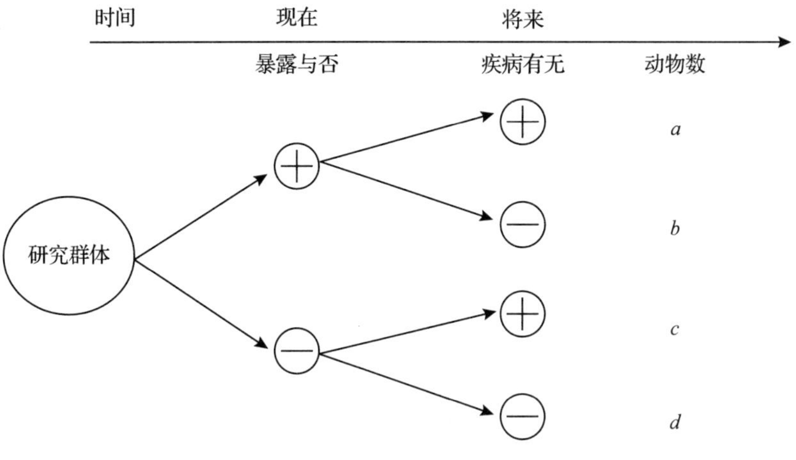

图 4-5　队列研究示意图

三种观察性研究主要特征比较如表 4-12 所示。

表 4-12　三种观察性研究主要特征比较

比较项目	观察性研究		
	现况研究	病例-对照研究	队列研究
比较组群的划分方法	首先从特定群体选择总数为 n 的个体，然后确定每一个体是否存在疾病和暴露于假设因素的关联	从目标群体中首先选出病例和对照病例，构成病例组和对照组，然后确定两组中每一个体对假设因素暴露与否	从目标群体中首先选出暴露组和非暴露组，然后追踪两组中每一个体是否产生疾病
资料来源	可利用现有资料现患病例	可利用现有资料现患病例	来自列队追踪新发生病例
抽样方法及样本大小	从目标群体简单随机抽样，小至中样本	从目标群体分层抽样，小样本	从目标群体中分层抽样
疾病的度量	患病率、暴露率	暴露率	发病率、死亡率
假设病因与疾病联系的度量	可以直接估计目标群体的疾病比例和暴露比例、目标群体的比数比，不能估计暴露个体和非暴露个体的发病率	不能直接估计目标群体的相对危险性，只能用比数比估计近似值，不能估计目标群体暴露动物和非暴露动物的比例，不能估计暴露动物和非暴露动物的发病率	可以计算出暴露动物和非暴露动物的发病率，可以直接估计研究群体的相对危险性。不能估计目标群体暴露和非暴露的比例
因果关系的时间顺序	不明确	不明确	明确
推断方法	确定疾病和因素间的联系 Evans 病因假说第一条	由果推因，Evans 病因假说第二条	由因推果，Evans 病因假说第三条

任务七 血清流行病学调查

任务目标

知识目标

掌握血清流行病学调查的内容,明晰其调查目的,熟悉各类检测及分析方法,理解血清抗体测定相关概念,知晓衡量血清学试验的各项指标及血清库相关知识。

技能目标

能够运用血清学试验检测方法,准确测定血清抗体,熟练计算抗体滴度等指标,学会比较动物群体血清抗体水平,能依据衡量指标评估血清学试验,掌握血清库操作流程。

素质目标

培养严谨的科学态度,在血清学研究中注重数据准确性与试验可重复性;提升分析解决问题能力,能依据血清学调查结果推断疫病流行情况并提出防控建议。

案例导入

在某大型养猪场,近期猪群的整体健康状况不佳,生长速度放缓,部分猪还出现了呼吸道和消化道的症状。场主十分担忧,决定邀请兽医团队进行全面检测。兽医团队考虑到猪群可能感染了多种传染病,且有些疾病可能呈隐性感染,于是打算运用血清流行病学的方法来进行调查。他们首先对猪群进行大规模的血清采集,希望通过检测血清中的抗体,来了解猪群疾病的流行情况。

根据以上病例描述,请在学习本任务时思考以下问题:

二维码 4-7 血清流行病学调查

1. 面对种类繁多的血清学试验检测方法,如凝集试验、凝集抑制试验等,究竟该如何根据猪群的实际症状和可能感染的病原体,选择最为合适、灵敏且特异的检测方法?

2. 在检测出猪群的抗体水平后,如何依据这些抗体水平的结果,准确判断猪群的免疫状态,以及评估之前接种疫苗的效果呢?比如,若检测出某些抗体滴度较低,是意味着疫苗接种效果不佳,还是猪群近期感染了新的病原体呢?

知识要点

一、血清流行病学调查的内容和方法

血清流行病学调查是应用血清学和流行病学方法来研究动物体内特定抗体的分布和变化规律的科学。通过检测动物血清中的抗体来了解动物疾病的流行情况、评估疫苗接种的效果、探索疾病的地理分布、进行病因研究以及预测和监测疾病的动态变化。

血清中很多成分是可以测量出来，如矿物质、微量元素、酶和激素等。血清中另一种重要成分是特异抗体，测定抗体可以提供动物群现在和过去是否暴露于传染性病原体的证据，因此，抗体测定在动物流行病学调查中具有很大的意义。

血清学试验具有敏感特异、简便、经济、可靠、安全等优点，已广泛用于动物流行病学调查的各个领域。

(一)血清流行病学调查的目的

1. 查明疫病在动物群体中流行的情况

对动物群中的各种抗体检测，可测知各种传染性疾病的流行情况，特别对以隐性感染为主的疫病更需用血清流行病学的方法进行调查，如流行性乙型脑炎、弓形虫病、猪细小病毒感染等。

2. 探讨某些疫病的地理分布

我国幅员辽阔，很多疫病的分布带有地区性。根据不同地区动物群对某病抗体的分布情况，可以推测该病现在和过去流行的地理分布情况。2007 年我国西藏阿里地区发生了小反刍兽疫病例，在局部地区流行，调查羊群血清抗体分布情况，确定疾病的地理分布范围，对制定有效的防制对策具有十分重要的意义。

3. 检查疫(菌)苗免疫效果

检测抗体水平是检查疫(菌)苗免疫效果最常用的一种方法。例如，对鸡群进行新城疫免疫，在接种疫苗前抽样检查血清血凝抑制(HI)抗体水平，在接种疫苗后 2～3 周抽样检查血清血凝抑制(HI)抗体水平，比较两者之间的差异可以正确评价疫苗的免疫效果。

4. 疫情预测和疫病监测

根据当前动物群的抗体水平，不仅可以推测过去和现在疫病的流行情况，而且可以预测在未来一段时间内可能发生的流行情况。如牛结核病、布鲁氏菌病、鸡白痢、禽白血病等传染病，血清阳性反应者与带菌者或带毒者之间存在不同程度的联系。根据动物群的密度、易感动物的比例、病原体的生物学特点、发病机制等，可以预测在不进行控制的条件下，未来一段时间内疾病的流行水平和趋势。这时，往往根据不同情况采取合适的防制对策。例如，对布鲁氏菌病和鸡白痢采用淘汰阳性反应者的方法，可以使未来的流行水平下降。

5. 应用疫病检测

国内集约化经营的养殖场大部分采用血清学方法检测疫病，如鸡新城疫等。由于实行定

期的疫苗接种，群体中的血清抗体始终维持在一定水平。如果抗体水平低于能够抵抗感染的水平，则提示应进行再次免疫；如果抗体水平超过正常免疫所能达到的水平，则提示可能存在强毒感染，应采取适当的措施予以控制。

(二)血清流行病学调查的检测方法

用血清学试验检测同一指标时可以选择多种方法。以抗体检测为例，近百年来已建立了一系列检测抗体或抗原的血清学试验，如凝集试验、凝集抑制试验、葡萄球菌 A 蛋白(SPA)协同凝集试验、间接凝集试验(IHA)、琼脂扩散沉淀试验(AGP)、补体结合试验(CF)、免疫荧光试验(IF)、酶联免疫吸附试验(ELISA)、放射免疫试验(RIA)等。选择何种血清试验，依具体疾病情况而定。

原则是试验必须灵敏、特异、准确、可靠、快速、简便，适合于检测大量现场样本。

(三)分析方法

分析方法中检测结果必须与正常参考水平进行比较，虽然这些正常参考值都有正式发表的资料可查阅，但是每个实验室必须建立自己的标准。此外，有些调查本身就存在比较，如发病初期和后期血清样本的比较等。

二、血清抗体的测定

(一)抗体量的表示方法

抗体的浓度用滴度表示，即产生试验反应的血清最高稀释度。如产生试验反应的最高稀释度为 1∶32，则抗体滴度为 1/32，其倒数 32 则表示未稀释的血清含有 32 倍产生反应的抗体量。血清阳性动物是指能测出抗体滴度的动物；血清阴性动物是指不能测出抗体滴度的动物；血清转阳性动物是指血清检测过去是阴性现在是阳性的动物；血清转阴性动物是指过去是阳性但现在是阴性的动物。通常以某个阈值的滴度作为判定血清阳性和阴性的标准。如抗体的滴度为 1∶32，阈值就是 1∶32。抗体浓度>1∶32，判定为血清阳性；抗体浓度≤1∶32，判定为血清阴性。

1. 滴度的对数转换

血清通常倍比稀释，即血清以两倍间距递增稀释为 1/2、1/4、1/8、1/16、1/32 等。血清的滴度通常用对数来表示，因为这样的频率呈正态分布，可用适合于正态分布的检验方法。血清做 1/2、1/4、1/8、1/16 等倍比稀释时，这些稀释度倒数以 2 为底的对数分别为 1、2、3、4 等稀释度，如表 4-13 所示。

表 4-13　抗体滴度表示法：倒数滴度和对数滴度

血清稀释度($1/X$)	倒数滴度/X	对数滴度/$\log_2 X$
1	1	0
1/2	2	1
1/4	4	2
1/8	8	3

续表 4-13

血清稀释度(1/X)	倒数滴度/X	对数滴度/$\log_2 X$
1/16	16	4
1/32	32	5
1/64	64	6

有时高浓度的血清有非特异反应，这时可对血清先做 10 倍稀释，然后进行倍比稀释，即 1/10、1/20、1/40、1/80 等。

2. 平均滴度

(1)算术平均数($\overline{x}$)：几组对数滴度的平均数。例如，记录 6 组滴度为 1/2，1/4，1/4，1/4，1/8，1/8，其对应的对数滴数为 1，2，2，2，3，3。则算术平均值为：(1＋2＋2＋2＋3＋3)/6＝2.2。

(2)几何平均数（GMT)：是对数平均滴度的反对数。可查对数表或用计算器算出。例如，对数平均滴度为 2.2，即 $\log_2$ GMT＝2.2，GMT＝$2^{2.2}$＝4.6。

如果起始做 $\log_{10}$ 稀释，随后做 $\log_2$ 稀释，再取以 2 为底的对数前，应除以 10。例如，4 组血清稀释度为 1/10、1/20、1/40、1/80，用对数滴度 0、1、2、3 来表示。算术平均数($\overline{x}$)为(0＋1＋2＋3)/4＝1.5，几何平均数(GMT)/10＝$2^{1.5}$＝2.8，几何平均数(GMT)＝10×$2^{1.5}$＝28。

应该注意的是，0 的对数是负无穷大，倒数滴度为 0 的阴性动物，在计算平均滴度时，应排除在外。

对群体抗体对数滴度进行比较时，在做出推论前必须考虑两个参数：血清阳性动物相对比(血清流行率)和血清阳性群体的 GMT。如两个奶牛群中，每群都有 20%的血清阳性牛(即血清流行率为 20%)，但一个奶牛群的血清抗体滴度 GMT 为 40，而另一奶牛群的 GMT 为 640。这种情况说明，第二个奶牛群可能最近在流行，而第一个奶牛群仅在康复动物中有持续抗体；如两个牛群的 GMT 均为 640，第一个奶牛群血清流行率为 20%，第二个奶牛群仅 2%，这种情况下第一个奶牛群的感染概率比第二个奶牛群感染概率大得多。

(二)抗体测定

1. 单系列稀释测定

这种方法需要高精度的样品稀释，确保稀释比的准确性和稳定性，每个稀释度都要测一次。通常用于血凝抑制试验(HI)等。抗体滴度是指能阻止病毒凝集红细胞的最高稀释度，该系统测定抗体滴度应该是区间滴度。如用 HI 试验检测抗体滴度在 1/32 为阳性，下一个稀释倍数为 1/64 为阴性，所以抗体滴度为在 1/32 和 1/64 之间。用＞或＜来表示区间抗体滴度。如抗体滴度＞1/64。

2. 多系列稀释测定系统

这种方法每个稀释度都要测 5 次以上，目的是得到更准确的滴度。常用的终点是 50%。半数致死量(LD_{50})表示在一定条件下，导致一半实验动物死亡的药物毒性的剂量，单位为 mg/kg 体重；半数有效量(ED_{50})是指能引起 50%实验动物出现阳性反应的药物剂量，单位为 mg/kg 体重；半数组织细胞感染剂量($TCID_{50}$)是指在组织细胞培养物中，能使 50%的细胞发生病变或死亡的病毒量。它是利用不同稀释度的病毒液接种细胞后，通过观察细胞病变效应(CPE)来确定的，单位为每毫升培养液中的病毒量，即 PFU/mL。

50%终点滴定液可用于抗体浓度的估计。表示抗体滴度表达为防止 50%细胞单层培养物被标准浓度病毒感染时的血清稀释度，可用 ED_{50} 或 $TCID_{50}$ 表示。

下面用 Spearman-Kärber 法 50%终点滴定测定血清样品对某病毒的中和抗体滴度。

为了测定血清样品对某病毒的中和抗体滴度，确定以病毒在细胞培养上引起细胞病变指示系统。先在 5 个细胞培养单层接种能引起细胞病变的固定量病毒，随后倍比稀释待检血清，每一稀释度接种 5 个细胞培养单层各 0.1 mL，测为防止 50%细胞单层培养物被标准浓度病毒感染时的血清稀释度，即抗体滴度，可用 ED_{50} 表示。

表 4-14　50%终点滴定法测 ED_{50} 值：血清中和反应

组别	血清稀释度	Log_{10} 稀释度	显示细胞病变的单层数	完整单层数	阳性比例/p	$1-p$
一	1/1	0.0	0	5	1.00	0.00
二	1/2	−0.3	0	5	1.00	0.00
三	1/4	−0.6	0	5	1.00	0.00
四	1/8	−0.9	1	4	0.80	0.20
五	1/16	−1.2	2	3	0.60	0.40
六	1/32	−1.5	3	2	0.40	0.60
七	1/64	−1.8	4	1	0.20	0.80
八	1/128	−2.1	5	0	0.00	1.00

根据 Spearman-Kärber 公式：

$$\log_{10} ED_{50} = L - d\left(\sum p - 0.5\right)$$

据表 4-14 可知，L 为所有单层都没有出现病变的最高稀释度对数，即第三组，$L=-0.6$；d 为倍比稀释的对数，$d=\log_{10} 2=0.3$；$\sum p = 1.00+0.80+0.60+0.40+0.20=3$。

代入公式

$$\begin{aligned}\log_{10} ED_{50} &= -0.6-0.3\times(3-0.5)\\ &= -0.6-0.3\times 2.5\\ &= -0.6-0.75\\ &= -1.35\end{aligned}$$

$$\log_{10} ED_{50} = -1.35, ED_{50} = 10^{-1.35} = 1/22.4$$

即 0.1 mL 血清含有 22.4 个 ED_{50}，则 1 mL 血清含有 224 个 ED_{50}。

实际值与其估计值之间相对偏离程度用估计标准误($e.s.e$)表示。计算公式为：

$$e.s.e(\log_{10} ED_{50}) = d\sqrt{\sum[p(1-p)]/(n-1)}$$

式中，n 代表每组的试验重复数。本次试验中，每个稀释度重复 5 次，所以 $n=5$；$d=0.3$；代入公式可得：

$$\log_{10} e.s.e = 0.3\sqrt{(0.8\times0.2+0.6\times0.4+0.4\times0.6+0.2\times0.8)/(5-1)} = 0.13$$

因此，滴度可以表示为每 0.1 mL 含 $10^{1.35\pm0.13}$ 或每毫升含 $10^{2.35\pm0.13}$ ED_{50}。

当比较动物组群间滴度时，ED_{50} 是以区间测量的连续变量，可用参数方法做统计分析。

因为抗体通常是对数滴度正态分布的，可用适合于正态分布的标准检验。

相比单系列稀释试验，多系列稀释试验花费高，速度慢，应用较少，但在测定疫苗免疫效力仍起重要作用。

三、动物群体中血清抗体水平的估计和比较

(一)检测抗体的存在

如需检测动物群体中是否存在针对某病原体的抗体，而不是特别关心抗体滴度的高低，这时应对畜(禽)群做抽样调查，按血清反应阳性和血清反应阴性对动物个体分类。能否检测到抗体阳性的动物，不仅取决于动物群体对特定病原体的暴露水平和样本含量，而且与所用试验的抗体检测能力有关。

(二)抗体水平的比较

1. 不同动物群体的比较

可以比较不同种类、不同饲养环境或不同免疫程序下的动物群体的抗体水平。通过统计学方法(如卡方检验、参数检验等)分析抗体水平的差异是否显著。

2. 同一动物群体不同时间的比较

对同一动物群体进行定期检测，可以监测其抗体水平的动态变化。通过比较不同时间点的抗体水平，可以评估免疫程序的效果或疾病的流行趋势。

3. 与保护值比较

根据动物种类和疾病的不同，通常会设定一个抗体水平的保护值。当抗体水平低于保护值时，表示动物可能无法抵抗相应病原体的侵袭，需要采取补免等措施。当抗体水平高于保护值时，表示动物具有较好的免疫保护力。

四、衡量血清学试验的指标

(一)精密性

各种血清学试验在检测细微抗原差异的能力相差甚远，即血清学试验的精密性不同。

致病性病原体的表面和内部有各种成分复杂的抗原，病毒在复制过程中又有非结构抗原成分，同一种病原体中的有些抗原成分可为不同群的分离物所共有，另一些抗原成分则是特定群的分离物所独有。举例，流感病毒的分型是依据病毒的芯髓核蛋白、核基质蛋白的抗原性不同，分为 A 型、B 型和 C 型流感病毒。同一型流感的亚型的分类是依据其表面的细胞凝集素(H)和神经氨酸酶(N)的差异，如 A 型流感病毒分为 H1N1、H2N2、H3N2、H3N8、H5N1 等多种亚型。同一种亚型根据抗原成分更精细的差异又可分为不同的毒株，如 H3N8 亚型分为

Eq/Miamu/1/63、A/Eq-2/Surrolk/89、A/Eq-2/Newmarket2/93 毒株等。

虽然单克隆抗体技术的出现，提高了检测病原体抗原微细差异的能力，能追溯感染的起源和流行范围的确定。但是血清学试验在检测抗原的精密性上还是有差异的，有的能检测型的差异，有的能检测到亚型的差异。例如，用血凝抑制试验（HI）、神经氨酸酶抑制试验（NI）、补体结合试验（CF）、单向辐射免疫扩散试验（SRD）和免疫双扩散试验（IDD）对 A 型流感病毒检测，随后对检测抗原的精密性结果进行比较，发现血凝抑制试验（HI）的精密性更高，可以广泛应用于血清调查和血清诊断中。

（二）准确性

任何一种试验都无法完全准确地显示出疾病真实情况，血清学试验也如此，也会出现假阳性和假阴性结果。

1. 阳性结果

（1）真阳性：来自实际感染。

（2）假阳性：不同的病原体之间可能存在共同的抗原决定簇，这就导致了交叉反应，如副结核分枝杆菌能产生对哺乳动物和禽结核菌素的阳性反应。

2. 阴性结果

（1）真阴性：表明没有感染。

（2）假阴性：原因众多。有些动物对抗原有天然或诱发的免疫耐受，当用病原体攻击时不产生抗体。如在妊娠前半期牛胎儿暴露于牛病毒性腹泻病毒中，但出生后用同一株病毒攻击时不产生可检测出来的抗体。

①检测时机不恰当。如用补体结合试验在流产前采血样检测，可能检测不出流产布鲁氏菌抗体，因为补体结合抗体通常在流产以后才出现。

②选择试验方法不恰当。如非洲猪瘟不能用血清中和试验检测但可用免疫荧光试验检测，因为猪不产生可检测水平的非洲猪瘟病毒的中和抗体。

③有些非特异抑制物存在。如检测鸡新城疫病毒红细胞凝集抑制抗体时，血清中存在非特异性抑制物，对新城疫病毒凝集红细胞的产生非特异抑制，被误认为是新城疫病毒抗体的特异抑制。

④有些抗体是不完全抗体，不能在抗原-抗体试验中产生可见反应。如一种常见的犬免疫溶血性贫血以红细胞表面有不完全抗体为特征，只能通过抗免疫球蛋白试验检测出来，有时封闭抗体也阻止抗原-抗体反应。

⑤有些血清学试验的灵敏度太低，检测不出低滴度抗体或抗原。如用双缩或折射仪测定血清总蛋白质，灵敏度为 100 mg/fL，而采用放射免疫测定，灵敏度为小于 1 pg/fL，两种血清学方法检测，灵敏度相差巨大。

（三）可重复性

血清学试验的可重复性是指在不同时间、不同操作者或不同实验室条件下进行相同或相似试验时，所得到的结果是否具有一致性和稳定性。这种可重复性对于动物疾病的诊断、疫苗研发、药物筛选等至关重要。

影响血清学试验的可重复性因素有：

（1）试验条件。血清学试验的可重复性受多种试验条件的影响，包括温度、pH、电解质浓度、振荡方式等。这些条件需要在不同试验间保持一致，以确保结果的可比性。

(2)试剂和仪器。试剂和仪器的质量、批次和校准状态也会影响试验的可重复性。使用高质量的试剂和经过校准的仪器可以提高试验的可重复性。

(3)操作者技能。操作者的技能水平、操作习惯和对试验流程的熟悉程度也会影响试验的可重复性。通过培训标准化操作流程，可以减少操作者差异对试验结果的影响。

(4)样本处理。样本的采集、储存和处理方式也会影响试验的可重复性。确保样本在采集后尽快处理、储存条件稳定以及避免反复冻融等，可以提高试验的可重复性。

(四)敏感性和特异性

敏感性和特异性是评价血清学试验准确性的两个重要指标。

1. 敏感性

(1)定义：敏感性也称为真阳性率，是指在所有实际患有某种疾病的个体中，通过血清学试验被正确诊断为阳性的比例。它反映了试验检测疾病的能力，即不漏诊的机会有多大。

(2)计算公式：敏感性＝真阳性例数/(真阳性例数＋假阴性例数)×100%。

敏感性越高，意味着试验能够检测出的实际患病个体越多，漏诊的可能性越小。然而，高敏感性有时可能伴随着较高的假阳性率，即非疾病个体被误诊为阳性的比例可能增加。

2. 特异性

(1)定义：特异性也称为真阴性率，是指在所有未患有某种疾病的个体中，通过血清学试验被正确诊断为阴性的比例。它反映了试验排除疾病的能力，即不误诊的概率有多大。

(2)计算公式：特异性＝真阴性例数 /(真阴性例数＋假阳性例数)×100%。

特异性越高，意味着试验能够准确地将非疾病个体诊断为阴性的能力越强，误诊的可能性越小。然而，高特异性有时可能伴随着较高的假阴性率，即实际患病个体被误诊为阴性的比例可能增加。

3. 敏感性和特异性的关系

敏感性和特异性往往是一对相互制约的指标。提高敏感性可能会降低特异性，反之亦然。因此，在选择血清学试验时，需要根据实际需求和诊断目的来平衡这两个指标。例如，在疾病筛查阶段，可能需要更高的敏感性以尽可能多地发现潜在患病动物；而在疾病确诊阶段，则需要更高的特异性以确保诊断的准确性。

(五)预测值

预测值分为阳性预测值(PPV)与阴性预测值(NPV)。

1. 阳性预测值

阳性预测值是指在特定的检测结果为阳性的情况下，真正患有该疾病的概率。它反映了筛检试验检出的全部阳性例数中，真正患病的例数(真阳性)所占的比例。

$$阳性预测值=真阳性例数/(真阳性例数+假阳性例数)$$

即：

$$PPV=TP/(TP+FP)$$

2. 阴性预测值

阴性预测值是指在一个测试结果呈阴性时，该结果实际上是真阴性的概率。它反映了在筛检试验结果为阴性的检测动物中，真正未患病的比例。

阴性预测值＝真阴性例数/(真阴性例数＋假阴性例数)

即：

$$NPV = TN/(TN + FN)$$

(六)血清学试验中的计算实例

世界各地检测牛布鲁氏菌病的血清学试验有4种：试管凝集试验（TAT）、补体结合试验（CFT）、纸卡试验(BCT)和酶联免疫吸附试验(ELISA)。

如表4-15所示是4种筛查检测试验的敏感性和特异性数据。如表4-16所示是某种动物血清学检测的结果。

表4-15 牛布鲁氏菌4种血清学试验的敏感性和特异性 %

	敏感性	特异性
试管凝集试验(TAT)	62.0	99.5
补体结合试验(CFT)	97.5	99.0
卡纸试验(BCT)	95.2	98.5
酶联免疫吸附试验(ELISA)	96.0	99.0

表4-16 血清学试验检测结果

试验状态	真实状态		总计
	患病	无病	
患病	a(真阳性数)	b(假阳性数)	$a+b$(试验阳性数)
无病	c(假阴性数)	d(真阴性数)	$c+d$(试验阴性数)
总计	$a+c$(真实患病数)	$b+d$(真实无病数)	$a+b+c+d$(动物总数)

【例】 甲、乙两地均有10万头牛，真实的布鲁氏菌病的发病率为3%和0.01%。计算出TAT(试管凝集试验)和ELISA(酶联免疫吸附试验)的阳性预测值。

计算如下：

甲地区真实患病数＝100 000×3%＝3 000，真实无病数＝100 000－3 000＝97 000

乙地区真实患病数＝100 000×0.01%＝100，真实无病数＝100 000－10＝99 990

根据表4-15中数据：TAT的敏感性低于ELISA，而TAT的特异性高于ELISA。

TAT的敏感性为62.0%，则真阳性数(a)＝真实患病数×62%

TAT的特异性为99.5%，则真阴性数(d)＝真实无病数×99.5%

ELISA的敏感性为96.0%，则真阳性数(a)＝真实患病数×96%

ELISA的特异性为99.0%，则真阴性数(d)＝真实无病数×99.0%

$$假阴性数(c)=真实患病数-a$$

$$假阳性数(b)=真实无病数-d$$

$$阳性预测值=a/(a+b)$$

根据以上公式计算后整理结果如表 4-17、表 4-18 所示。

表 4-17 甲地区(3%)TAT 和 ELISA 的阳性预测值

试验状态	真实状态		总计
	存在布鲁氏菌病	不存在布鲁氏菌病	
TAT(试管凝集试验)			
存在布鲁氏菌病	1 860(a)	485(b)	2 345
不存在布鲁氏菌病	1 140(c)	96 515(d)	97 655
总计	3 000	97 000	100 000
阳性预测值$=a/(a+b)=$1 860/(1 860+485)=79.3%			
ELISA(酶联免疫吸附试验)			
存在布鲁氏菌病	2 880(a)	970(b)	3 850
不存在布鲁氏菌病	120(c)	96 030(d)	96 150
总计	3 000	97 000	100 000
阳性预测值$=a/(a+b)=$2 880/(2 880+970)=74.8%			

表 4-18 乙地区(0.01%)TAT 和 ELISA 的阳性预测值

试验状态	真实状态		总计
	存在布鲁氏菌病	不存在布鲁氏菌病	
TAT(试管凝集试验)			
存在布鲁氏菌病	6(a)	500(b)	506
不存在布鲁氏菌病	4(c)	99 490(d)	99 494
总计	10	99 990	100 000
阳性预测值$=a/(a+b)=$6/(6+500)=1.2%			
ELISA(酶联免疫吸附试验)			
存在布鲁氏菌病	10(a)	1 000(b)	1 010
不存在布鲁氏菌病	0(c)	98 990(d)	98 990
总计	10	99 990	100 000
阳性预测值$=a/(a+b)=$10/(10+1 000)=0.99%			

甲地区的患病率为 3%，可以认为甲地处于牛布鲁氏菌病筛查阶段，这两种血清学试验(TAT 和 ELISA)的阳性预测值是可以接受的。

乙地区的患病率为0.01%，可以认为乙地区处于消灭布鲁氏菌病后的检测阶段，这两种血清学试验（TAT和ELISA）的阳性预测值严重下降，可能导致试验阳性动物中健康动物的比例增加，因此要采用敏感性和特异性更强的试验方法。

五、建立血清库

动物血清库（Animal serum bank）是指系统、科学、有计划地收集、处理、保存各种动物血清，并且保持其免疫学和生化特性的重要实物库和档案库。国家动物血清库不仅在区域特定疫病的流行规律研究及流行趋势预测、新发现动物疫病的追溯性研究、外来动物疫病的追踪及示踪发挥着重要作用，并且可为各类动物疫病的研究提供素材。

20世纪70年代世界卫生组织建议建立人医和兽医血清库，但在过去的二三十年里只有加拿大、美国、澳大利亚和新西兰等少数几个国家有各自的动物血清库。20世纪末，我国出入境检验检疫系统已建立了艾滋病（HIV）血清库，四川省已建立了血吸虫等部分寄生虫血清库。人医疾控系统在血清库建设方面起步相对较早，较多血清库纷纷投入临床应用，在人群肿瘤筛查、防治研究等领域成效明显。我国于2002年在中国动物卫生与流行病学中心建立了国家动物血清库，运行二十余年以来在动物免疫情况调查和疫情追溯等方面发挥了重要作用，为动物血清库的建设积累了宝贵经验。

（一）血清库的功能

1. 血清样品可用于动物疫病溯源

血清库收集的血清样品来源于全国范围内的不同地区、不同自然条件、不同的畜牧业结构的种畜（禽）。经逐年积累及科学存储，组成了动物疫病防疫体系中的实物库及历史库。当某种动物疫病暴发时，就可以迅速对血清库中相应血清样品进行检测，及时掌握该病的发病历史，界定动物疫病疫源地的范围，分析动物疫病来源、动物疫病的发生及流行趋势，为制定动物疫病预防、监控及消灭计划，及时有效地控制扑灭疫情提供支持。

2. 为国内动物疫病研究提供样品材料

国内各级检疫机构采集到的动物血清样品，受条件、经费、检疫内容、地域等限制，很难全面体现国内动物疫病整体情况。国家动物血清库可以将这些血清样品收集起来、科学存储充分利用，用于动物疫病流行病学研究。

3. 便于动物疫病抗体监测

可以对当年收集的血清进行抗体检测，了解各地区不同畜禽的抗体水平，也可对动物免疫前后的抗体进行疫苗评价，从侧面了解不同年份、不同地区的免疫密度及抗体水平，为免疫评估提供客观真实的依据。

（二）血清库信息化管理与应用

国家动物血清库的建立是一个长期的过程，国家动物血清库的信息化管理，可以避免大量的日常重复性工作，可将人从工作中解脱出来，用计算机操作系统代替纸笔登记，节约人力、物力、资源、时间等成本。一旦疫情暴发，即可对动物血清进行快速准确地溯源。

国家动物血清库将计算机管理系统、计算机网络系统、二维码管理系统三者相结合，确保每个样本信息的完整性和准确性，建立血清库电子档案存储与管理系统，方便管理血清和调取血清。

（三）操作流程

1. 血清收集

将收集到的血清样品装入专用保存箱，在冷藏条件下，及时迅速送到国家动物血清库进行登记、分类、编号、冻存，并将所有相关信息统计到软件中。

2. 血清入库

应用专业软件（如 SQ-Samples 样品管理系统）创建的系统模型与建设的血清库实物一一对应。再用二维码扫描仪扫描血清盒，设计的条形码包括血清储存单位、二维码编号、原始编号、送样省份、血清种类等信息，打印条形码和二维码粘贴到冻存管上。

3. 血清冷冻

入库的血清以省、自治区、直辖市为单位转送到冷库。需保持冷库的温度全年都在－70～－20 ℃，便于长期保存。为防止血清在长期的保存中产生沉淀物或变性，需加入保护剂。

4. 血清库的管理

管理人员除保证冰箱正常运转之外，随时查找安全隐患，保证库存样品始终处于良好的免疫学、生化特性状态，温度恒定并达到相关要求。

六、血清流行病学调查的应用实例

自 1997 年在香港首次发现人感染高致病性禽流感引起死亡病例以来，随后陆续报告出我国多个省份发生多起人感染高致病性禽流感致死病例。但是报告出来的病例，都是人出现严重症状的病例才检测是否感染，实际上，这些病例只是被感染人群的一部分，而感染了高致病性禽流感没有出现症状或者症状较轻的人群有多少呢？2004 年有学者在我国南方某省用血清学试验对这一项目进行调查研究。

（一）调查背景

一段时间内，某省发生了 9 起 H5N1 亚型高致病性禽流感疫情。在 9 个疫点中随机选择 3 个疫点作为调查点。3 个调查点相隔 500 km，一处为建立在池塘边的养鸭场，另两处为山头散养的养鸡场。

（二）调查对象

以这 3 个调查点为圆心，3 km 范围内，随机抽取 1 214 人作为研究对象。将研究对象分为两组：一组为特殊职业组，231 人，从事饲养、销售、屠宰加工等工作；另一组为普通人群 983 人，几乎与家禽无接触。

（三）样品采集

所有调查对象每人采集 3 mL 全血，分离出血清，进行抗 H1N1、H3N2、H5N1、H7N7 和 H9N2 禽流感病毒抗体检测。对其中抗 H5N1 禽流感病毒抗体阳性人群，跟踪调查 1 年。

（四）方法及试剂

抗体检测采用血凝抑制试验进行，按照世界卫生组织 2002 年推荐的操作方法。血清的血凝抑制效价≥1∶20 判定为阳性。试验所用到的病毒来自广东省疾控中心。

(五)调查结果

在 1 214 份人血清样本中,对 H1N1、H3N2、H5N1、H7N7、H9N2 禽流感病抗体阳性者分别有 31.22%、71.75%、2.47%、0.08%、4.86%,如表 4-19 所示。这个结果说明,在我国南方某省流行 H1N1、H3N2 亚型禽流感,同时也表明有一些人可能感染了 H5N1、H7N7 禽流感病毒。

表 4-19　1 214 份血清抗体检测结果

病毒亚型	血凝抑制效价					阳性率/%
	<1∶20	1∶20	1∶40	1∶80	≥1∶160	
H1N1	835	157	116	60	46	31.22
H3N2	343	149	135	265	322	71.75
H5N1	1 184	7	9	14	0	2.47
H7N7	1 213	0	0	1	0	0.08
H9N2	1 155	29	24	6	0	4.86

在对 H5N1、H9N2 禽流感病毒抗体阳性调查表(表 4-20)中的结果显示,特殊职业人群阳性率均高于普通人群。但 H5N1 禽流感抗体阳性率中两组人群差异不显著,而 H9N2 禽流感抗体阳性率,特殊职业人群显著高于普通人群($P<0.01$)。

表 4-20　两组人群 N5N1 和 H9N2 禽流感病毒抗体阳性率的分布结果

组别	人数	血凝抑制效价					阳性率/%
		<1∶20	1∶20	1∶40	1∶80	≥1∶160	
特殊职业群 H5N1	231	224	3	2	2	0	3.03
普通人群 H5N1	983	960	4	7	265	322	2.34
特殊职业群 H9N2	231	209	13	7	14	0	9.52
普通人群 H9N2	983	946	16	17	6	0	3.76

(六)结论

此项调查发现人群中对 H3N2 和 H1N1 亚型流感病毒抗体阳性率较高。这与前人研究得出的 H3N2 和 H1N1 亚型流感病毒在人群中的分离率较高是一致的,提示 2004 年 H3N2 和 H1N1 亚型是该省人流感病毒主要流行的亚型。

本项调查中,从随机抽取的 1 214 人中发现了 30 人 H5N1 流感病毒抗体阳性,提示该省有一小部分人可能感染过 H5N1 流感病毒。对 H5N1 和 H9N2 禽流感病毒抗体阳性率而言,特殊职业人群都高于普通群体,提示人感染的禽流感病毒来自家禽,因此阻断家禽中禽流感病毒向人的传播至关重要。

课后训练

一、填空题

1. 紧急流行病学调查的首要目标是及时找到并采取有效的措施，防止疾病发展，控制和预防疾病的____________。

2. 病例对照调查是在疾病发生后进行的一种____________调查，其对象分为病例组和对照组。

3. 病原确定的标准中，科赫原则指出病原微生物必须存在于每个患病宿主体内，可从患病宿主体内分离出来并得到纯培养物，将纯培养物人工接种敏感宿主时必须出现该疾病所特有的症状，且从人工接种的宿主可以再次分离出性状与原有微生物相同的____________。

4. 免疫状况调查中，疫苗保护率的计算公式为：(对照组发病率－免疫组发病率)/____________。

5. 观察性研究包括现况研究、病例-对照研究和队列研究，其中队列研究是由____________推____________，又称为前瞻性研究。

二、选择题

1. 以下哪种情况不属于紧急流行病学调查的范畴？(　　)
   A. 动物出现大量死亡　　B. 动物群生产能力下降
   C. 动物正常的生长发育　　D. 公共卫生受到威胁

2. 系列调查的主要目的是(　　)。
   A. 确定疾病的发病率　　B. 推断可能的病因或风险因素
   C. 评估疫苗的效果　　D. 了解疾病的传播途径

3. 在病原确定的程序中，若基础性调查不能进行病原学判断，下一步应进行(　　)。
   A. 未知病原的检测　　B. 特异性诊断
   C. 深入调查暴露情况　　D. 确定疾病分布

4. 现况研究的优点不包括(　　)。
   A. 抽样调查结果有较强的推广意义
   B. 能确定先因后果的时相关系
   C. 有来自同一群体的自然形成的同期对照组
   D. 可在一次调查同时观察多种因素

5. 血清流行病学调查的目的不包括以下哪一项？(　　)
   A. 查明疫病在动物群体中流行的情况
   B. 探讨某些疫病的地理分布
   C. 检查疫(菌)苗免疫效果
   D. 治疗动物已患的传染病

6. 某实验室对猪群血清进行抗体检测，采用血凝抑制试验(HI)，若检测出抗体滴度在1/64为阳性，下一个稀释倍数1/128为阴性，那么该抗体滴度应表示为(　　)。

A. 1/64　　B. 1/128　　C. ＞1/64　　D. ＜1/128

7. (多选题)以下哪种情况会导致血清学试验出现假阴性结果？(　　)

A. 动物对抗原有天然或诱发的免疫耐受

B. 检测时机不恰当

C. 选择试验方法不恰当

D. 血清中存在非特异抑制物

8. (多选题)建立动物血清库有诸多功能,以下属于血清库功能的是？(　　)

A. 血清样品可用于动物疫病溯源　　B. 为国内动物疫病研究提供样品材料

C. 便于动物疫病抗体监测　　D. 可以直接治愈动物疫病

三、问答题

1. 简述病例对照调查和暴露对照调查在分组与调查方法上的区别。
2. 请举例说明描述性研究在动物疫病防控中的作用。

思政小贴士

流调工作通常需要调查人员深入养殖场、屠宰场等场所。面对复杂的环境和大量的工作任务,调查人员必须具备高度的敬业精神。我们要慢慢培养这种敬业精神,要意识到自己的工作对于疫病防控的重要性,明白自己肩负的责任,以保护动物健康和公共卫生安全为己任,对动物健康和畜牧业发展负责,工作中不怕吃苦,认真细致地完成每一项调查任务。

二维码 4-8

思政小贴士(四)

项目小结

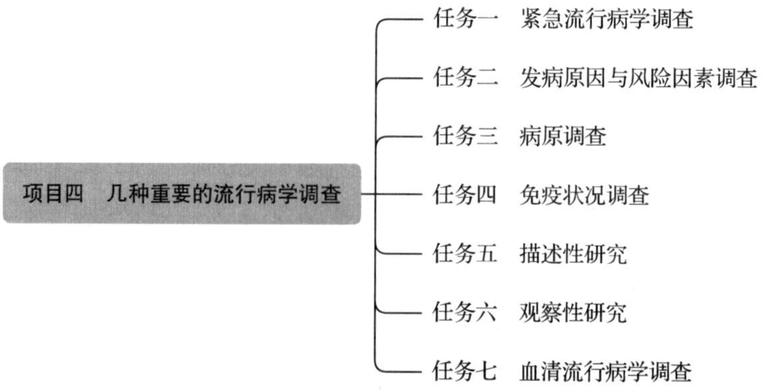

项目五 动物流行病学调查设计

任务一 动物流行病学调查准备

任务目标

知识目标

能够清晰阐述动物流行病学调查各环节要点，如明确调查目的与范围、组建团队、制定计划等，理解各步骤在疫病防控中的作用，熟知背景资料收集重点及生物安全规定。

技能目标

可依据实际需求确定调查目的、范围，能组建专业调查团队并合理分工，熟练制订调查计划，正确准备工具材料，规范开展预调查，准确进行信息沟通与报告。

素质目标

能够认识到每一个数据、每一个环节的准确性与重要性，面对复杂的疫病情况和海量信息，能够秉持认真细致、实事求是的态度进行分析与处理，杜绝主观臆断和敷衍了事。增强环保意识与动物福利意识。

案例导入

近期，在某地区的一个大型养殖场，猪群中出现了不明原因的发热、食欲不振以及部分猪只死亡的现象。养殖场负责人十分焦急，立即向当地的动物疫病防控部门求助。动物疫病防控部门迅速意识到，要有效控制这一疫病，进行动物流行病学调查刻不容缓。调查人员面临诸多挑战，如不清楚此次疫病是突发的新情况，还是已有疫病的变异，这就需要明确调查目的，到底是要确定疫病的流行状况，还是评估现有防控措施的效果呢？同时，调查范围也亟待确定，是仅针对该养殖场，还是要扩大到周边其他养殖场？调查团队的组建也至关重要，要确保涵盖动物流行病学专家、兽医、实验室技术人员等。

根据以上病例描述，请在学习本任务时思考以下问题：

1. 若要确定本次猪群疫病的流行状况，应如何精准地明确调查目的和范围？

2. 在组建专业调查团队时，怎样的人员配置和培训计划才能最大限度地保障调查质量？

知识要点

二维码 5-1
动物流行病学调查的准备

动物流行病学调查是预防和控制动物疫病的重要措施之一，涉及对动物疫病发生、发展和传播的全面研究。为确保调查工作的顺利进行，必须做好充分的准备。

1. 明确调查目的和范围

动物流行病学调查的首要任务是明确调查目的和范围。

(1)调查目的包括确定疫病的流行状况、评估防控措施的效果、预测疫病发展的趋势等。

(2)调查范围则涉及调查的地域、动物种类、时间跨度等。例如，针对非洲猪瘟的调查，可能需要覆盖所有养猪场，特别是生物安全条件较差的养殖场，并重点关注母猪及临床异常的猪只。

2. 组建专业调查团队

一个专业的调查团队是确保调查质量的关键。团队应包含动物流行病学专家、兽医、实验室技术人员等。团队成员应具备丰富的现场调查经验和专业知识，能够熟练运用各种调查工具和方法。在调查前，应对团队成员进行专业培训，明确调查流程、任务分工和注意事项。

3. 制定详细的调查计划

调查计划应包含调查方法、样本采集、数据记录和分析等方面的具体安排。例如，对于非洲猪瘟的调查，可能需要结合主动监测与被动监测，强化临床巡查和报告，对不明原因死亡的猪只及时采样监测。同时，还需制定详细的采样计划，包括采样时间、地点、样本类型、样本数量等。

4. 准备必要的调查工具和材料

调查工具和材料是调查工作顺利进行的基础，包括采样工具(如注射器、采样管等)、记录本、防护用品(如口罩、手套、防护服等)、实验室检测设备等。在调查前，应对这些工具和材料进行全面检查，确保其处于良好状态。

5. 收集背景资料和相关信息

在调查前，应广泛收集与调查相关的背景资料和信息，如当地的畜牧业生产情况、动物免疫情况、疫病流行历史等。这些信息有助于调查人员更好地了解当地疫情形势，为调查工作提供有力支持。

6. 建立信息沟通和报告机制

在调查过程中，信息的及时沟通和报告至关重要。应建立有效的信息沟通和报告机制，确保调查人员能够及时获取相关信息，并向相关部门和人员报告调查进展和结果。同时，还应制定应急预案，以应对调查过程中可能出现的突发情况。

7. 开展预调查和试验

在正式调查前，可以开展预调查和试验，以检验调查计划的可行性和有效性。预调查和试验还可以帮助调查人员熟悉现场环境、了解当地疫情形势，为正式调查做好准备。

8. 确保生物安全和个人防护

动物流行病学调查涉及高致病性病原微生物实验活动，必须严格遵守生物安全规定，做好个人防护。调查人员应穿戴合适的防护用品，如防护服、口罩、手套等。同时，在采样、运输和处理样本过程中，应严格遵守操作规程，防止发生意外伤害和感染。

9. 加强与其他部门的协作与配合

动物流行病学调查涉及多个部门和单位，如农业农村部、动物疫病预防控制中心、兽医实验室等。在调查前，应加强与其他部门的协作与配合，明确各自职责和任务分工，确保调查工作的顺利进行。

任务二　动物流行病学调查资料的采集、抽样与分组

任务目标

知识目标

理解动物流行病学调查资料采集的目的、内容、方法及注意事项，掌握资料采集各环节的要点及相互关系。熟悉抽样调查的相关概念、方法及一般程序，明确概率抽样与非概率抽样的区别，了解分组的方法和意义。

技能目标

能够设计科学合理的流行病学调查表和调查问卷，掌握现场访谈、临床观察、仪器观测、样品采集与实验室检测等资料采集方法，准确获取相关信息。能根据调查目的和对象选择合适的抽样方法，正确实施抽样操作，并对样本进行质量评估，合理进行分组，为后续研究奠定基础。

素质目标

培养严谨的科学态度和实事求是的工作作风，在资料采集和抽样过程中，严格遵循相关原则和操作规程，确保数据的准确性和可靠性。增强团队协作精神和沟通能力，在调查过程中与不同人员合作交流，提高解决实际问题的能力，同时树立保护动物和防范人畜共患病的意识。

案例导入

在某个养殖大县，多种动物疫病时有发生，严重影响当地畜牧业的发展。近期，一种不明

原因的动物疫病突然在部分养殖场暴发，患病动物出现发热、咳嗽、食欲不振等症状，短短1周内，疫情迅速蔓延，造成了一定数量的动物死亡，养殖场负责人忧心忡忡。为了有效控制疫情，当地畜牧部门决定开展动物流行病学调查。工作人员首先来到疫情较为严重的几个养殖场，与养殖场负责人进行面对面访谈，了解疫病发生的时间、最初出现症状的动物种类和数量等情况。同时，对养殖场的环境进行现场观察，包括饲养密度、卫生条件、通风设施等。接着，设计了详细的调查问卷，发放给周边养殖场、屠宰场以及交易市场的相关人员，收集动物免疫、流动等信息。此外，还采集了患病动物的血液、组织等样本，送往实验室进行检测，试图确定病原体。

根据以上描述，请在学习本任务时思考以下问题：

1. 在这次调查中，从不同场所收集的资料对于揭示疫病的传播途径可分别起到怎样的作用呢？

2. 假设此次调查需要对全县的养殖场进行抽样，考虑到不同区域养殖规模和疫病流行程度存在差异，应选择哪种抽样方法更为合适？

知识要点

动物流行病学调查资料的采集是动物流行病学研究中的核心环节，旨在通过系统、科学的方法收集和分析数据，以揭示动物疫病的流行规律、传播机制及其影响因素，从而为疫病的预防、控制和消灭提供科学依据。

一、资料的采集

二维码 5-2
动物流行病学材料的采集

(一)资料采集的目的

(1)了解疫病流行状况：通过采集动物疫病的发生、发展和分布情况，掌握疫病流行的季节性和区域性等特征，为疫病的预警和防控提供数据支持。

(2)揭示传播途径：分析疫病的传播机制，包括直接接触传播、媒介物传播、纵向传播等，确定主要传播途径，为切断传播链提供科学依据。

(3)评估影响因素：探究影响动物疫病流行的各种因素，包括生物因素(如病原体种类、毒力、数量等)、环境因素(如气候、饲养管理、卫生状况等)、宿主因素(如年龄、性别、品种、免疫状态等)以及社会因素(如政策法规、经济水平、文化习俗等)，为制定防控策略提供参考。

(4)指导防控实践：根据调查结果，提出有针对性的防控措施和建议，包括疫苗接种、饲养管理、卫生消毒、环境改善等，为疫病的预防和控制提供实践指导。

(5)促进科学研究：为动物流行病学、病原生物学、免疫学等相关学科的研究提供数据支持，推动学科发展和科学进步。

(二)资料采集的内容

1. 基本信息

调查区域的基本信息，包括地理位置、气候特点、动物种类和数量等；养殖场、屠宰场、交易市场等相关场所的基本信息，包括场址、规模等(表5-1)。

表 5-1　调查基本信息登记表

序号	项目类别	具体内容	描述	备注
1	调查区域信息	地理位置	（省/市/县/乡/村）	
		气候特点	________(气候类型描述)	
		年平均气温	________℃	
		年降水量	________ mm	
		动物种类	________(动物种类列表)	
		动物总数量	________(总数，单位：头/只/羽等)	
		主要动物疾病史	________(疾病名称及简述)	
		疫苗接种情况	________(接种率及疫苗类型)	
2	养殖场信息	养殖场名称		
		规模	________(单位：头/只/羽等)	
		场址	（详细地址）	
3	屠宰场信息	屠宰场名称		
		规模	________(日屠宰量)	
		场址	（详细地址）	
4	交易市场信息	市场名称		
		规模	________(交易日交易量)	
		场址	（详细地址）	

2. 疫病发生情况

疫病发生的时间、地点、涉及的动物种类和数量；疫病的临床症状、病理变化及诊断结果；疫病的传播速度和范围以及疫情的发展趋势。

3. 流行病学调查表

通过设计科学合理的流行病学调查表，收集养殖场、屠宰场、交易市场等相关场所的疫病防控措施、动物免疫情况、动物流动情况等信息。调查表内容应涵盖动物饲养管理、卫生消毒、环境改善、疫苗接种等方面。

4. 样品采集与检测

采集患病动物的组织、血液、分泌物等样本，进行实验室检测，确定病原体的种类和特性。检测内容应包括病原体的分离鉴定、血清学检测、分子生物学检测等，以获取全面的病原学信息。

5. 环境因素调查

调查动物饲养环境、饲料种类和质量、水源卫生状况等环境因素，分析这些因素对动物疫病流行的影响。

6. 社会经济因素及其他信息调查

调查政策法规、经济水平、文化习俗等社会经济因素对动物疫病流行的影响；动物交易情况、动物流动情况、野生动物栖息地状况等，以全面了解动物疫病的传播途径和风险因素。

（三）资料采集的方法

1. 问卷调查

利用调查表进行调查，分为答题问卷和访问问卷。答题问卷是按事先设计好的问卷进行答题填写，访问问卷是通过面对面交流获取相关问卷信息，并综合整理。设计科学合理的调查问卷，通过网络、微信小程序等方式向养殖场、屠宰场、交易市场等相关场所的负责人和工作人员发放，收集疫病防控措施、动物免疫情况、动物流动情况等信息。

2. 现场访谈

流行病学调查中的访谈和日常谈话有一些的区别，访谈是带有目的性的，有一定的计划安排，按照要收集的信息，设计好访谈的内容，深入现场，与养殖场主、兽医、动物交易商等进行面对面的访谈，了解疫病的实际情况和传播途径。

3. 动物群体临诊观察

流行病学调查通过临诊观察可以核实访谈信息是否真实，也可获得访谈中没有发现的信息。而且现场观察获取的信息更直观和具体，有些在问卷中不便于交流或描述的信息，可以直观获取，如养殖环境、生态信息等。对于一些养殖场，因为生物安全需要，不能让调查人员进场观察动物的，可以请饲养人员用手机或数码相机对养殖场内动物饲养情况进行拍照或录制视频观察动物健康情况，边观察边交流，获取临床资料。对于一些牛、马等大动物，需采取必要的保定措施，防止动物伤人；对于布鲁氏菌病、炭疽等人畜共患病，还需要做好严格的防护措施，防止人员感染。

4. 仪器观测

仪器观测是用数码相机、录像设备、遥感卫星、微波仪等对事物进行观察和测量。仪器观察的优点很多：一是客观，二是可以获得大量的情报信息，三是可以获得肉眼观察难以获得的信息。例如，录像监控设备可以全天 24 h 不间断、无死角地进行观察，这对于人来说，体力是难以维持的。再如，利用遥感卫星对草原、农田、湿地、森林等分布情况可以很容易地进行观测和记录，对候鸟等野生动物的迁徙进行跟踪观测，也能给流行病学调查提供必要的信息。随着科学技术的进步，仪器观测在动物流行病学调查过程中，应用越来越广。

5. 样品采集

根据调查目的和需要，采集患病动物的组织、血液、分泌物等样本，确保样本的代表性和完整性（表 5-2）。采样时应注意无菌操作，避免样本污染。

表 5-2　动物流行病学调查采样登记表

采样日期	年　月　日	采样地点		动物种类	
动物编号/标识		采样部位		样本类型	
采样数量		采样人员		无菌操作备注	
样本完整性备注					
患病情况描述					

6. 实验室检测

将采集的样本送至具有资质的实验室进行检测，确定病原体的种类和特性。实验室检测应遵循相关标准和操作规程，确保检测结果的准确性和可靠性。在动物流行病学调查中，对采集的样品进行实验室检测是确诊疫病、了解病原特性及传播规律的关键步骤。以下是几种常用的实验室检测方法。

（1）病原学检查。

①细菌性传染病病原检查：使用显微镜观察病原体，有些病料可以直接涂片镜检，有些病料需要对病原体进行生化试验，有的病料需要分离培养进行病原体检查。

②病毒性传染病病原检查：将病毒分离开来进行培养，做病毒核酸的检查，观察培养的病毒性状。

③寄生虫病病原检查：使用显微镜进行镜检虫卵，或者使用集卵的办法进行检查，包括原虫检查、蠕虫检查。

PCR 技术能够对含有缺陷的生物样本、极其微小的病毒以及无法进行人工培养的病毒等进行检测。PCR 技术对病毒体是否具有活性并无特殊要求，即便对于没有活性的样品也能够进行检测。该技术应用安全可靠，在一定程度上能够降低病原体对环境造成影响的风险。

（2）血清学监测。血清学监测技术利用间接以及直接凝集反应、沉淀反应、血凝抑制和血凝反应等方法，在明确一种抗体或抗原情况下，检测另一方。血清学样品要求透明、不能溶血、腐败变质，每份样品不少于 1 mL。

（3）免疫学监测。免疫学监测技术能够检测出其他技术无法检测出来的疫情。例如，有的阳性血清、一些传染病抗原以及一些诊断液等出现了商品化，免疫学检测技术可以对这些方面进行检查。

（4）病理学检查。在动物检疫过程中，一般检测方法很难确诊疫病，也无法确定死因，因此需加强病理学检查技术的应用。在进行病理学检查时，首先要开展剖检。剖检前，需对动物的外观表征进行细致观察。剖检过程中，务必严格贯彻落实无菌化操作原则，规范采集样本。病理学检查技术较为准确，能有效避免因单纯肉眼观察而导致的漏诊或误诊情况。

此外，依据具体的调查目的和实际需要，还可能采用变态反应检测技术、分子生物学诊断技术等其他实验室检测方法。这些方法相互配合、综合运用，能够显著提高动物流行病学调查的准确性与全面性。需要注意的是，选择实验室检测方法时，应综合考量具体的调查目的、样品类型以及实验室自身条件等因素。同时，实验室检测必须遵循严格的操作规程，落实完善的安全防护措施，以此确保检测结果准确无误，保障试验人员的安全。

(四)资料采集的注意事项

1. 确保调查对象的代表性

在选择调查对象和采样点时,应充分考虑其代表性,确保采集的资料能够全面反映动物疫病的流行状况和传播途径。

2. 遵循无菌操作原则

在采样过程中,应严格遵循无菌操作原则,避免样本污染。采样工具和容器应事先进行消毒处理,采样人员应穿戴防护用品。

3. 确保样本的完整性和代表性

在采集样本时,应确保样本的完整性和代表性。对于组织样本,应采集病变明显的部位;对于血液样本,应采集足够的量以供检测使用。

4. 及时记录和分析资料

在采集资料的过程中,应及时记录相关信息,如采样时间、地点、样本类型、数量等。采集完成后,应及时对资料进行整理和分析,为疫病的防控提供科学依据。

二、抽样与分组

二维码 5-3
抽样定义及
抽样方法(一)

二维码 5-4
抽样方法(二)

(一)调查

调查是了解事实的方法,要及时准确掌握动物疫病和卫生情况,流行病学调查和监测是重要手段。为了能够获取准确、真实、具有代表性的数据,任何调查前都需要进行科学、系统的抽样设计。

调查分为全面调查与非全面调查。全面调查又称普查,是针对总体每个单元实施的调查。如我国每 10 年进行一次的人口普查。全面调查可以使人们对调查对象有全面的了解,但也会耗费巨大的人力、物力、财力和时间。例如,想了解某个省家禽新城疫发病状况,对每只家禽进行检测需要耗费巨大的成本,而且很可能等调查做完了,调查结果也过时了。当调查的对象数量极大,或测试方法具有破坏性时(如检测汽车安全性地撞击试验),就根本不能采取全面调查,这时需要采用非全面调查。非全面调查是仅针对总体部分单元实施的调查。抽样调查是非全面调查中最常用、最重要的一种方法。

(二)抽样调查

抽样调查是从全体调查对象(总体)中抽取一部分调查单元(样本)而实施的调查。其后,可根据样本数据对总体特征进行估计和推断。通俗地说,就是根据部分推断和估计总体的调查方法。

日常生活中常常不知不觉地采取这种“根据部分推断总体”的调查方法,如舀一匙汤尝尝滋味、顾客买米时抓一把看看是否饱满。就像经济学家萨缪尔森说的:你不必为知道牛肉的滋味而吞掉整头牛。抽样调查省时、省力,广泛应用于动物流行病学调查和监测工作中。

(三)基本概念

1. 总体与个体

调查对象或研究对象的全体称为总体，总体中每个单元称为个体。例如，在调查某县猪繁殖与呼吸综合征发病率的时候，该县所有存栏母猪是总体，每头母猪就是个体。在实际的调查研究中，调查总体通常是有限的，所包含调查个体的数量称为总体容量或总体规模，习惯上用大写 N 表示。

2. 抽样与样本

抽样调查时，按一定方法和程序从总体中抽取部分个体进行调查，这部分个体称为样本，抽取样本的过程称为抽样。抽样的目的就是通过样本反映总体，样本是总体的代表和缩影。假如养禽场存栏 1 000 羽家禽，调查时抽取 100 羽，对抽取的家禽进行检测，所得结果在一定程度上代表全部家禽感染情况。

(四)抽样调查方法

抽样可分为概率抽样和非概率抽样。概率抽样遵循随机原则和严格抽样程序，使总体中的每一个体被抽取的概率已知。非概率抽样是根据研究任务性质和对研究对象的分析，主观选取样本。

1. 概率抽样

(1)概念。概率抽样是根据概率均等的随机原则，按照数理统计原理，运用恰当的工具和方法从抽样总体中抽选样本。样本量越大，抽样误差越小。

(2)特点。准确性和随机性具有密切联系，所以随机抽样得到的样本具有准确性，通过随机抽样得到的样本可计算抽样精确度。例如，想了解牛结核病在牧区的分布情况，可通过随机抽取牧区牛的样本进行检测，来推断牧区牛结核病感染情况。抽样调查虽然具有省时、省力的优点，但抽样调查的设计相对复杂，出现重复或遗漏不易发现。

(3)概率抽样调查方法。常用的概率抽样调查方法有简单随机抽样、系统抽样、分层抽样、整群抽样和多段抽样等。其中，简单随机抽样、分层抽样和系统抽样可以直接从总体中抽取抽样单元，整群抽样和多段抽样需要对总体进行多次抽样，首先进行一级抽样，在得到了一级样本后再抽取基本抽样单元，或抽取下一级样本。概率抽样是动物流行病学调查工作中常用的抽样方法，下面详细介绍各种概率抽样方法的概念和抽样步骤。

①简单随机抽样：一般来说，设一个总体个数为 N，如果通过逐个抽取的方法抽取一个样本，且每次抽取时，每个个体被抽到的概率相等，这样的抽样方法称为简单随机抽样。适用于总体个数较少的调查。

②系统抽样：当总体的个数比较多的时候，首先把总体分成均衡的几部分，然后按照预先订的规则，从每一个部分中抽取一些个体，得到所需要的样本，这样的抽样方法称为系统抽样。

③分层抽样：抽样时，将总体分成互不交叉的层，然后按照一定的比例，从各层中独立抽取一定数量的个体，得到所需样本，这样的抽样方法为分层抽样。适用于总体由差异明显的几部分组成的调查。

④整群抽样：整群抽样又称为聚类抽样。将总体中各单位归并成若干个互不交叉、互不重复的集合，称之为群；然后以群为取样单位抽取样本的一种抽样方式。应用整群抽样时，要求

各群有较好的代表性，即群内各单位的差异要大，群间差异要小。

⑤多段抽样：多段随机抽样，就是把从调查总体中抽取样本的过程，分成两个或两个以上阶段进行的抽样方法。

⑥PPS 抽样：即概率与元素的规模大小成比例的抽样。其原理可以通俗地理解成以通过阶段性的不等概率抽样来换取最终的、总体的等概率抽样的方法。

⑦偶遇抽样：是指研究者根据现实情况，以自己方便的形式抽取偶然遇到的抽样单元，或者仅仅选择那些离得最近的、最容易找到的抽样单元作为调查对象的方法。

⑧判断抽样：调查者根据研究的目标和自己主观的分析来选择和确定调查对象的方法。

⑨定额抽样：依据那些有可能影响研究变量的各种因素对总体分层，并找出具有各种不同特征的元素在总体中所占的比例。然后依据这种划分以及各类成员的比例去选择符合要求对象的方法。

⑩雪球抽样：当无法了解总体情况时，可以从总体中的少数成员入手，向他们询问其他符合条件的人，再去找那些人并再询问他们知道的人。如同滚雪球一样。

⑪图像抽样：在图像区域的一些特定位置上取出图像的亮度值(或色度值)，以此作为原图像的一种替代，这一过程称为图像抽样，而每一个抽样的位置称为抽样点，该点的亮度值(或色度值)就是抽样值。

2. 非概率抽样

(1)概念。非概率抽样不是按照概率均等的原则，而是根据主观经验或其他条件来抽取样本的一种抽样方法。非概率抽样获取样本的准确度往往较小，误差有时相当大，而且抽样误差无法估计。

(2)特点。非概率抽样操作方便、省钱省时省力，如果能对调查总体和调查对象有较好的了解，可获得相当高的准确率。在动物流行病学调查实践中，因其便捷、经济、无需抽样框等优点也经常被采用。

但是，在非概率抽样中，每个抽样单元进入样本的概率是未知的，很难排除调查者的主观影响，因而无法说明样本是否反映了总体。非概率抽样是根据研究任务的要求和对研究对象的分析，调查者根据自己的方便或主观判断抽取样本的方法，每个抽样单元进入样本的概率是未知的。正因为它不是严格按随机抽样原则来抽取样本，很难排除调查者的主观影响。所以，虽然通过非概率抽样的样本也可在一定程度上说明总体性质和特征，但无法确定抽样误差，无法准确说明样本结果在多大程度上与总体情况一致。

由于非概率抽样主要依靠主观判断，抽样精度很大程度上取决于调查人员对调查总体和调查对象的了解程度。如果能够准确把握调查对象实际情况，就能抽出代表性很高的样本，抽样的效率也就相应提高。例如，研究人员清楚了解本地散养畜禽对于某种疫病的易感性、养殖密度和养殖场(户)生物安全措施等情况，那么在疫病易发季节，就可以有针对性地实施调查，并采取风险预防措施。这样，无需大规模抽样就能初步掌握疫病情况，简便快捷、灵活方便。

(3)非概率抽样调查方法。

①便利抽样：又称为就近抽样、偶遇抽样，是根据研究者方便与否来抽取样本的一种非概率抽样方法。在实际操作过程中，调查者以自己方便的方式抽取偶然遇到的抽样单元，或者选择离自己最近、最容易找到的抽样单元。这种抽样方法事先不确定。在动物流行病学调查中经常采取便利抽样。例如，为了调查某市的奶牛布鲁氏菌病感染情况，研究者到离他们最近的

养殖场采样，进行调查。其他类似的偶遇抽样还有：在街口拦住过往行人进行问卷调查；或在商场门口、电影院、剧场、学校等公众场所向进出往来的顾客、观众进行的调查等。这种抽样方式就是典型的便利抽样。

②判断抽样：又称为目标抽样、主观抽样、专家抽样，是一种凭研究人员主观意愿、经验和知识，从总体中选择具有典型代表性个体构成调查样本的一种非概率抽样方法。多适用于研究总体规模小、涉及范围较窄、人力和经费有限的小规模调查。例如，动物疫病防控人员为了初步判断是否有疫情出现，选取几个疫病多发的养殖户进行调查，这种情况就比较适合运用判断抽样方法。或者，对于重点监测的养殖场（户）、畜禽交易市场等，需要重点监测的环节，由于调查涉及的范围窄，为了减少成本、快速获取调查结果，也可以采用判断抽样。判断抽样也适用于问卷及探索性研究之中，以便用来迅速发现问题。例如，在动物流行病学问卷设计阶段，为检测问卷设计是否全面、合理，可以选取几个条件、环境差距较大的养殖场主作为调查对象，让他们针对调查主题提出自己可能面对的各种情况，再根据调查结果，将问卷补充完整。

③滚雪球抽样：又称为链式抽样、网络抽样、辐射抽样、连带抽样，是指在研究人员不了解，或者无法找到研究对象时，以一些个体为“种子”样本，然后以滚雪球的方式，获取更多样本的抽样方法。滚雪球抽样的最大特点是便于找到样本，而不至于在调查时找不到可以调查的样本。调查员可以先选定一个或多个“种子”样本，然后根据调查对象之间存在的某种关联或相似性原理，如滚雪球般获取更多样本。例如，发现疫情时，调查员首先访问几个发病场（户），然后让他们提供曾经接触过染病禽畜的其他养殖户、屠宰场以及市场，如此逐步扩大样本，找到其他可能接触染病禽畜的养殖户、屠宰场以及市场等相关对象。滚雪球抽样的运用前提：一是调查对象之间必须有一定联系，并且愿意向调查员透露这种联系；二是研究人员对调查对象了解不多或者无法找到调查对象。

④配额抽样：又称为定额抽样，是按照总体特征配置样本的非概率抽样方法。首先将总体中所有单元按一定特征分为若干类（与分层抽样的分层十分相似），然后对各类中的抽样数量进行配额，接着再运用其他方法抽取样本。

配额抽样分类的步骤与分层抽样的相同之处在于，都是将研究对象按某些特征（如畜种、饲养方式、行政区等）分为几类，然后实施进一步的抽样。不同之处在于：一是第一阶段分类时运用主观判断，二是在第二阶段对基本抽样单元进行抽取时运用主观判断。而分层抽样在第二阶段可运用概率抽样在内的多种抽样方法。

如果方法运用得当，并且抽样设计人员非常了解实际情况、调查人员严格按照抽样实施方案进行抽样，运用配额抽样获取的数据分析结果，精度可能与分层抽样不相上下，而且更经济、更节省时间。

配额抽样与分层抽样的适用情况有相似之处，都适用于总体数目较大、总体内部结构复杂的调查，如多畜种或多类型养殖场的调查。但配额抽样不需要精确的抽样框和辅助信息，可以说是一种简便的非概率抽样方法，与分层抽样有着本质区别。

⑤基于风险的抽样：属于一种目标式和判断式抽样，是集中在高风险的动物群体中进行抽样，其优点是利用较少的人力和物力，就可获得有意义的结果。它在整体上属于非随机抽样（偏重高风险群体的抽样），但是在细节上仍然重视随机抽样（在高风险群体中抽样）。

例如，各地调查禽流感病原的分子流行病学特征时，在活禽交易市场采样，很容易检测到禽流感病原学阳性样品，而在规范化养殖场，特别是种禽场采样，很难检测到禽流感病原学阳性样品，也就是说活禽交易市场的禽属于禽流感高风险的禽群。那么，在活禽交易市场抽样，用较少的人力和物力就可以了解当地的禽流感病原的分子流行病学特征。基于这种原理，我国最近几年开始加大了活禽交易市场的监测力度。

再如，在进行疯牛病风险国际认证时，需要检测大量的牛是否感染了疯牛病。根据已有的研究，一头 4～7 岁有神经症状的牛感染疯牛病的概率，是一头 1～2 岁正常屠宰的牛的 75 000 倍。那么，检测 10 000 头 4～7 岁有神经症状的牛有无疯牛病感染和检测 10 000 头 1～2 岁正常屠宰的牛有无疯牛病感染，对于疯牛病的风险评估价值是很不一样的。基于这种原理，我国最近几年开始加大了对 4～7 岁有神经症状的牛进行疯牛病的检测力度。

(4)非概率抽样的适用情况。非概率抽样一般具有操作方便、省时省力的优点，而且无需完整的抽样框，虽然无法准确估计其抽样误差，但在特定情况下也具有应用价值。便利抽样简单易行，能够及时取得所需数据，省时、省力、节约经费，能为非正式探索性研究提供很好的数据来源。如养殖场需要初步判断其养殖的禽畜中是否存在某种流行病。

①对特殊问题的研究：在定点流行病学调查和专项流行病学调查中，有些特殊问题的研究，需要运用非概率抽样才能达到研究目的。例如，在畜禽调运社会网络研究中，运用非概率抽样方法，在养殖场(户)、经纪人或动物交易市场等有代表性的调运环节实施调查。

②紧急流行病学调查：对某一突发、偶然的禽畜疫病传染事件进行紧急调查，没有时间和条件进行全面的概率抽样，就可以针对问题，根据经验和实际情况选取可能的重点调查对象。这样，既无需特别编制抽样框，又可以快速获取调查结果。

③对问题的初步探索：有些调查并不是为了推断总体的特征，而是对问题的初步探索，获得研究线索和提出假设，这时采用随机抽样就不一定是必要的。动物流行病学调查探索性研究、分析概率抽样调查结果等很多情况下就常用到非概率抽样。例如，在动物流行病学调查方案设计开发过程中，调查目标的系统陈述、问卷设计、问卷测试、试调查、等环节，采用非概率抽样能够便捷地收集被调查者各种信息，有助于调研人员形成想法，拓展思路，得出结论。

④个体间差异不大：被调查对象差异不大，且调查人员具有丰富的调查经验，就可以用经验判断，采取非概率抽样。例如，调查某规范化养殖场的家禽出栏体重，由于养殖是规范化的，家禽出栏体重不会有太大差异，这时就可以根据经验，重点抽取少数样本。

在实际调查中，没有一个能够严格匹配于经典教科书中的概率抽样调查方法，而非概率抽样能很好地辅助概率抽样调查，现在大部分动物流行病学调查都采用概率抽样与非概率抽样两种方法的混合模式。

(五)抽样调查一般程序

1. 界定调查总体

界定总体就是在具体抽样前，对抽取样本的总体范围与界限作明确的界定。

抽样目标的确定是设计抽样方案的第一步。在确定抽样目标时，需要明确研究或调查的问题是什么，需要收集哪些数据来回答这些问题。例如，研究一个产品的市场需求，抽样目标可能是确定目标群体对该产品的购买意愿和满意度。在确定抽样目标时，需要考虑研究或调查的目的、资源限制以及样本的代表性等因素。

二维码 5-5
抽样调查一般程序和分组

2. 制定抽样框

这一步骤的任务就是依据已经明确界定的总体范围,收集总体中全部抽样单位的名单,并通过对名单进行统一编号来建立起供抽样使用的抽样框。在没有现成名单的情况下,可由调查人员自己编制个体编号,即对调查总体中的个体进行编号。

3. 确定抽样方案

抽样方案需综合考虑调查目的、总体特征及资源限制。首先明确样本大小,可根据允许误差、置信水平、预期流行率等参数,利用公式计算或参考行业标准确定,如当预期流行率较低时,需适当增大样本量以确保结果准确性。其次选择抽样方法,简单随机抽样适用于总体内个体差异小的情况;分层抽样可按动物种类、年龄、地域等分层,提升样本代表性;系统抽样则按固定间隔抽取,操作简便。同时确定抽样单元,可选取动物个体、养殖场、养殖小区等,需与调查目标匹配。此外,还要制定抽样实施细则,明确抽样流程、记录要求及质量控制措施,保障抽样方案科学可行、结果可靠。

4. 实际抽取样本

在确定抽样的技术(随机抽样还是非随机抽样)、具体的抽样方法(如分层抽样还是分群抽样)以及样本的数量之后,按预定的要求选择调查的样本。实际抽取样本的工作就是在上述几个步骤的基础上,严格按照所选定的抽样方案,从抽样框中选取一个个抽样单位,构成样本。

5. 实施调查

对选定的样本运用不同的调查方法逐个进行调查,从而取得第一手资料。

6. 评估样本质量

所谓样本评估,就是对样本的质量、代表性、偏差等进行初步的检验和衡量,其目的是防止样本的偏差过大而导致的失误。也就是用样本指标推断总体指标的结果,具体方法包括百分比推算法和平均推算法等。

(六)分组

分组是很多试验和调查方案设计时,需要考虑的重要问题之一,与抽样也密切相关。合理的分组可以利用同样的资源,获得更具有说服力的证据。

随机分组是指总体的每一个观察单位都有同等的机会被选入样本中来,并有同等的机会进行分组。随机分组的目的是通过随机,均衡干扰因素的影响,使试验组和对照组具有可比性,避免主观安排带来的偏性。一般用于随机对照研究(RCT)。随机化的过程一般通过抛硬币、抽签、随机信封和中心随机的方法实现。目前,随机信封和中心随机使用较多,而通过电话、电脑、手机 App 进行中心随机的方法将是以后随机化发展的趋势,因为中心随机能够避免研究者通过一些主观方式破坏随机。另外,随机分组保证的是研究对象有同等的机会分到各组,但并不能保证随机化的结果一定是最理想的均衡,有可能产生基线特征的机遇性不平衡。因此,为了保证对研究结果影响较大的因素能在随机分组结果中达到理想的均衡,还可进行分层随机、区组随机。例如,某种治疗方式对不同性别的作用效果可能不一样,为了防止随机分组后,组间的性别分布不均衡,可在设计中心随机时按照性别分层,进行分层随机,使得分到各组的性别比例几乎是相等的。

病例对照调查是按照是否发病进行分组的,暴露对照调查是按照是否暴露于某一危险因素进行分组的。从另一个角度来说，还有随机、配对、配比等分组方法。

配对分组的所有个体以成对的方式出现，每对中两个个体分别属于两个不同的组，又称为配对设计(paired design)。同一对的个体可以来自同一个个体(称为自身配对设计)，也可以来自条件相近的两个个体(称为条件相近者配对设计)。例如，测量 20 头猪正常情况下每日饮水量，然后给这 20 头猪饲养环境的温度提高 1 ℃，再测量每头猪每日饮水量，获得温度调节前后每只猪每日饮水量成对数据，利用这些成对数据，分析饲养环境的温度提高 1 ℃对猪只每日饮水量的影响，这就是一种自身配对设计。再如，把 20 头猪按照品系一致、性别一致、日龄一致、体况一致等原则，找出 6 对猪，每对猪按照同样的方式饲养在同一处，但是每对猪中，有一头添加某一药物，另一头饲料中不添加这一药物，饲喂 1 个月后，获得每对猪体重增加数量的成对数据，观察此药对猪的生长有何影响，这就是一种条件相近者配对设计。

配比分组又称为配比设计(matched design)，它为观察组(如发病组)的每一个个体，按照某一固定比例，寻找到若干个背景相似的对照个体(如未发病者)，组成对照组。配对分组可以看作 1∶1 配比分组。

配对或配比的目的是降低其他因素的干扰作用，可以利用较少的个体，获得有力的证据。其缺点在于寻找符合配对或配比条件的一些个体比较困难。

任务三　调查表的编制

任务目标

知识目标

理解流行病学调查表设计原则、注意事项、质量控制要求，熟知其类型与结构，掌握相关专业知识要点。

技能目标

能够依据研究目的，独立设计科学合理的流调表，精准填写、检查与整理流调表，具备实际操作的专业技能。

素质目标

培养严谨认真的科学态度，提升集思广益的协作能力，增强对调查数据可靠性、真实性、完整性的把控意识。

知识要点

进行流行病学研究，必须收集与研究内容有关的数据，其中流行病学调查表(简称流调表)就是准备收集数据的工具之一。调查表的设计看似比较简单，实则技术要求很高。编制人员需要有较好的专业基础、丰富的经验积累以及较强的文字表达能力。一张完善的调查表，既能体现研究的实质内容，也能反映调查研究计划的完善程度。所以，调查表的设计者在设计前，应对调查的问题做极其周密的考虑，认真查阅有关文献资料，必要时还需征求专业人员和受访者的意见，集思广益。常用的动物流行病学调查表参考附表一至附表十。

一、流行病学调查表的设计原则

1. 明确调查研究目的

为什么调查？每一项调查目的是什么？有关研究的各个问题能否得到结果？这些是调查表设计者必须考虑的问题，同时还一定要反映出调查疾病的特征包括临床特征、流行病学特征等。

2. 列出必需的调查项目

根据研究的目的要求，列出必须调查的项目。并且每一调查项目必须有明确的目的，不是可有可无的。

3. 问题要简洁明了

调查表内所提的问题要简单明了，通俗易懂。尤应注意所提问题不能引起被调查者误解，便于表格中项目的填写。表中所提的问题最好都采用普通问答题或选择题的形式。每一个问题只有一个正确答案，另外所得的答案必须能进行统计分析。

4. 准确原则

最好用能够量化的指标来提问，并且回答者能够用准确的数字回答上来，否则失去调查意义，如母猪存栏量有多少、仔猪存栏量有多少等。假设提问的问题是“猪场的卫生状况如何”，答案可选“好、较好、差”，这种定性的问题无论是调查人员还是被调查者均难以准确回答。因为不能明确什么情况下为“好”，什么情况下为“较好”，什么情况下为“差”。

二、制定和填写流调表时须注意的事项

(1)把易于回答和易于引起应答者兴趣的问题放在前面，把敏感或者需要应答者回忆和思考的问题放在后面。

(2)询问时，不要带有暗示性或引导性，以免引出其他的意思，从而造成答案偏倚。

(3)填写记录时，不要有漏填项目。每个调查项目必须有记载，不要留有空白，否则难以判断该项目是漏填还是未调查，给资料统计、分析带来困难。

(4)填写时，字迹要工整、清楚，不要用铅笔填写，以免日久字迹模糊。流调表要保持清洁，调查者最后要签名并写上日期以示负责。

(5)在编制流调表时，尽量采取能适应计算机录入、整理、分析需求，因此，在调查的每项内容后设置“□”，以填代码或数据。“□”数量根据所需填入的数据而定。

(6)在进行整理统计之前，应对每份流调表逐一重新进行检查，核对有无逻辑错误、漏项、字迹不清楚等问题，一经发现要及时纠正，如无法纠正应予以废弃。

三、填写流调表时的质量控制要求

1. 可靠性

对流调表中的每一个问题的回答应该是可靠的，无论是谁，无论在什么时间去调查，对同一问题的回答应该是相同的，即可重复性。

2. 真实性或准确性

对流调表中的每一个问题的回答是真实的。例如，当问及是否喝生水时，喝就是喝，不喝就是不喝，不要为顾及面子将喝生水说成不喝生水而产生信息偏倚。这种偏倚在资料统计时是无法纠正的。

3. 完整性

如流调表中有30个问题，每个问题都应调查并填写清楚，如果其中发现有3项漏填，这样的流调表是不完整的。如果事后仅凭回忆填补，或者不经重新调查而随意填写自己主观的结果判断，这样的流调表在形式上虽是完整的，实质上是残缺不全的，这显然是破坏了资料的完整性，影响了调查资料的可靠性和真实性。

4. 逻辑性

调查得出的结论应符合逻辑。例如对某地一次腹泻病调查时，资料整理统计结果发现，不喝生水者腹泻病发病率反而明显高于喝生水者，这显然不符合逻辑，说明在进行流调时对喝生水与不喝生水问题的回答可能存在可靠性与真实性的偏倚。

四、流行病学调查表的类型与结构

流行病学调查表有自填式调查表、访谈式调查表两种类型。自填式调查表是由调查员发给(或邮寄)被调查者自己填写的。访谈式调查表是由调查员按照调查表内容向被调查者提问，再由调查员根据被调查者的回答进行填写的。

(一)自填式调查表的一般结构

自填式调查表通常包括标题、封面信、指导语、正文、结尾与备查项目等。

1. 标题

如“奶牛饲养规模调查表”“猪场疫苗使用情况调查表”等。调查表的标题应该简明扼要，说明所要调查的基本内容或者调查的主题。调查表的标题应该尽可能引起回答者的兴趣，避免引起回答者疑虑。例如，“养鸡场高致病性禽流感防控情况调查表”比“养鸡场卫生防疫情况调查表”更容易引起回答者疑虑。

2. 封面信

封面信又称为卷首语，常放在问卷的封面或封二。主要用于说明本次调查的主办单位、调查的目的及意义、调查者的身份、调查的大致内容、调查对象的选取方法和调查结果的保密措施等。

3. 指导语

指导语是用来指导被调查者如何填写表格的各种解释和说明，对调查表中的某些问题的含义作出进一步解释，必要时可以列举填写样例。

4. 正文

调查表正文包括两个部分。

（1）被访者背景情况。如被访者姓名、年龄、性别、职业。如果被访者是单位，还要调查被访单位名称、地址等。例如，“规模化牛场布鲁氏杆菌病疫苗免疫情况调查表”中，要注明猪场名称、地址、存栏量、创办时间、畜主电话等信息。

（2）调查内容。调查内容是问卷的核心部分，是调查表的主体。研究者需要的所有信息都是通过这些调查项目来获得。如某县“2023年规模化蛋鸡场疫苗免疫情况调查表”中，需要设置2023年免疫使用过哪些疫苗、生产厂家是谁、免疫程序是怎样的、免疫后副作用如何、免疫效果如何等。

5. 结尾与备查项目

一般包括表格编号、调查者、回答者、填表者、调查日期等。此外，还可以对被访者的合作表示感谢。备查项目的完整性有利于调查表的逻辑检查、错误修正、缺项补充、责任追查、进一步随访工作。

（二）访谈式调查表的一般结构

除封面信外，访谈式调查表其他的结构与自填式调查表相同。访谈式调查是由接受过专业培训的人员来完成，调查应答率高，质量往往较自填式调查表好，但比自填式调查表耗时、耗费成本。

任务四　调查方案设计

任务目标

知识目标

掌握动物疫病流行病学调查的目的、意义、范围及对象；熟知调查内容、方法、类型；理解调查各阶段流程、数据整理分析方式、结果报告反馈途径及相关注意事项。

技能目标

能够设计科学周密的调查方案，运用多种调查方法收集数据，规范进行现场观察、样本采集与实验室检测，运用统计学方法分析数据，撰写详细准确的调查报告并有效反馈结果。

素质目标

培养严谨的科学态度，使其在调查中遵循生物安全、动物福利及法律合规原则；提升沟通协调、应急处置能力，增强数据保密意识，树立保障动物健康和人类食品安全的责任感。

案例导入

某大型养殖基地，近期出现动物异常死亡情况。养殖户们发现，猪、牛、羊等家畜的精神状态不佳，食量明显减少，部分家禽（如鸡、鸭）也出现类似症状，甚至陆续有动物死亡。一时间，养殖户们忧心忡忡，担心疫病蔓延造成巨大经济损失。这种突发状况让大家意识到，急需开展动物疫病流行病学调查。

根据以上病例描述，请在学习本任务时思考以下问题：

1. 怎样设计一个科学周密的调查方案，才能高效且准确地查明疫病源头和传播途径呢？

2. 在确定调查范围和对象时，如何全面且精准地涵盖所有可能因素，以便为后续防控工作提供有力支撑呢？

带着这些疑问，让我们深入了解动物疫病流行病学调查的具体内容与流程。

知识要点

二维码 5-6
调查方案设计

动物疫病流行病学调查是以现场调查为主，也就是在一定时间内调查群体中疫病事件和疫病现象，可以描述疫病的动态分布情况，以及疫病发生发展的状态与关联因素，这样得到的结果对进一步研究病因因素、制定防治策略和评价防控效果是十分有必要的。

为了使调查工作能以最少的人力、物力、财力与时间获得较多可靠的数据，调查工作就必须有科学和周密的方案设计。

一、引言

引言是提供疫病流行病学调查的背景信息、调查动机、调查目的、调查问题、调查方法的大致概述。说明为什么要进行这项调查，调查的理论或依据是什么，简要说明本调查需要的调查内容，调查采用的方法，说明调查的价值和实践意义。

引言是内容的概览，从而吸引读者继续阅读正文部分。因此，语言避免绕圈子，直接进入主题，言简意赅，突出重点，避免过多叙述已知信息，尊重科学，实事求是，在论述研究意义时，注意分寸，避免使用夸张或不实的描述。引言应与结论相呼应，但不应与摘要内容重复，避免雷同。篇幅适中，应根据总篇幅和内容需要来确定，一般以两三百字为宜。

二、调查目的及意义

调查目的是通过开展调查来解决什么问题，调查意义就是通过调查来解决一些实际问题，通过解决问题，获得价值。动物流行病学调查是一项重要的研究工作，旨在了解疾病在动物群体中的传播和控制方式。调查目的不同，所要调查的对象、单位、方法也就有所不同。如果调查目的不明确，结果说明不了问题，只会浪费人力、物力、财力和时间。调查目的一般是通过收集数据、分析信息和确定风险因素，揭示病原体的传播途径，及时判断传染源、防止动物疫病大规模暴发、降低人畜共患病发生概率，制定预防和控制策略，保障动物健康和人类食品安全的重要手段。

三、调查范围和对象

(一)调查范围

根据疫病的特点和流行情况，确定调查的地理区域，涵盖不同地理区域，包括养殖密集区、交易市场、屠宰场以及散养户所在区域。

(二)调查对象

调查对象包括猪、牛、羊、鸡、鸭等主要养殖动物，以及可能传播疫病的野生动物。

(1)发病动物:包括临床症状明显的患病动物和病死动物，实验室检测阳性的动物。

(2)未发病动物:在同一养殖场或周边区域随机选取的健康动物作为对照。

(3)养殖场环境:包括水源、饲料、粪便处理设施等。

(4)相关人员:人畜共患病还应考虑养殖户、兽医、动物贩运人员等。

四、调查内容和方法

(一)资料收集

(1)动物发病的时间:调查疫病发生的具体时间，有助于分析疫病的季节性或周期性特征。

(2)动物发病的地点:研究疫病发生的地理位置，有助于确定疫病的传播范围和可能的传播途径。

(3)发病动物数量:统计发病动物的数量，反映疫病的严重程度和影响范围。

(4)发病动物种类:调查受影响的动物种类，有助于了解不同物种对疫病的易感性差异。

(5)养殖场(户):包括养殖畜禽结构、养殖规模、养殖模式、养殖密度、饲养方式、生产管理、发病死亡、免疫程序、消毒频率、检疫情况、生物安全措施等方面的详细信息，分析与疫病发生的相关性。

(6)收集本地区的气候、地理、生态等自然环境因素数据，对可能传播疫病的媒介生物(如蚊、蝇、蜱等)进行监测和调查，分析其对疫病发生和传播的影响。

(7)追溯信息:包括动物来源追溯与传播途径追溯。动物来源追溯是调查发病动物的来源，包括引种、交易、运输方式等途径。传播途径追溯是通过调查人员流动、动物运输、环境因素等分析疫病的传播途径。

(二)现场观察

(1)动物临床症状:对发病动物进行详细的临床检查，记录症状和体征等。如精神状态、饮食情况、呼吸症状、排泄情况等。

(2)养殖场环境状况:包括卫生条件、通风设施、隔离措施等。

(3)病理剖检:对病死动物进行剖检，观察病理变化。

(三)实验室检测

(1)采集样本:采集血液、组织、分泌物等样本进行实验室检测，包括病原学检测、血清学检测等。

(2)检测方法:根据疫病的特点选择合适的检测方法进行精准诊断,如 PCR 检测、ELISA 检测等。

(四)调查的类型

根据动物疫病发生的特点、危害程度、成本情况选择适合的调查类型,如个案调查、暴发调查、抽样调查、普查。

(1)个案调查:又称个例调查或个例疫源地调查,是对个别的病例及其周围环境进行的流行病学调查。该方法适用于各种疾病,是各种调查的基础,病例包括传染病病畜、非传染性疾病的病例及病因未明疫病的病例等,如可疑禽霍乱的鸡场需要进行个案调查。

(2)暴发调查:暴发调查是指对集体单位或某一地区在较短时间内集中发生许多同类患病畜禽时所进行的调查。主要用于急性传染病和中毒病等,如食物中毒、禽流感流行等。

(3)抽样调查:是一种通过从目标群体中随机抽取一部分个体进行研究,以推断整个目标畜群特征的方法。

(4)普查:是指在特定时间内对特定范围内的群体进行的全面调查。很多国家都进行人群和动物群体的普查,以确定群体的大小和结构。普查是准确测量群体中变量分布的唯一方法,但所需费用较高,对动物群体实行起来往往很困难或不可能。

(五)调查的方法

(1)问卷调查:通过设计一定的问题,向养殖户、农户或相关人员询问有关疫情的发生、传播情况,以及相关因素等。

(2)取样报告:根据调查计划确定取样点位,并进行取样。可以采集动物的血液、组织、粪便等样本,进行实验室检测。

(3)观察法:在调查对象的生活、活动场所进行观察,了解动物疾病状况、传播途径等。

(4)病例回顾法:对已发生的疫情进行回顾调查,了解疫情的发生、发展过程、传播途径等。

(5)现场勘查法:到疫情发生地点进行现场勘查,了解环境条件、动物居住环境、饲养管理等情况。

五、调查的组织实施

(一)准备阶段

(1)成立调查工作领导小组和技术专家组,负责调查工作的组织、协调和技术指导。

(2)制定详细的调查方案和调查问卷,明确调查内容、方法和技术要求。

(3)组织调查人员培训,使其熟悉调查方案、调查问卷和调查方法,掌握相关的技术规范和操作技能。

(4)准备调查所需的物资和设备,如采样工具、检测试剂、防护用品等。

(二)现场调查阶段

(1)按照调查方案和调查问卷的要求,对调查范围内的养殖场、动物交易市场、屠宰场等场所进行实地调查,填写调查问卷,收集相关数据和信息。

(2)按照抽样方案进行样本采集,并做好样本的编号、记录和保存工作,及时送实验室进行检测。

(三)实验室检测阶段

(1)实验室对采集的样本严格按照检测标准和操作规程进行操作,确保检测结果的准确性和可靠性。

(2)对检测结果进行整理和分析,绘制图表,撰写检测报告。

(四)数据分析与报告撰写阶段

(1)对现场调查数据和实验室检测结果进行综合分析,运用统计学方法和流行病学原理,揭示疫病的流行规律和风险因素。

(2)根据数据分析结果撰写流行病学调查报告,报告内容包括调查背景、目的、方法、结果、结论和建议等。

(五)总结与评估阶段

(1)组织专家对调查工作进行总结和评估。总结经验教训,评估调查方案的科学性和可行性,提出改进和完善的建议。

(2)将调查结果和报告及时反馈给相关部门和单位,为制定疫病防控政策和措施提供决策参考。

六、数据整理分析

将采集到的数据进行录入和整理,包括采样日期、地点、样本编号、疫情发生情况等,采集的数据必须进行严格审核,确保数据的完整性、准确性和一致性。

运用统计学方法对收集整理的数据进行分析,避免数据的误读和误用,包括描述性统计分析、相关性分析等,以揭示疫病的流行特征和风险因素。

(1)描述性统计分析:计算发病率、死亡率、阳性率等指标,描述疫病的流行特征。

(2)相关性分析:探讨疫病发生与风险因素之间的关联。

(3)聚类分析:对疫病的地理分布进行聚类,发现高发区域。

(4)构建传播模型:运用数学模型预测疫病的传播趋势。

七、结果报告与反馈

(一)撰写详细的调查报告

(1)详细描述调查的目的、方法、结果和结论,提出针对性的防控建议。

(2)绘制图表:通过绘制地图、柱状图、折线图等直观展示疫病的分布、发展趋势和风险因素。

(二)结果应用

为制定和调整疫病防控策略提供科学依据,向相关部门和养殖从业者进行反馈和宣传。

1. 为制定防控政策提供依据

将调查结果及时反馈给农业农村主管部门、动物疫病预防控制机构等,进行风险评估,判断疫情严重程度和蔓延趋势，并及时发布预警信息，引导相关防控措施的实施，为制定和调整动物疫病防控政策、规划和措施提供科学依据。

2. 指导养殖场(户)防控疫病

向养殖场(户)反馈调查结果，指导其加强养殖管理、改善生物安全条件、做好疫病防控措施，包括隔离、消毒、疫苗接种等，以减少疫情的蔓延和影响，提高养殖效益和动物健康水平。

3. 促进科学研究

调查结果可为科研机构开展动物疫病的病原学、流行病学、防控技术等方面的研究提供基础数据和研究方向，推动动物疫病防控技术的创新和发展。

4. 加强公共卫生预警

对可能影响公共卫生安全的动物疫病，及时将调查结果通报给卫生健康主管部门，加强公共卫生预警和风险评估，保障公众健康。

八、经费预算

明确本次动物疫病流行病学调查预计总经费为多少元，具体预算如下。

(1)人员费用：包括调查人员的工资、补贴等。

(2)物资设备费用：用于购买采样工具、检测试剂、防护用品等。

(3)实验室检测费用：用于支付实验室检测费用。

(4)交通和通信费用：用于调查过程中的交通和通信支出。

(5)其他费用：包括数据分析、报告撰写等费用。

九、注意事项

(1)安全防护：调查人员在现场调查和样本采集过程中要做好个人防护，严格遵守生物安全操作规程，避免感染疫病。

(2)动物福利：在调查过程中要遵循动物福利原则，尽量减少对动物的应激和伤害。

(3)法律合规：调查工作要遵守相关法律法规和伦理规范。

(4)数据保密：对调查收集的数据和信息应严格保密，未经授权不得擅自泄露。

(5)沟通协调：与相关部门和人员保持良好的沟通协调，确保调查工作的顺利进行。

(6)应急处置：在调查过程中，如发现疑似重大动物疫病或突发疫情，应立即按照相关应急预案进行处置，并及时上报有关部门。

十、动物疫病流行病学调查表示例

如动物疫病流行病学调查表(表 5-3)，动物疫病流行病学调查表(诊断送检用)(表 5-4)。

表 5-3　动物疫病流行病学调查表

填报单位：____________　　　　单位：头、只、匹

病名	调查范围		当月存栏量		发病数			发病率			死亡数			死亡率			备注
	规模场数	散养户数	规模数	散养数	总数	规模场	散养	总数	规模场	散养	总数	规模场	散养	总数	规模场	散养	
口蹄疫合计																	
其中：猪																	
牛																	
羊																	
禽流感																	
⋮																	

填报人：____________　　填报日期：____________　　负责人：____________

表 5-4 动物疫病流行病学调查表(诊断送检用)

编号:____________ 调查日期:____________

场/户/养殖小区/检查站名称:____________ 启用时间:____________

畜(货)主/负责人姓名:______ 联系电话:____________

联系地址:______________________________

1. 地理特点:□高山 □山地 □丘陵 □平坝 □河谷 □盆地 □其他
2. 近期气候是否异常:□否 □是:________
3. 交通情况:距交通干线:______ km;距居民区:______ km;距最近易感动物群:______ km
4. 场区面积:________;畜禽舍栋数:________;每栋畜禽舍面积:________
5. 周边有无河流、湖泊:□无 □有____________

   附近是否有养殖场污水排入:□无 □有____________
6. 周围是否有野生动物:□无 □有____________

   分布情况:________________
7. 隔离野鸟、防鼠、防蚊等设施设备:□无 □有____________
8. 畜禽群构成:□种畜禽 □商品畜禽(□肉用 □蛋用 □奶用 □皮毛用)□混合
9. 饲养量:发病前存栏数:________头/只;年出栏数:________头/只
10. 饲养方式:□全进全出 □连续饲养;混群前是否隔离:□是 □否
11. 混养情况:□否 □是:□禽与猪 □鸡与水禽 □牛与羊 □其他:________
12. 防疫设施:□进场洗澡更衣 □进生产区换胶鞋 □场舍门口有消毒池

    □定期全场消毒 □供料道与出粪道分开 □有防鼠和蚊虫设施
13. 饲养管理水平:□好 □一般 □差;畜禽场卫生状况:□好 □一般 □差
14. 饲料:□全价饲料 □配合饲料 □自产作物及杂粮 □其他____________
15. 排污设施:□无 □有________;病死动物无害化处理设施:□无 □有________
16. 饲养人员居住情况:□驻场 □不驻场:家里是否饲养畜禽:□否 □是________
17. 屠宰场:□现代化 □半机械 □手工

    年屠宰量:________万头/只 屠宰动物来源:________ 检疫证明:□无 □有

    屠宰检疫规范:□否 □是 车间(隔离圈)日消毒次数________
18. 检查站:运输工具:________ 牌照:________ 承运人:________

    启运地:________ 目的地:________

    动物来源:________ 耳标:□无 □有

任务五　调查工作的质量控制和评价

任务目标

知识目标

掌握动物疫病流行病学调查的质量控制要素，理解质量控制对调查准确性、防控决策科学性的重要意义，熟知调查工作评价的各项维度及其内涵。

技能目标

能够制定合理的调查方案，正确进行抽样，规范采集与检测样本，熟练收集、整理和分析数据，学会运用评价方法对调查工作进行全面评估。

素质目标

培养严谨的科学态度，提升团队协作、沟通交流以及应对复杂问题的能力，增强职业道德与保密意识，树立保障公共卫生安全和畜牧业发展的责任感。

案例导入

在动物疫病防控领域，流行病学调查的质量至关重要。例如，有A、B两个地区，都面临着动物疫病的挑战。A地区在针对禽流感的调查中，做了充分准备。调查前，精心设计方案，将家禽养殖场和活禽交易市场设为重点区域，采用分层随机抽样选取样本。对调查人员进行严格培训，使其熟悉样本采集和检测流程。样本采集遵循无菌操作，用冷链运输保证质量，数据收集采用电子表格并双人录入核对。最终，准确掌握了禽流感流行态势，成功控制疫情扩散。而B地区在针对猪瘟的调查时却状况百出。调查方案不合理，抽样只关注少数大型养殖场，忽视散养户，样本缺乏代表性。调查人员没经充分培训，样本采集和数据记录错误、遗漏多。实验室检测技术落后，无法识别病毒变异株，数据管理混乱，分析方法错误。结果得出错误结论，延误防控，猪瘟疫情大面积暴发，给当地畜牧业带来巨大损失。

根据以上描述，请在学习本任务时思考以下问题：

1. 为何同样是动物疫病流行病学调查，A地区成功而B地区失败？

2. 在动物疫病流行病学调查中，具体该如何把控各个环节，才能确保调查工作的高质量开展呢？

知识要点

一、调查工作的质量控制

二维码 5-7　调查工作的质量控制

动物疫病流行病学调查是研究动物疫病在群体中的发生、发展和分布规律，以及影响因素的重要方法。动物疫病流行病学调查作为评估疫病风险、制定防控策略的基础，调查工作的质量直接影响疫病防控的效果和决策的科学性。为确保调查结果的科学性、准确性和可靠性，必须进行有效的质量控制和评价。

(一)质量控制的重要性

1. 确保调查结果的准确性

准确的疫病流行数据是制定精准防控措施的前提，质量控制能最大程度地减少误差和偏差。

2. 增强防控决策的科学性

高质量的调查为决策提供可靠依据，避免资源浪费和防控措施的盲目性。

3. 提升公共卫生安全水平

有助于及时发现潜在的人畜共患病风险，保障公众健康。

4. 维护畜牧业的稳定发展

为养殖者提供科学的疫病防控指导，促进畜牧业的可持续发展。

(二)质量控制

1. 调查方案

调查方案是开展流行病学调查工作的纲领，是开展流行病学调查工作的基础和指导。在开展流行病学调查之前，明确研究的目的和问题，进行充分的前期调研和相关专家的论证是非常必要的，这有助于确保调查方案的合理性和可行性，避免资源的浪费和调查结果的偏差，使其具有针对性和实际应用价值，提高流行病学调查的质量和效率，为公共卫生决策提供更加准确和有效的支持。

2. 调查人员

(1)专业知识：调查人员需要具备相应的专业知识和技能，如动物传染病、动物寄生虫病、生物统计等领域的知识，并且需要不断地更新自己的知识。

(2)分析能力：调查人员需要具备较强的数据分析能力和逻辑思维能力，可以根据收集到的数据进行分析、总结和归纳，提出合理的结论和建议。

(3)沟通能力：调查人员需要具备良好的沟通能力，可以与被调查对象进行有效的沟通和交流，获取真实、准确的信息。

(4)诚信和保密意识：调查人员需要具备高度的职业道德、诚信和保密意识，保证调查过程的公正、客观和保密性。

(5)团队合作精神:调查人员需要具备团队合作精神,能够协同其他组员完成任务,并及时汇报和沟通工作进展情况。

(6)抗压能力和耐心:调查工作可能会遇到各种困难和挑战,需要具备一定的抗压能力和耐心,保持积极、乐观的态度。

3. 抽样

抽样误差是指由于随机抽样的偶然因素使样本各单位的结构不足以代表总体各单位的结构,而引起抽样指标和全局指标的绝对离差。抽样误差不是由调查失误所引起的,而是随机抽样所特有的误差。

(1)抽样数目的影响:单因素影响下,抽样数目越多,抽样误差越小;抽样数目越小,抽样误差越大。随着样本数目的增多,样本结构越接近总体,也就越接近全面调查。所以当样本扩大到总体时,则为全面调查,也就不存在抽样误差了。

(2)总样本差异影响:单因素影响下,样本差异程度越小,抽样误差越小,反之,抽样误差越大。抽样误差和总样本差异程度成正比变化。如果总样本差异为零,此时不存在抽样误差。

(3)抽样方法的影响:重复抽样和不重复抽样的抽样误差的大小不同。采用不重复抽样比采用重复抽样的抽样误差小。

(4)抽样组织方式的影响:不同的抽样组织所抽中的样本,对于总体的代表性不同。

4. 采集与检测

(1)确保样本的代表性:采集的样品应具有代表性,以使所采样品的测定结果能代表样本总体的特性。这意味着在采样过程中需要随机选择样本,确保每个部分都有被选中的机会,从而反映整个样本的特性。

(2)保持样本的真实性:样品采集的基本原则之一是保持样品的真实性,即采集的样本应准确反映其原始状态,避免任何形式的污染或改动。

(3)避免样本污染:在采集样本前,对标本采集工具进行清洁消毒,避免交叉污染。同时,采集过程中要注意无菌操作,保证样本的无菌性和准确性。

(4)正确标识样本:对每一个标本进行标识,确保标本的独立性和可溯源性。标识应包括标本编号、患畜编号、性别、年龄、采集时间和位置等信息,以便后续的管理和分析。

(5)遵循无菌操作原则:在采集过程中,要遵循无菌操作原则,保证样本的无菌性和准确性。不同类型的标本采集方法也各不相同,要根据标本的性质和要求进行正确操作。

(6)及时处理和保存样本:采集样本后,要及时进行标本移交,避免标本滞留或丢失。要按照标本的管理流程进行处理,确保标本信息被准确记录和传递。

5. 数据的收集与整理

在进行流行病学调查时,数据管理是一个关键环节。它涉及数据的收集、存储、整理和分析等多个方面。流行病学调查中的数据管理及清理的目的是探讨大型流行病学研究中如何科学地收集、管理数据,并根据相关数据特性对收集的数据进行清理,发现录入错误和不合理的数据,从而提高调查数据的质量。

(1)数据收集:数据收集是数据管理的第一个步骤。在流行病学调查中,常用的数据收集方法包括问卷调查、实验室检测等。

(2)数据录入:收集到的数据需要录入数据库中。在这个过程中,可能会出现录入错误,因此需要进行数据清理，采用双人录入或数据审核机制，确保数据的准确性和完整性。

（3）数据清理：数据清理是数据管理中的一个重要步骤。它包括检查数据的完整性、一致性、合理性等，以及纠正或删除错误的和不一致的数据。

（4）数据分析：数据清理后，可以进行数据分析。数据分析的方法包括描述性统计分析、推断性统计分析、回归分析等。

（5）数据解释：通过分析得到的数据需要进行解释，以得出结论和建议。这个阶段需要专业的流行病学家来进行，他们可以根据数据分析的结果，对疫病的传播和预防提出科学的建议。

6. 质量监督

流行病学调查的质量监督是确保调查结果准确性和可靠性的关键环节。质量监督不仅涉及数据的准确性，还涵盖整个调查过程的管理和监控。有效的质量监督可以通过发现实际工作与计划间的偏差，并及时纠正，从而提高调查的效率和效果。

建立监督机制，成立专门的质量监督小组，制定详细的监督计划和标准，对调查工作进行全程跟踪监督；对调查工作进行定期检查和指导，及时发现问题并采取纠正措施，确保调查工作按照预定方案进行。

（三）实际案例分析

1. 成功案例

在某地区针对禽流感的流行病学调查中，调查前进行了充分的方案设计，明确了以家禽养殖场和活禽交易市场为重点调查区域，采用分层随机抽样方法选取样本。对调查人员进行了严格的专业培训，使其熟悉样本采集和检测流程。在样本采集过程中，严格遵循无菌操作规范，并使用冷链运输确保样本质量。数据收集采用电子表格，进行双人录入和核对。通过科学的数据分析，准确掌握了该地区禽流感的流行态势，为制定有效的防控措施提供了有力支持，成功控制了疫情的扩散。

2. 失败案例

在某地区针对猪瘟的流行病学调查时，由于调查方案设计不合理，抽样范围局限于少数大型养殖场，忽略了散养户，导致样本代表性不足。调查人员未经充分培训，在样本采集和数据记录过程中出现错误和遗漏。实验室检测技术落后，无法准确检测出病毒变异株。数据管理混乱，分析方法不当，最终得出错误的结论，延误了防控时机，造成了猪瘟疫情的大面积暴发，给当地畜牧业带来了巨大损失。

二、调查工作的评价

二维码 5-8

调查工作的评价

流行病学调查是一种重要的公共卫生工具，通过收集、分析和解释大规模数据，以了解疫病的分布、决定因素和影响因素，从而为预防和控制疫病提供科学依据。但调查工作本身的评价工作不能忽视，调查工作的评价有助于提高调查者的积极性，提高调查工作质量，也是对调查工作的监督，客观地评价调查工作至关重要，动物疫病的流行病学调查评价主要体现在以下几个方面。

1. 准确性评价

准确性评价主要涉及灵敏度和特异度的评估、阳性预测值和阴性预测值的计算的评价方法。

(1)灵敏度和特异度的评估是流行病学中评估疾病筛查方法准确性的核心指标。灵敏度指的是在真正患有疾病的群体中,能够正确识别出疾病的比例;特异度则是指在没有患病的群体中,能够正确排除疾病的比例。这两个指标共同决定了筛查方法能够准确地识别出患病群体,同时排除没有患病的群体。

(2)阳性预测值和阴性预测值是另外两个重要的评估指标。阳性预测值是指筛查结果为阳性的群体中,实际患有疾病的比例;阴性预测值则是指筛查结果为阴性的群体中,实际没有患病的比例。高阳性预测值和高阴性预测值意味着筛查方法能够准确地预测患病和非患病的群体。

2. 完整性评价

完整性评价应包含全面的调查内容,能够反映调查研究的问题或目标。对所调查问题的整体把握和深入分析,具备较高的信息量和知识深度。检查调查数据是否涵盖了所有关键信息,如动物基本信息、临床症状、实验室检测结果等,评估样本量是否满足统计学要求,能否反映总体情况等。

3. 有效性评价

流行病学调查能够准确识别疫病的传播途径和危险因素,评估调查结果有助于揭示疫病的流行规律,为制定有效的预防措施提供依据,考察防控措施是否有效控制了疫病的传播。例如,在 COVID-19 疫情中,通过流行病学调查,确定了病毒的传播途径和危险因素,为隔离、检测和疫苗接种等防控措施的实施提供了科学依据。

4. 及时性评价

流行病学调查能够在疫病暴发初期迅速进行,通过分析病例数据,及时提供疫情的最新情况,为决策者提供快速反应的依据。

5. 可靠性评价

调查数据可靠性的评价包括重复性、内部一致性和外部一致性。重复性是通过重复进行相同或类似的调查来评估数据的一致性和稳定性;内部一致性指的是调查数据在内部的一致性,通过计算各项指标之间的相关性来评价;外部一致性则是将调查数据与其他独立来源的数据进行对比,以评估数据的外部一致性。

6. 一致性评价

比较不同调查人员、不同调查区域或不同调查时间的结果,判断是否具有一致性。表达语言的准确性和简洁性,如术语、概念和推理过程应当清晰明了、避免使用难懂的行话或大量的专业术语。同时,报告的文字应该简洁明了,避免冗长和啰唆的叙述,以便读者能够迅速理解和消化报告内容。检查数据记录和报告的格式是否统一规范。所引用的资料应有准确的标注和引用格式,以保证学术诚信和知识产权的尊重。

7. 创新型评价

随着科技的发展,流行病学调查方法也在不断进步,如利用大数据和人工智能技术进行数据分析,提高了调查的效率和准确性。并且流行病学调查能够对问题进行独立的思考和分析，提出新颖的见解和观点，使得流行病学调查在疾病预防和控制中的作用更加突出。

8. 社会评价

流行病学调查的结果对于公众健康意识的提高和社会防控措施的实施具有重要影响。通过普及流行病学调查的结果，可以提高公众对人畜共患病的认知，促进防护行为，从而有效控制疾病的传播。

9. 成本评价

流行病学调查的成本涉及多个方面，包括但不限于人力、物力、时间等方面的投入。在进行成本分析时，需要考虑到调查的规模、范围、复杂度以及所采用的方法等因素。全面评估流行病学调查的经济效益，尽可能用最小的成本达到最优的调查结果。

动物疫病流行病学调查工作的质量控制和评价是确保调查工作有效性的关键环节。通过采取合理的质量控制措施和全面的评价方法，进一步加强质量控制和评价体系的建设，不断完善调查方法和技术，以适应不断变化的动物疫病防控形势的需求，不断提高调查工作的质量，为动物疫病的防控和管理提供科学依据，保障畜牧业的健康发展和公共卫生安全。

课后练习

一、填空题

1. 动物流行病学调查的首要任务是明确__________和__________。

2. 专业调查团队应包含__________、兽医、实验室技术人员等。

3. 流行病学调查表有__________式调查表和访谈式调查表两种类型。

4. 动物疫病流行病学调查的类型包括个案调查、__________、__________、普查。

5. 调查工作的质量控制要素包括调查方案、调查人员、__________、__________、数据的收集与整理、__________。

二、选择题

1. 以下哪项不是动物流行病学调查资料采集的目的？（　　）

A. 了解疫病流行状况　　B. 揭示传播途径

C. 增加动物养殖数量　　D. 评估影响因素

2. 从全体调查对象中抽取一部分调查单元而实施的调查称为（　　）。

A. 全面调查　　B. 抽样调查

C. 普查　　D. 非全面调查

3. 以下抽样方法属于非概率抽样的是（　　）。

A. 简单随机抽样　　B. 系统抽样

C. 便利抽样　　D. 分层抽样

4. 流行病学调查表中，自填式调查表一般结构不包括（　　）。

A. 封面信　　B. 指导语

C. 标题　　D. 访谈记录

5. 动物疫病流行病学调查的意义不包括(　　)。

A. 保障动物健康　　B. 促进人类食品安全

C. 增加动物疫病传播风险　　D. 制定预防和控制策略

三、简答题

1. 动物流行病学调查资料采集的方法有哪些?
2. 请列举制定和填写流调表时须注意的事项。
3. 动物疫病流行病学调查工作的质量控制有何重要性?

思政小贴士

随着环境变化和动物养殖模式的转变,动物疫病的特征也在不断变化。这就需要我们勇于创新,敢于突破传统的研究方法和防控手段,探索新的技术和策略,创建新预测模型,提升疫情预测准确性,以更好地应对不断出现的新问题,为动物疫病防控事业提供有力的技术支持。

二维码 5-9

思政小贴士(五)

项目小结

项目五　动物流行病学调查设计

- 任务一　动物流行病学调查准备
- 任务二　动物流行病学调查资料的采集、抽样与分组
- 任务三　调查表的编制
- 任务四　调查方案设计
- 任务五　调查工作的质量控制和评价

项目六
动物流行病学调查结果分析与报告

任务一　调查资料的整理、归档、分析和档案管理

任务目标

知识目标

理解调查资料整理的重要性、要求，熟悉其步骤，掌握调查结果的分析思路、内容和方法，明确调查工作档案管理的材料范围与管理要求等相关知识。

技能目标

能够运用经验法、逻辑法等对资料进行完整性和真实性审核，熟练进行分类、分组及汇总，能运用多种方法分析调查结果，规范完成调查工作档案的整理与管理。

素质目标

培养严谨、认真、负责的工作态度，提升数据处理和分析问题的能力，增强信息管理和保密意识，具备科学的思维方式和良好的职业素养。

案例导入

在某畜牧业发达的地区，近期频繁出现家畜不明原因的生病现象。当地相关部门迅速组织专业团队开展动物疫病流行病学调查。调查人员深入养殖场、屠宰场等地，通过问卷调查养殖户、采集动物样本等方式，收集大量的原始资料。这些资料涵盖了养殖环境、动物饮食、发病症状等方方面面，内容繁杂且无序。随着收集资料的不断增加，新的问题接踵而至。调查人员发现部分问卷存在漏填情况，同时对于一些数据的真实性也心存疑虑。

根据以上案例描述，请在学习本任务时思考以下问题：

1. 面对这些问题，该如何对这些原始资料进行科学处理，使其变得条理清晰、真实可

靠呢？

2. 怎样通过对这些资料的整理和分析，精准找出疫病发生的原因，为后续防控措施的制定提供有力依据呢？

知识要点

一、调查资料的整理

资料整理是根据调查的目的，对调查所得的原始资料进行科学的分类、分组、汇总和初步加工，使杂乱无章的原始资料去伪存真、分门别类、简化明晰，有利于进一步的分析和研究。同时，资料整理的过程也是对调查工作进行全面检查的过程。此外，整理的调查资料积累起来，可以形成资料库或数据库，为多项研究提供重要的素材。

二维码 6-1
调查资料的整理、归纳、分析和档案管理

(一)调查资料整理的要求

调查资料的整理应该符合以下标准。

1. 系统性

整理后的资料应尽可能条理化、系统化，有一定的顺序。

2. 便利性

资料有多种整理顺序，通常选择便于结果分析的顺序。

3. 真实性

整理后的资料必须是真实发生的客观事实，不能弄虚作假。

4. 完整性

调查资料的完整性包括三个方面，即时间范围上的完整、空间范围上的完整、调查项目上的完整。完整的和真实的资料是获得可靠的调查结果，达到调查目的的重要基础。如果资料是完整的和真实的，还不能达到调查目的，那么可能是调查方案设计上存在问题。

(二)调查资料整理的步骤

资料整理工作大体可分以下四个步骤。

1. 设计整理方案

在动物流行病调查资料整理环节，设计整理方案是关键的开篇步骤。方案设计需紧密围绕调查目的展开，全面考量动物疫病的种类、调查区域特点、涉及的动物群体等要素。例如，若调查的是区域性的猪瘟疫情，方案要明确针对养猪场、生猪交易市场等重点场所进行资料收集。同时，依据调查方法(普查或抽样调查等)来规划资料整理的流程与重点，确定以养殖场规模、猪的年龄及免疫状况等作为分组依据，从而构建起系统且有条理的整理框架，为后续高效处理大量繁杂资料筑牢根基。

2. 完整性和真实性审核

审核资料的完整性可以通过调查问卷是否有漏填的地方进行判断。审核资料的真实性有三种方法:经验法、逻辑法和资料来源法。经验法是根据过去经验来判断资料的真实性,一般需要找有经验的人员进行审核;逻辑法是以事物的内在联系来判断资料的真实性;资料来源法是弄清资料的来源,并根据资料来源渠道判断资料的真实性。

3. 对资料进行分类或分组

有前分法和后分法。前分法是在设计调查方案时就已经对需要收集的指标进行分类或分组,然后再按分类或分组的指标收集资料,即分类或分组的工作在调查前就已完成了。后分法是先将资料收集起来,然后再根据资料的性质、内容和特征进行分类或分组。动物疫病流行病学调查中一些现场的资料可采用前分法,而对于一些文献资料、问卷调查中的开放型回答资料,一般只能采用后分法。通常,分类或分组的原则有穷举和相斥。穷举就是绝大多数信息或数据都被分到某一类,而相斥是绝大多数信息或数据都只能归到某一类,不能既归于这类又归于那类。

4. 对分类或分组的资料进行汇总

汇总就是根据调查研究目的,把分类分组后的数据汇集起来,并进行初步计算和加总,如计算一共收集和整理了多少份问卷,一共有多少人回答了某个问题。

资料的汇总可以分为手工汇总和机械汇总。前者适用于数量较少、答案不易统一的资料;后者则适用于数量较多、答案比较整齐的资料。用 Excel 等软件对调查表资料进行整理,可以形成数据库,并且可以简便且快速地完成资料的汇总和分析。

二、调查结果的分析

(一)调查结果的分析思路

通常在设计动物疫病流行病学调查方案时,就已经明确了调查结果的分析思路。整体上,分析动物疫病流行病学调查结果时,需要考虑以下两个方面的问题。一是调查的结果是否说明问题,能否达到调查的目的;二是如何提炼出调查结果中包含的重要信息。可以把调查结果分为四类:①目的之内且为意料之中的信息,这类信息通常是重要的也是比较可靠的信息;②目的之内却为意料之外的信息,这类信息通常是非常重要的信息,但是需要认真核对信息的准确性;③意料之中但目的之外的信息,这类信息通常不重要;④目的之外且意料之外的信息,这类信息通常也很重要,若要分析,需认真核对其准确性。

对于调查者而言,目的之外且意料之外的信息,可以开阔眼界,加深对某一问题的认识,甚至可以引起调查者进一步调查或研究的兴趣。这类信息长期积累,可能还会产生一些有益的效应。但是,目的之外且为意料之外的信息不一定是调查任务委托方感兴趣的或者能够理解的信息,这些信息如果出现在报告之中,有可能会造成一定的干扰作用,造成主次不分,所以调查者需要认真考虑是否在报告中报告此类信息。

(二)调查结果的分析内容

调查结果的分析内容是指调查工作需要回答的问题,包括三个方面:一是揭示疾病在时间、地理和宿主群体中的分布情况;二是推断病因、危险因素、发展态势和疾病防控效果;三是提出疾病防控措施和建议。

（三）调查结果常见的分析方法

对于动物疫病流行病学调查而言，常见的分析方法有以下四大类。

1. 样品检测结果分析

样品检测为动物疫病流行病学调查提供最重要的信息，是判断动物群体感染和免疫情况、确定何种病原以及某种病原是否发生变异、开展血清流行病学或分子流行病学分析的基础。

2. 空间信息分析

空间信息包括地理位置、地形特点、地理分布、与某些地理要素的相关性等，这类信息的分析通常需要专门的分析平台或软件。

3. 统计分析

统计分析通常是各类调查结果分析的基础方法。

4. 综合分析

综合分析能够对所要调查的问题作出更为全面的回答。一般而言，综合分析可以分为两类：一是同一次调查，获得多种信息，进行综合分析；二是多次调查，反复获得同一个层面的大量信息，进行汇总分析。

（1）多种信息的综合分析。同一次调查或多次调查获得的多种信息的综合分析一般有以下步骤。

第一，去伪存真，这个步骤一般在资料整理的过程中已经完成。

第二，按照事物相互作用的逻辑次序。例如，调查某起高致病性禽流感疫情收集到很多信息，首先是对肉眼观察到的信息以及问卷调查的信息进行分析，了解疫情在时间上、地理上和宿主群体中的分布情况，然后对免疫档案和抗体检测结果进行分析，分析当地家禽是否按照规定全面进行了免疫，以及家禽群体抗体水平，最后分析病原学检测结果。如果综合分析的结果表明，疫情严重，当地家禽按照规定，全面免疫了各类家禽，家禽群体抗体水平很高，发现病毒已经发生了较大的变异，针对这次疫情，我们就获得了比较全面的认识：可能是因为病毒的变异，免疫失去应有的效果，导致了疫情的发生。依据疫情在时间、地理和宿主群体的分布情况，以及病毒的序列特征，可以进一步推测病原是否因为活禽的长途运输或候鸟引入而导致发病。

（2）同类信息的汇总分析。来自多次调查或公共数据库，或者多个场所的同类信息类型，针对这些信息的汇总分析案例。例如，截至2009年2月，WHO已经通报了四百多例人感染高致病性禽流感的病例，对这些病例的流行病学特征进行汇总分析，可以了解这些病例的年龄分布、地理分布、性别分布、与病死禽接触的关系等信息。根据卫生健康部门的法定传染病的统计数据，我们可以描绘各个省布鲁氏菌病、狂犬病、血吸虫病近10年来的发病率和死亡率变化情况。再如，一些公开的数据库已经公布了数万株流感病毒的基因序列，综合相关的疫情信息，对这些序列进行谱系分析，可以了解流感病毒基因多样性的全貌。

三、调查工作的档案管理

调查工作档案管理是调查结果高效利用的基础，使调查结果可以共享，可以反复使用，可以产生累积效应，也有助于机密信息的保护。在调查方案设计时，应当考虑到调查档案问题，以免调查过程中没有收集或流失一些重要资料。

(一)调查工作入档的材料

以下动物疫病流行病学调查材料应当入档保存。

(1)准备阶段的资料：上级机关下达任务的指示(包括书面的、电话记录、传真)、调查任务书、有关建议、调查方案、调查计划、有关背景资料等。

(2)调查过程中的资料：各种原始记录(包括采样单、答卷、照片、讨论记录、日记)、有关意见和建议、与相关方面的联系和协作等。

(3)调查报告撰写过程中的资料：原始数据信息分析后产生的一些新的有价值的数据、阶段性总结、调查报告、调查报告撰写过程中有关讨论记录等。

(4)调查结束后的资料：成果鉴定、推广应用证明、专著论文、上级或调查工作委托方对调查工作执行情况的意见和建议等。

(二)调查工作档案的管理要求

根据调查工作的业务程序，要求各相关负责人或执行人每完成一项业务活动，都要有完整、系统的文件材料归档保存，重要信息为识别文件材料的真实性，必须注明形成时间、地点、作者和见证人。必须打印或用钢笔/签字笔书写档案材料，要求图表清晰、字迹工整、线条整齐。调查报告的档案立卷要求遵循文件的形成规律和特点，保持文件之间的有机联系，便于保管和利用。

归档的文件材料种数、份数以及每份文件的页数均应齐全完整。在归档的文件材料中，应将每份文件的正件与附件、印件与定稿、请示与批复、转发文件与原件，分别立在一起，不得分开，文电应合并立卷；绝密文电单独立卷，少数普通文电如果与绝密文件有密切联系，也可随同绝密文电立卷。

卷内文件材料应区别不同情况进行排列，密不可分的文件材料应依序排列在一起。如批复在前，请示在后；正件在前，附件在后；印件在前，定稿在后；其他文件材料依其形成规律或特点，应保持文件之间的密切联系并进行系统排列。

卷内文件材料应按排列顺序，依次编写页号。装订的案卷应统一在有文字的每页材料正面的右上角、背面的左上角打印页号。

永久、长期和短期案卷必须按规定的格式逐件填写卷内文件目录。填写的字迹要工整。卷内目录应放在卷首。

有关卷内文件材料的情况说明，都应逐项填写在备考表内。若没有情况需要说明，也应将立卷人、检查人的姓名和日期填上以示负责。备考表应置卷尾。

案卷封面，应逐项按规定用毛笔或钢笔书写，字迹要工整、清晰。

案卷装订前，卷内文件材料要去掉金属物，对破损的文件材料应按裱糊技术要求托裱，字迹已扩散的应复制并与原件一并立卷，案卷应用三孔一线封底打活结的方法装订。

案卷各部分的排列格式：案卷封面(含卷内文件目录)→文件→封底(含备考表)，以案卷号为排列次序装入卷盒，置于档案柜内保存。

档案员接收案卷时，应详细检查案卷质量和完整性，分类登记，按档案号排列，并编制案卷目录。

归档后，如需更改补充试验数据，必须履行审批手续，未经批准，不得任意更改，同时保留被更改的实验数据原件。

查阅档案，必须经相关项目负责人签字同意后，方可向档案员办理查阅档案的手续，同时必须遵守相应的规章制度；非特殊情况，档案不得复印、外借。

任务二　调查结果分析

任务目标

知识目标

能够理解流行病学调查地理信息分析、时间分布、地区分布、多发疫源地及病因流行病学分析和血清样品监测结果分析的基本概念，掌握各类分析方法、影响因素及应用，明晰不同疫病流行特征及防控要点。

技能目标

能运用 GIS 技术进行动物流行病学调查地理信息分析，通过时间序列图等进行疾病时间分布分析，利用描述性、分析性等方法开展地区分布研究，综合多种手段分析多发疫源地及病因，准确解读血清样品监测结果并依此提出防控建议。

素质目标

培养严谨的科学态度和逻辑思维能力，提升跨学科知识整合与运用能力，增强对动物疫病防控的责任感，树立团队协作意识，以更好地应对动物疫病防控领域的复杂问题。

案例导入

在某个畜牧业发达的地区，近期多种动物疫病频发，严重影响了当地畜牧业的发展。养殖户们发现自家的牛、羊出现了不同程度的病症，有的发烧、有的腹泻，家禽也出现产蛋量下降、精神萎靡等情况。当地相关部门迅速行动起来，组织专业人员进行调查。专业人员首先收集了该地区各种动物疫病的发病情况、动物的移动轨迹、周边的环境因素（如气候、地形）等信息。他们运用地理信息系统（GIS），将疫情数据直观地呈现在地图上，发现疫病呈现出明显的区域聚集性，某些区域的发病率远远高于其他地区。同时，结合动物移动数据和环境因素，分析出疫病可能的传播路径，发现与动物的运输路线以及当地的水系分布存在关联。

根据以上案例描述，请在学习本任务时思考以下问题：

1. 如何利用这些地理信息分析结果，制定出更有效的动物疫病防控策略呢？

2. 从时间分布的角度来看，这些疫病的发生是否存在季节性或周期性规律，以便我们提前做好预防工作？

知识要点

一、流行病学调查地理信息分析

二维码 6-2 流行病调查地理信息分析

流行病学调查地理信息分析是一个复杂而多维的过程，它结合了流行病学、地理学、信息技术等多个学科的知识。地理信息分析通过将地理位置数据与流行病学数据相结合，为疾病的地理分布、传播路径、风险区域等方面的研究提供了有力支持。

（一）动物流行病学调查地理信息分析的目的

1. 揭示疫病空间分布特征

地理信息系统（GIS）是能够将具体的疫情数据通过地图展示出来，帮助研究人员和决策者更直观地了解疫情的时空分布情况。地图上的疫情热力图、传播路径图等可视化工具，能够清晰地展示不同区域的疫情差异和趋势，有助于快速识别高风险区域，为精准防控提供依据。通过 GIS 技术，可以直观地展示动物疫病在不同地理区域的发生情况，识别疫病高发区和低风险区。

2. 分析传播路径

结合动物移动数据、环境因素等，分析疫病可能的传播途径，为阻断传播提供科学依据。

3. 评估防控效果

通过对防控措施实施前后的疫病空间分布变化进行对比分析，评估防控措施的有效性。

4. 预测疫情趋势

基于历史数据和当前疫情形势，结合 GIS 空间分析技术，预测未来疫情发展趋势，为提前部署防控工作提供参考。

（二）调查方法

动物流行病学调查地理信息分析涉及多种调查方法，主要包括以下几个方面：

1. 数据收集

收集动物疫病发生情况、动物移动数据、环境因素（如气候、地形、植被等）以及社会经济数据等多源信息。这些数据是进行分析的基础。

2. 现场调查

组织专业人员深入疫区进行现场调查，收集第一手资料，包括疫病的临床症状、病死率、感染率等关键指标。

3. 实验室检测

对可疑患病动物进行实验室检测，确诊疫病种类，获取病原学信息。

4. GIS 技术应用

利用 GIS 软件将收集到的数据进行空间化处理，生成空间分布图、传播路径图等，直观展示疫病空间分布特征。

(三)数据分析

在数据分析阶段，主要运用以下几种方法进行：

1. 空间统计分析

运用空间自相关分析(如 Moran's I 指数)、空间聚类分析(如 K 函数)等方法，识别疫病空间分布的非随机性，探究疫点之间的空间关系。

2. 时空趋势分析

结合时间序列分析、曲线拟合等方法，探究疫病发生率或死亡率随时间的变化趋势，评估疫病暴发、蔓延和衰退的模式。

3. 网络分析

构建疫点之间的网络图，描述疫病传播的连接关系和路径，识别关键疫点和传播途径。

4. 多源数据融合分析

将动物移动数据、环境因素数据、社会经济数据等多源信息进行融合分析，探讨疫病发生与传播的综合影响因素。

(四)空间分布特征

1. 区域聚集性

某些地区由于环境、气候、养殖方式等因素的共同作用，成为疫病的高发区。这些地区在 GIS 空间分布图上往往呈现出明显的聚集性。

2. 传播路径清晰

通过 GIS 技术可以清晰地展示疫病从疫源地向周边地区传播的路径。这些路径往往与动物移动、贸易路线等密切相关。

3. 环境因素影响显著

环境因素如气候、地形、植被等对动物疫病的发生和传播具有重要影响。在 GIS 空间分布图上可以直观地看到环境因素与疫病分布之间的关联性。

4. 社会经济因素关联

社会经济因素如人口密度、养殖规模、交通条件等也对动物疫病的发生和传播产生一定影响。通过 GIS 分析可以揭示这些社会经济因素与疫病分布之间的关系。

(五)应用前景

动物流行病学调查地理信息分析在动物疫病防控中具有广泛的应用前景：

1. 科学制定防控策略

基于 GIS 空间分析技术制定的防控策略更加科学、合理，能够有效降低疫病发生和传播的风险。

2. 提高防控效率

通过 GIS 技术可以快速定位疫点、识别传播路径，为及时采取防控措施提供有力支持，提高防控效率。

3. 优化资源配置

根据 GIS 空间分析结果可以合理分配防控资源，确保重点地区、关键环节得到有效保障。

4. 促进跨学科合作

动物流行病学调查地理信息分析涉及流行病学、地理学、环境科学等多个学科领域的知识和技术手段，促进了跨学科合作与交流。

(六)案例分析

以重庆地区犬狂犬病流行病学调查为例，通过 GIS 技术对该地区犬狂犬病流行毒株的空间分布特征进行了分析。研究发现，地理位置偏僻、交通不便的地区其 RABV 流行毒株进化速度缓慢且同源性高；而交通便利的地区则表现出明显的多样性。这一发现揭示了动物流动性对疫病传播的重要影响，为制定针对性的防控措施提供了科学依据。

动物流行病学调查地理信息分析是理解动物疫病发生、传播及其空间分布特征的重要手段。通过整合流行病学数据与 GIS 技术，可以直观展示疫病空间分布特征、分析传播路径、评估防控效果并预测疫情趋势。未来随着技术的不断进步和数据的不断积累，动物流行病学调查地理信息分析将在动物疫病防控中发挥更加重要的作用。

二、时间分布的流行病学分析

二维码 6-3
时间分布的流行病学分析

动物流行病学是研究动物群体中疾病发生、传播及其影响因素的科学。时间分布作为流行病学分析的重要组成部分，旨在揭示疾病随时间变化的规律和特点，为疾病的预防和控制提供科学依据。

(一)时间分布的基本概念

1. 定义

时间分布是指疾病发病率随时间变化的特征，包括短期波动、季节性、周期性和长期变动四种类型。通过对时间分布的分析，可以识别疾病的流行规律，评估防控措施的效果，为制定和调整防控策略提供重要依据。

2. 分类与特点

(1)短期波动：是指疾病在短时间内病例数突然增多，可能由多种因素引起，如环境条件的突然变化、新病原体的引入等。

(2)季节性：是指疾病的发病率在一年的某些月份出现升高，与气候、环境、动物行为等因素有关。

(3)周期性：是指一些传染病每隔一定年限即发生一次流行，可能与病原体的生物学特性、宿主免疫状态及环境条件周期性变化有关。

(4)长期变动：关注疾病在一个相当长的时间内感染类型、病原体种类以及宿主的变化情况，反映疾病流行趋势的长期演变。

(二)时间分布的分析方法

1. 数据收集与整理

时间分布分析的第一步是收集疾病发生的时间序列数据，包括病例报告、监测数据、实验室检测结果等。这些数据需要进行整理和清洗，以确保分析的准确性和可靠性。

2. 描述性分析

描述性分析是时间分布分析的基础，通过绘制时间序列图、发病率曲线等图表，直观展示疾病发病率随时间变化的趋势和规律。

3. 统计推断

在描述性分析的基础上，运用统计学方法进行推断分析，如季节性分析、趋势预测、周期分析等，进一步揭示疾病时间分布的内在机制和影响因素。

4. 专题调查与暴发调查

对于特定疾病或疫情暴发，需要进行专题调查或暴发调查，以深入了解疾病的发生原因、传播途径和影响因素，为制定针对性的防控措施提供依据。

(三)时间分布的影响因素

1. 自然因素

自然因素(如气候、季节、地理条件等)对动物疾病的时间分布具有重要影响。例如，某些传染病在特定季节高发，可能与气候条件适宜病原体生存和传播有关。

2. 社会经济因素

社会经济因素如养殖密度、养殖方式、贸易流通等也会影响动物疾病的时间分布。高密度的养殖环境可能增加疾病传播的风险；而频繁的贸易流通则可能加速病原体的扩散。

3. 生物因素

生物因素包括病原体的生物学特性、宿主的免疫状态等。病原体的毒力、传播方式以及宿主的易感性等都会影响疾病的发生和传播速度。

(四)时间分布在动物疫病防控中的应用

1. 疫情预警与监测

通过对时间分布的分析，可以及时发现疫情的早期迹象，为疫情预警和监测提供重要依据。这有助于及时采取措施遏制疫情的扩散，降低对动物健康和畜牧业的影响。

2. 防控策略制定与调整

时间分布分析还可以为防控策略的制定和调整提供科学依据。根据疾病流行规律和影响因素的不同，可以采取不同的防控措施，如加强疫苗接种、改善养殖环境、限制贸易流通等。

3. 效果评估与反馈

通过对防控措施实施前后时间分布的变化进行分析，可以评估防控措施的效果，为进一步优化防控策略提供反馈。这有助于不断提高动物疫病的防控水平，保障动物健康和畜牧业可持续发展。

(五)时间分布分析的意义

时间分布分析在流行病学研究中具有重要的意义，主要体现在以下几个方面：

1. 发现疫情的季节和周期规律

通过时间分布分析，可以确定某些疾病的发生规律，为预防控制工作提供科学依据。例如，流感的季节性高发可以引导公共卫生部门做好疫苗供应和宣传工作。

2. 帮助确定疾病的暴发和流行高峰

疾病的暴发和流行高峰往往对公共卫生工作提出重要挑战。时间分布分析可以帮助我们及时捕捉到这些变化，并采取相应的预防和控制措施。

3. 探索疾病暴发的原因

当某一时间段内某一地区的疾病发生率异常升高时，可以结合环境因素和个体行为等数据，进一步分析疾病暴发的原因。

4. 辅助制定公共卫生政策

基于时间分布分析的研究结果，可以为制定公共卫生政策提供依据。例如，针对季节性高发的传染病，可以制定针对性的疫苗接种计划。

时间分布的流行病学分析是揭示疾病流行规律、评估防控效果的重要手段。未来随着科技的进步和数据的积累，时间分布分析方法将更加完善和精确，为动物疾病的防控提供更加有力的支持。同时，我们也需要关注新兴传染病和跨种传播疾病等新的挑战，加强跨学科合作和国际交流，共同应对全球动物健康挑战。

三、地区分布的流行病学分析

二维码 6-4 地区分布的流行病学分析

地区分布的流行病学分析是对不同地区的动物疫病流行情况、传播方式、影响因素以及防控策略等进行分析。地区分布的流行病学分析是评估动物疫病在不同地理区域传播风险、流行特征及防控效果的重要手段。通过系统收集、整理和分析各地区动物疫病的监测数据，可以揭示疫病的时空分布规律，为制定科学的防控策略提供依据。

(一)地区分布的概念与意义

地区分布是指疾病或健康状况在不同地区间的发生、发展和分布的差异。这种差异受到地理、气候、环境、社会、经济、文化等多种因素的影响。了解疾病或健康状况的地区分布特征，有助于揭示其发生、发展的规律和影响因素，为制定针对性的预防和控制措施提供科学依据。

(二)地区分布的影响因素

1. 自然环境因素

气候、地形、水文等自然条件对动物疫病的传播和流行具有重要影响。例如，湿热环境有利于某些病原体的繁殖和传播，而高山、沙漠等极端环境则可能限制疫病的扩散。

2. 社会经济因素

人口密度、交通状况、畜牧业发展水平、动物及其产品贸易活动等因素也显著影响动物疫病的地区分布。高度密集的人口和频繁的贸易往来可能加速疫病的传播，而落后的畜牧业管理和防疫设施则可能增加疫病暴发的风险。

3. 生物安全因素

动物养殖场的生物安全水平、动物及其产品的检疫措施以及野生动物与家养动物的接触机会等也是影响疫病地区分布的重要因素。

(三)不同地区动物疫病流行情况

不同地区由于自然环境、社会经济和生物安全等因素的差异，动物疫病的流行情况也各不相同。以家禽和羊类疫病为例介绍如下。

1. 家禽疫病

(1)禽流感：禽流感在全球范围内广泛分布，不同地区的流行情况差异显著。在一些养殖密集地区，如中国东部沿海，禽流感疫情较为频繁；而在一些偏远或交通不便的地区，疫情相对较少。此外，候鸟迁徙也是禽流感跨区域传播的重要途径。

(2)新城疫：新城疫主要影响家禽，其流行情况与家禽养殖密度和防疫水平密切相关。在一些家禽养殖业发达的地区，如山东、河南等，新城疫疫情较为常见。

2. 羊类疫病

(1)小反刍兽疫：小反刍兽疫主要流行于非洲西部、中部和亚洲的部分地区。在中国，西藏、新疆等地区由于与疫区接壤或存在野生动物与家养动物接触，小反刍兽疫的防控形势较为严峻。

(2)口蹄疫：口蹄疫是一种高度传染性的动物疫病，不同地区均有发生。在中国，北方地区由于气候寒冷、干燥，口蹄疫疫情相对较多；而南方地区由于气候温暖、湿润，疫情相对较少。

2024 年 7 月全国主要动物疫病情况如下：2024 年 7 月，全国共报告发生一、二、三类主要动物疫病 24 种，发病动物 11.557 4 万头/羽/只/匹，病死动物 1.384 6 万头/羽/只/匹。其中，二类主要动物疫病 17 种，发病动物 2.199 5 万头/羽/只/匹，病死动物 3 558 头/羽/只/匹，报告发病数占前 3 位的病种依次为猪流行性腹泻、布鲁氏菌病、山羊传染性胸膜肺炎，占二类主要动物疫病报告发病总数的 95.53%；三类主要动物疫病 7 种，发病动物 9.357 9 万头/羽/只/匹，病死动物 1.028 8 万头/羽/只/匹，报告发病数占前 3 位的病种依次为鸡球虫病、巴氏杆菌病、猪流感，占三类主要动物疫病报告发病总数的 98.42%(表 6-1)。

表 6-1　2024 年 7 月全国主要动物疫病情况

病名	发病数	病死数
一、二、三类主要动物疫病总计	115 574	13 846
二类主要动物疫病合计	21 995	3 558
狂犬病	2	1
布鲁氏菌病	2 595	0
炭疽	6	6
日本脑炎	4	1
棘球蚴病	96	11
牛结节性皮肤病	7	0
牛传染性鼻气管炎	11	1
牛结核病	2	0
绵羊痘和山羊痘	182	18
山羊传染性胸膜肺炎	1 982	656

续表 6-1

病名	发病数	病死数
猪瘟	103	0
猪繁殖与呼吸综合征	156	48
猪流行性腹泻	16 434	2 719
新城疫	137	22
鸭瘟	240	58
小鹅瘟	33	12
兔出血症	5	5
三类主要动物疫病合计	93 579	10 288
巴氏杆菌病	5 200	745
马立克病	40	19
猪丹毒	529	63
囊尾蚴病	20	12
猪流感	2 384	229
鸡球虫病	84 515	9 166
牛病毒性腹泻	891	54

注:本表统计数据来自各省、自治区、直辖市和新疆生产建设兵团报告发生的一、二、三类主要动物疫病信息。

(四)地区分布的动物流行病学分析方法

(1)描述性研究:通过收集和分析各地区动物疫病的监测数据,描述疫病的流行特征、时空分布规律以及影响因素等。描述性研究是地区分布分析的基础,为后续的研究提供重要依据。

(2)分析性研究:在描述性研究的基础上,进一步分析疫病的传播机制、风险因素以及防控效果等。分析性研究通常采用病例对照研究、队列研究等方法,通过比较不同组群之间的差异来探讨疫病的流行规律和防控策略。

(3)预测性研究:利用时间序列分析、空间统计等方法对疫病的流行趋势进行预测。预测性研究有助于提前制定防控策略,减少疫病暴发的风险。

(五)防控策略

针对不同地区的动物疫病流行情况,制定科学的防控策略至关重要。

(1)加强监测与预警:建立健全动物疫病监测网络,及时发现和报告疫情,为防控工作提供有力的支持。

(2)提高生物安全水平:加强养殖场的生物安全管理,减少外来病原体的侵入机会。同时,加强动物及其产品的检疫措施,防止疫病的跨区域传播。

(3)推广科学养殖技术:通过推广科学养殖技术,提高动物的抗病能力和养殖效益。如合理控制养殖密度、改善饲养环境、加强饲料管理等。

(4)加强国际合作与交流:动物疫病是全球性问题,需要各国加强合作与交流,共同应对挑战。通过分享经验、技术和资源,提高全球动物疫病的防控水平。

(六)案例分析

以某地区流行病暴发为例,通过地区流行病学分析可以揭示该病的流行规律、影响因素及防控效果。分析过程可能包括病例报告、现场调查、实验室检测等多个环节。最终得出的结论将为该地区及类似地区的传染病防控提供宝贵经验。

地区分布的动物流行病学分析是评估动物疫病流行特征、制定防控策略的重要手段。通过系统收集和分析各地区动物疫病的监测数据，可以揭示疫病的时空分布规律及其影响因素，为防控工作提供科学依据。未来应进一步加强监测与预警、提高生物安全水平、推广科学养殖技术以及加强国际合作与交流等方面的工作，以有效应对动物疫病的挑战。

四、多发疫源地的流行病学分析

多发疫源地是某一地区内频繁发生多种动物疫病的地方。这些疫病的流行不仅严重威胁到动物健康，还可能通过人畜共患病等途径影响人类健康和社会经济稳定。因此，对多发疫源地的动物流行病学进行深入分析，对于制定有效的防控策略、降低疫病发生风险具有重要意义。

二维码 6-5
多发疫源地的流行病学分析

(一)多发疫源地的定义

多发疫源地通常是指某一特定地理区域内，由于多种因素的共同作用，多种动物疫病频繁发生和传播的地区。这些地区往往具有复杂的生态环境、密集的动物饲养、频繁的贸易流动等特点。

(二)多发疫源地的特征

多发疫源地通常具备一系列特定的环境和生态特征，这些特征共同作用，为疾病的暴发创造了有利条件。以下是常见的特征。

(1)高密度养殖：在一些地区，尤其是家禽、生猪等密集型养殖场，由于动物数量众多且生活空间狭小，疾病易于传播。这种环境下，一旦有病毒或细菌侵入，很容易形成疫情。

(2)野生与家养动物接触频繁：某些地区野生动物与家养动物共存，如鸟类迁徙路径上的湖泊、森林边缘的牧场等，增加了病毒跨物种传播的风险。例如，野鸟可能将禽流感病毒传给家禽，从而成为疫情源头。

(3)不良卫生条件：缺乏有效的清洁消毒措施是多数疫源地的通病。粪便堆积、水源污染等问题不仅滋生大量病原微生物，也为疾病传播提供了温床。

(4)气候因素：特定的气候条件有时会促进某些疾病的暴发。例如，温暖潮湿的环境有利于蚊虫繁殖，增加疟疾、登革热等人畜共患病的发生率；寒冷季节则可能促使呼吸道疾病流行。

(5)人类活动影响：非法狩猎、贩卖野生动物、过度开发自然资源等活动破坏了自然生态平衡，使原本隔离于野外的病毒有机会进入人类社会。此外，全球贸易中的活体动物运输也增加了跨国疫情风险。

了解这些特征有助于我们采取针对性预防措施，减少动物疫病的发生和扩散，保护人畜健康及生态环境安全。

(三)影响因素

多发疫源地的形成和动物疫病的流行受多种因素的影响，主要包括以下几个方面。

(1)生态环境因素：生态环境的破坏和改变为病原体的生存和传播提供了有利条件。例如，森林砍伐、土地开垦等活动破坏了野生动物的自然栖息地，迫使它们迁徙并可能携带病原体进入人类居住区。

(2)动物饲养与贸易因素:随着畜牧业的快速发展和动物饲养数量的增加,引种和畜产品进出口量也大大增加。这促进了动物及动物产品的流动和交易,但同时也增加了疫病传播的风险。

(3)人类活动因素:人类活动的增多和密集度的增加也加速了疫病的传播。例如,人口增长导致了对动物产品的需求增加,进而促进了畜牧业的发展;同时,人类活动也可能破坏生态环境,间接促进疫病的流行。

(4)防疫措施因素:防疫措施的不足或不当也是导致疫病流行的重要原因之一。例如,检疫不严可能导致隐性感染的种群及传染源进入新的地区;疫苗接种覆盖率低或疫苗效果不佳也可能导致疫病的发生和流行。

(四)分析方法

对多发疫源地的动物流行病学进行分析时,需要综合运用多种方法和技术手段。以下是常用的分析方法。

(1)疫病发病率与流行规律的调查:通过对疫病发生的时间、地点、年龄、品种等因素进行调查和分析,可以确定疾病的发病率分布和流行规律。这有助于了解疫病的季节性、地域性和种群易感性等特点,为制定防控策略提供依据。

(2)病原体的分离与鉴定:针对特定疫病采集患病动物的样品进行病原体的分离和鉴定。分离出的病原体可以帮助确定疾病的病因和传播途径。这为进一步研究和控制疫病提供了重要依据。

(3)病例调查与追踪:对疫区或疾病暴发场所的患病动物进行调查和追踪,了解饲养条件、疫苗接种情况、日常管理等因素对疫病传播的影响。通过找出可能引起疫病传播的关键因素并及时采取措施阻断病原体传播链条,可以有效控制疫病的流行。

(4)统计学分析:运用统计学方法对流行病学数据进行处理和分析,如描述性统计、推断性统计等。这有助于揭示疾病流行规律、评估防控措施效果等。

(五)防控措施

针对多发疫源地的动物疫病流行情况,需要采取综合防控措施以降低疫病发生风险。以下是一些常用的防控措施。

(1)加强检疫监管:严格执行动物及其产品的检疫制度,防止隐性感染的种群及传染源进入新的地区。

(2)提高疫苗接种覆盖率:加强动物疫苗接种工作,提高疫苗接种覆盖率和效果以降低动物对疫病的易感性。

(3)改善饲养管理条件:加强饲养管理条件改善工作如合理布局养殖场、保持环境清洁卫生等以降低疫病传播风险。

(4)加强疫情监测与报告:建立健全疫情监测与报告体系及时发现并报告疫情以便采取有效控制措施。

(5)开展宣传教育:加强动物疫病防控知识的宣传教育提高公众对动物疫病的认识和防控意识。

多发疫源地的动物流行病学分析是一项复杂而重要的工作。通过对疫病的流行特征、影响因素等进行深入分析,并采取有效的防控措施,可以降低疫病发生风险保障动物健康和人类安全。未来随着科技的不断进步和防控手段的不断完善,我们有理由相信动物疫病的防控工作将会取得更加显著的成效。同时我们也应意识到，动物疫病的防控工作需要全社会的共同努力和参与，只有形成政府主导、部门协作、社会参与的防控格局才能有效应对动物疫病的挑战。

五、病因流行病学分析

病因流行病学是兽医学和公共卫生领域的重要分支，它专注于研究动物群体中疾病的发生、发展和传播规律。通过对病因的深入分析，可以制定有效的防控策略，保障动物健康，进而维护人类食品安全和公共卫生安全。

二维码 6-6
病因流行病学分析

（一）病因流行病学的基本概念

1. 定义

病因流行病学是研究动物群体中疾病频率分布及其决定因素的学科，关注疾病发生的原因和条件。

2. 研究范围

病因流行病学的研究范围广泛，包括传染病、寄生虫病、营养缺乏症、中毒病等各类动物疾病。它不仅关注单一病因的疾病，也研究多因素引起的复杂疾病。

（二）病因分析方法

1. 描述流行病学

描述流行病学是病因分析的基础，它通过对疾病的时间、空间、畜间分布特征进行描述，揭示疾病的流行规律。具体方法包括发病率、患病率、死亡率等统计指标的计算和分析。

(1)发病率：表示动物群体中在一定时期内某病新病例发生的频率，能反映疾病的流行强度。

(2)患病率：在某一指定时间，动物群中存在某病的病例数的比率，反映疾病的现患情况。

(3)死亡率：某病病死数占某种动物总头数的百分比，反映疾病的致死情况。

2. 分析流行病学

分析流行病学进一步探究疾病与暴露因素之间的关系，常用的方法包括病例对照研究和队列研究。

(1)病例对照研究：将动物群分为病例组和对照组，追索过去的暴露史及其程度，确定疾病与病因之间的联系。这种方法适用于检验病因假设，为制定疾病研究策略和防制策略提供依据。

(2)队列研究：将动物群分为暴露组和非暴露组，追踪观察未来的发病情况，确定病因对疾病危险的程度。这种方法适用于前瞻性研究，能更直接地观察暴露因素与疾病发生之间的时间顺序关系。

3. 实验流行病学

实验流行病学通过人为控制实验条件，观察暴露因素与疾病发生之间的关系。常用的实验设计包括随机对照试验、现场试验等。这种方法能提供更为直接和可靠的病因证据，但实施难度较大，成本较高。

（三）病因假设的形成与验证

1. 病因假设的形成

病因假设的形成基于流行病学观察、实验室研究和临床经验的综合分析。常用的假设形成方法包括求同法、求异法、共变法和类推法等。在运用这些方法研究病因时，均要先形成病因假设，然后再加以验证。流行病学的病因假设是根据自己的、别人的经验，疾病的自然史，已知的影响因素等而得出的。在形成病因假设时，一般可遵循下列途径。

（1）求同法：如果多种不同情况与某种疾病的存在有联系，而在这多种情况中均有一个共同的因素，则这个因素很可能为该病的病因。

（2）求异法：如果有 A、B 两种情况，某病的发病率在 A 显著高于在 B，在 A 有某因素（F），在 B 没有该因素，则 F 很可能是该病的病因。

（3）共变法：当某个因素（F）出现的频度或强度发生变化时，该病发生的频率与强度也变化，则 F 很可能是该病的病因。

（4）类推法：当一种疾病的分布与另外一种病因已清楚的疾病的分布相似时，则这两种疾病可能有共同的病因。

2. 病因假设的验证

病因假设的验证需要通过严格的流行病学调查和实验研究来进行。常用的验证方法包括病例-对照研究、队列研究、实验室诊断、动物实验等。通过这些方法，可以评估暴露因素与疾病之间的关联强度、一致性、特异性等，从而确定病因假设的可靠性。

（四）病因流行病学的应用

1. 疾病预防

病因动物流行病学分析为疾病预防提供了科学依据。通过识别疾病的主要病因和传播途径，可以制定针对性的预防措施，如疫苗接种、环境改善、饲养管理等，从而降低疾病的发病率。

2. 疾病控制

在疾病暴发或流行期间，病因动物流行病学分析可以帮助快速识别病因和传播链，制定有效的控制措施，以遏制疫情的扩散。

3. 政策制定

病因动物流行病学分析的结果还可以为政府和相关机构制定动物疫病防控政策提供依据。通过对不同地区、不同疾病的流行情况进行比较分析，可以制定更加科学合理的防控策略和资源分配方案。

病因动物流行病学分析在保障动物健康、维护公共卫生安全方面发挥着重要作用。随着科学技术的不断进步和流行病学方法的不断完善，病因动物流行病学分析将更加精准、高效。未来，我们需要进一步加强病因研究、提高流行病学监测能力、完善防控策略体系，以更好地应对动物疫病的挑战。

二维码 6-7
血清样品监测
结果的分析

六、血清样品监测结果的分析

血清样品的检测能够揭示一些深层的东西，能够提供流行病学调查需要的关键信息，但是要谨慎、合理地分析检测结果，否则很有可能得出错误的结论。

抗体是宿主免疫反应的一种标志。它与疾病的对应关系比较复杂，存在以下几种可能。

1. 存在抗体,说明相应的疫病存在

这种情况适合于持续性感染,并且没有对宿主动物接种相应的疫苗的一些疫病,如动物布鲁氏菌病、艾滋病。

2. 存在抗体,但是相应的疫病并不存在

很多动物感染发病康复之后,病原和症状都已经消失,但是抗体长期存在,如流感、甲型肝炎、日本脑炎等疫病。新生动物体内存在母源抗体、免疫接种后的动物产生相应的抗体,这些抗体的存在都不能表明疫病的存在。此外,有时宿主感染了某种病原后,会产生同另一种病原发生反应的抗体。例如,猪感染了耶尔森氏菌后,可能会产生与布鲁氏菌病发生凝集反应的抗体,而实际上猪并没有感染布鲁氏菌。

3. 不存在抗体,但是疫病存在

这种情况是因为:①新发生某种感染,抗体还没有产生(从感染到产生可以检测到的抗体一般需要 1 周以上);②有些宿主免疫功能很弱,不能产生抗体;③有些疾病,不诱导抗体产生。

在动物流行病学调查中,血清样品的监测结果分析是理解动物群体健康状况的关键步骤。这一过程通常包括定量分析和定性分析两个主要部分,以确保数据的准确性和可靠性。

(一)血清样品检测结果的定量分析

在动物流行病学调查中,血清样品的定量监测通常涉及测定血清中特定抗体的浓度或滴度,对于评估动物群体的免疫状态和疾病风险至关重要。可以通过多种实验室技术实现,以酶联免疫吸附试验(ELISA)为例来说明这一过程。

假设我们正在研究一个农场的牛群,以确定它们对某种特定病毒(如口蹄疫病毒)的免疫状态。我们采集了一定数量的牛血清样品,将待检血清进行一系列稀释,使用酶联免疫吸附试验来测定血清中口蹄疫病毒的抗体水平,以确定抗体的最高稀释度(即抗体滴度)。

根据预先设定的阈值,将样品的抗体滴度分类为高、中、低三个级别。

(1)高抗体滴度,通常表明动物具有较强的免疫力,可能是由于疫苗接种或自然感染造成的。

(2)低抗体滴度或阴性结果,表明动物对口蹄疫病毒的易感性较高,需要采取进一步的疫苗接种或健康管理措施。

通过监测抗体滴度,可以评估牛群对口蹄疫病毒的免疫状态,及时发现免疫保护弱势群体,从而采取及时的干预措施,保护动物健康和生产效率。也可以判断疾病可能的风险区域或群体,为疾病预防和控制提供数据支持。

血清样品的监测,不仅可以用于测定抗体滴度,还常用于评估血清中特定成分(如蛋白质、抗体、药物等)的浓度或含量。如单抗药物血药浓度定量检测(适用于临床前和临床血液样本中的抗体药浓度检测);血清蛋白质定量检测(血清总蛋白的正常水平一般为 60～80 g/L,如果低于或高于这个范围,可能提示存在营养不良、肾脏疾病等情况)、血清中其他生物标志物的定量检测(可以评估血清中生物标志物的浓度水平,进而判断机体的生理或病理状态)等。

在进行血清样品检测时,需要根据不同的检测对象和目的选择合适的检测方法和仪器。通过定量分析,可以为疾病的诊断、治疗和预后评估提供重要的参考依据。

(二)血清样品检测结果的定性分析

定性分析是指通过一系列实验方法和标准来判断血清样品中特定物质的存在与否,或者其性质是否符合预期，即判断样品是阳性、阴性还是边界值。

例如，在研究马传染性贫血病时，目标是评估该病毒在马中的感染状况，并分析可能的风险因素。从三个不同地区的农场采集了300份马血清样品，使用间接酶联免疫吸附试验来检测马传染性贫血病的特异性抗体。结果显示，在300份血清样品中，有68份(22.7%)显示反应阳性。其中，地区A的阳性率为15%，地区B为25%，地区C为30%，这表明地区C的感染率最高。同时，成年动物的阳性率高于幼年动物，雄性动物的阳性率高于雌性动物。

通过结果分析发现，地区C的高阳性率可能与该地区马的密集养殖和较差的卫生条件有关。成年动物和雄性动物的高阳性率可能与它们的活动范围广、接触病原体的机会更多有关。

基于分析结果给出指导意见：对地区C的农场应实施更严格的卫生管理和疾病控制措施；考虑为成年动物和雄性动物提供更频繁的健康监测和疫苗接种；扩大研究范围，涵盖更多地区和农场，以便获得更全面的感染状况信息。

这个例子展示了如何通过血清样品监测来评估动物疾病在家畜中的感染状况。通过分析血清阳性率、地区差异、年龄和性别差异，可以得出有关疾病传播和风险因素的重要见解，并据此提出针对性的控制建议。

另外，检测过程中可能出现假阳性、假阴性结果，识别和处理这些潜在问题对于确保检测结果的准确性至关重要。为了确保结果的可靠性，需要对血清样品进行重复测试。如果重复测试结果一致，则结果的可信度会增加。

以上我们学习了血清样品检测结果的定量分析、定性分析，下面我们再介绍一下单个样品检测结果的分析和群体样品检测结果的分析。这两部分主要是针对抗体检测和病原检测结果的分析。

(三)单个样品检测结果的分析

1. 抗体检测阳性结果分析

如果某份血清针对某种疫病的抗体检测为阳性，如布鲁氏菌病抗体检测为阳性，一般有以下五种可能。

(1)对应的动物个体自然感染了对应的病原，而且感染时间很可能已经超过了1周。

(2)对应的动物个体人工接种过相应的疫苗，而且接种时间很可能已经超过了1周。

(3)对应的动物个体是新生的，体内存在来自母体的抗体。

(4)交叉反应，即对应的动物个体自然感染了类似的病原，而且感染时间很可能已经超过了1周；或者人工接种过类似的疫苗，而且接种的时间很可能已经超过1周。

(5)假阳性，其原因可能是检测方法不完美(如检测抗体的抗原不纯)，或者检测过程中操作不当造成的。

由于存在上述五种可能，我们不能因为抗体检测阳性就断定某个动物感染了某种病原。举例说来，假定在广东某地发现了某只羊小反刍兽疫抗体阳性，由于该地区的羊都没有免疫小反刍兽疫疫苗，所以怀疑这只羊感染了小反刍兽疫病毒。但是这只能是一种怀疑，不能说是确诊，因为这个阳性检测结果可能是不正确的，也就是假阳性。这时应该怎么办呢？首先要隔离那只羊所在的羊群，防止可能存在的疫情扩散开来，然后开展紧急流行病学调查，调查该地区的羊，特别是与那只羊同群的羊，是否出现可疑症状，是否携带小反刍兽疫病原，它们血清中针对小反刍兽疫的抗体水平如何，它们的流动性如何。如果临床监测没有发现这些羊群曾经出现过可疑疫情，病原学监测结果全为阴性，但是群体的小反刍兽疫抗体有4%的阳性率，基本上可以认定抗体检测的阳性全部是假阳性。这是因为如果确实存在小反刍兽疫疫情，那么依据其流行病学特征，其感染率和抗体阳性率都应该远远大于4%，而且对于从来没有出现小反刍兽疫的广东省，羊群感染小反刍兽疫应该出现很严重的临床症状。

2. 抗体检测阴性结果分析

如果某份血清针对某种疫病的抗体检测为阴性，如禽流感抗体检测为阴性，一般有以下五种可能。

(1)对应的动物个体既没有自然感染对应的病原，也没有人工接种过相应的疫苗。

(2)对应的动物个体自然感染了对应的病原，但是没有产生抗体(原因是处于感染的早期，或者是先天感染导致免疫耐受，或者是免疫功能低下，或者是特殊的遗传体质)。

(3)接种了对应的疫苗，但是没有刺激机体产生相应的抗体(原因是新近刚刚接种的，或者是疫苗有问题，或者是接种方法不对)。

(4)感染康复或疫苗接种后经过了较长的一段时间，抗体水平下降到检测底线以下。

(5)假阴性，其原因可能是检测方法不完美(如用于检测抗体的抗原量不足或结构不对)，或者检测过程中操作不当。

由于存在上述五种可能，我们不能因为抗体检测阴性，就断定某个动物没有感染某种病原或者疫苗免疫无效。举例来说，假定在某地开展了口蹄疫紧急免疫，免疫后没有检测到口蹄疫抗体，不能断定疫苗免疫失败；免疫后没有检测到口蹄疫抗体的原因可能是疫苗才接种数日，还没有刺激机体产生抗体，或者检测方法不好，灵敏度太低。

(四)群体样品检测结果的分析

在对群体样品的检测结果分析时，需要考虑以下四个方面。

1. 检测方法本身的特性

检测方法本身的特性包括检测方法的有效性、准确性、精确性、精密性、可重复性、可复制性，以及灵敏度、特异性、真阳率和真阴率。

举例说来，在某一地区随机采集500只禽的血清，用血凝抑制试验(特异性为99%)进行H7亚型禽流感抗体检测，结果发现有2只禽抗体阳性，对此结果的分析结论是这个地区的家禽H7亚型禽流感抗体检测阴性，那2份抗体检测阳性均被认为是假阳性。因为按照血凝抑制试验特异性为99%计算，检测500只禽的血清，平均起来，至少有5个假阳性，所以只检出2份阳性样品，可以在很大把握上判断这2个阳性为假阳性。

2. 疫病的频率

疫病的频率包括发病率、流行率、感染率、免疫合格率等。需要注意专率、粗率、标准化率的区别，还要注意实际流行率和检测流行率的差别。

举例来说，在某一地区奶牛结核病的实际感染率为0.1%。在该地区进行奶牛结核感染率调查时，采用的检测方法特异性为95%、灵敏度为100%，那么按照概率来算，平均而言，每100份样品，有5份检测阳性(5份几乎都是假阳性)。如果不考虑假阳性的存在，就得出该地区奶牛结核感染率为5%的错误结论。

3. 阳性结果的聚集现象

例如，某次流行病学调查发现口蹄疫阳性样品都集中在某个地区，或者累积数次流行病学调查的结果，发现某种疫病的阳性样品都集中在某个季节，或者某个谱系的高致病性禽流感病毒都是从鸡群中分离到的，这些聚集现象是分析疫病的分布特征、发展态势和防控措施的重要信息。

4. 信息的综合

信息的综合既能够较为全面地反映现实情况，也有助于反映一些深层次的规律。例如，在进行高致病性禽流感流行病学调查时，综合临床信息、免疫信息、抗体检测信息和病原检测信息，能够判断疫苗对当前的毒株（可能已发生变异）是否有效。比如说，调查发现某地家禽免疫后，高致病性禽流感抗体都很高，但是从某些抗体水平较高的家禽中检测到高致病性禽流感病毒，说明免疫所用的疫苗没有能够阻断病毒的感染。

前面讲述了依据一些检测信息不能得出某种结论，这可能使分析者无所适从，甚至怀疑实验室检测的意义。但是，如果综合多种信息，可以在一定的可信程度上，得出某种推论。例如，从没有进行新城疫免疫的发病鸡群中分离到新城疫病毒，可以较有把握地判断是新城疫病毒引发了鸡的发病。

任务三　动物疫病流行病学调查常用的数和比

任务目标

知识目标

掌握动物疫病流行病学调查中数、率、比的概念，清晰区分绝对数与相对数，理解同比、环比、基线比的计算及意义，熟知存栏数等常用指标，掌握粗率、专率及比值比、风险比等知识。

技能目标

能够准确计算动物疫病流行病学调查中的各类数、率、比，如发病率等；能运用同比、环比等方法分析疾病数据变化；可进行粗率标准化计算，依据 *OR*、*RR* 值判断因素与疾病关联程度，熟练处理相关数据。

素质目标

培养严谨的科学态度，在数据处理中注重细节，确保准确性；提升逻辑思维能力，能基于数据深入分析动物疾病流行及影响因素，为制定防控策略提供科学支撑，增强解决实际问题的素养。

案例导入

在一个养殖大省，A 市与 B 市的畜牧业都十分发达。2023 年，A 市报告了 500 起家禽发病案例，B 市则报告了 300 起。仅从这些绝对数来看，似乎 A 市的家禽健康问题更为严峻。然而，A 市家禽存栏量高达 10 万只，B 市存栏量仅为 3 万只。若将这些因素考虑在内，情况是否会有所不同？这就涉及动物流行病学调查中数、率、比的重要概念。比如，我们不仅要知道发病数这样的绝对数，更要了解发病率等相对数，才能准确判断疫情状况。像 A 市的发病率为 500÷100 000＝0.5%，B 市发病率为 300÷30 000 ＝1%。由此可见，相对数能消除存栏量等差异带来的影响，让我们更科学地比较不同地区的疫病情况。

根据以上病例描述，请在学习本任务时思考以下问题：

1. 在分析某地区猪瘟疫情变化时，同比和环比数据分别能为我们提供哪些不同信息？

2. 假设已知一种新疫苗在不同年龄段动物中的保护率，如何运用粗率和专率的知识来全面评估该疫苗的效果？

带着这些问题，我们深入学习动物疫病流行病学调查常用的数、比和率等内容。

知识要点

在动物流行病学调查中，描述一些定性变量，如发病情况、病毒的致病性、疫苗的效果，往往涉及数、率、比的概念。数包括绝对数（如发病数、死亡数、存栏数等）和相对数（如发病率、死亡率、保护率、性别比等），是两种重要的统计指标，用于描述和分析动物疾病的发生、流行及影响因素。

一、动物疫病流行病学调查常用的数和比

（一）绝对数和相对数

1. 绝对数

绝对数又称绝对指标或总量指标，是反映总体规模或水平的统计指标，其具体数值表现为绝对数。如 2018 年 10 月 7 日 19 时，经中国动物卫生与流行病学中心（国家外来动物疫病研究中心）检测，辽宁省营口市排查送检样品，非洲猪瘟发病 334 头，死亡 93 头。

绝对数的特点是能够直接反映动物疾病的实际发生规模和数量；但由于不同地区、不同时间段的动物群体规模、养殖环境、管理水平等因素存在差异，因此绝对数在直接比较时缺乏可比性。

2. 相对数

相对数是由两个有联系的指标对比计算得出的具有综合信息的指标。相对数的分母通常称为基数，相对数的分子通常称为比数。常用于描述动物疾病的发生频率、强度或分布等特征，动物疫病流行病学调查中，相对数有以下几种。

（1）比。比（ratio）是两个数值相除，比较两独立事件（互不包含）数量大小关系的指标（ratio＝a/b）。其特点是一个静态指标，反映一特定时间的情况；无时间单位。如某牛群公牛和母牛比为 1∶3；2024 年 7 月北京和巴黎两个城市猪里脊肉的价格比为 1∶1.5。

（2）构成比。构成比是一特定时间某特定事件在总体事件数中所占的比重[proportion＝$a/(a+b)$]。也是一个静态指标；无时间单位。如一群牛中，有 1/5 发病，4/5 未发病，其中的“1/5”和“4/5”就是构成比。

相对数能够消除不同动物群体规模、养殖环境等因素对疾病发生数量的影响，使得不同地区、不同时间段的疾病数据具有可比性。并且能够更直观地反映动物疾病的流行强度、分布特

征等关键信息，为制定防控策略提供科学依据。

在动物流行病学调查中，绝对数和相对数各有其独特的作用和价值。通过综合运用这两种统计指标，可以全面、准确地描述和分析动物疾病的发生、流行及影响因素。

(二)同比、环比和基线比

同比、环比和基线比是在描述事物发展变化情况，分析疫病数据、评估防控措施效果以及预测疫病趋势时常用的概念。以下是对这三个概念进行详细解释。

1. 同比

同比(Year-on-Year，YoY)是指将当前时期(如本月、本季度或本年)的数据与前一年同期的数据进行比较，可用于判断疫病发病情况、疫情规模、防控效果等。同比分析可以揭示疫病流行趋势随时间的变化，帮助识别季节性模式或长期趋势。例如，通过比较今年与去年同期的猪瘟发病数，可以评估防控措施是否有效，以及疫情是否有扩散或缓解的趋势。

2. 环比

环比(Month-on-Month，MoM 或 Quarter-on-Quarter，QoQ)是指将当前时期(如本月、本季度)的数据与前一个计时单位(如上个月、上个季度)的数据进行比较。主要用于分析短期内数据的变化情况，监测动物疫病的快速变化情况，比如及时发现疫情的异常波动，为及时采取防控措施提供依据。

3. 基线比

基线比(Baseline)是指将当前时期(如本月、本季度)的数据与某个指定的基线标准相比。

我们举个例子来解释一下三者。例如，某地 2020 年 1 月某猪场猪流行性腹泻的发病猪为 12 头(设为基线)；2022 年 5 月某猪场猪流行性腹泻的发病猪为 10 头；2023 年 4 月某猪场猪流行性腹泻的发病猪为 8 头；2023 年 5 月某猪场猪流行性腹泻的发病猪为 9 头。那么，2023 年 5 月该猪场猪流行性腹泻的发病猪头数的变化情况有：

同比下降了$(10-9)\div10\times100\%=10.0\%$(是与 2022 年 5 月的发病猪头数相比)；

环比上涨了$(9-8)\div8\times100\%=12.5\%$(是与 2023 年 4 月的发病猪头数相比)；

基线比下降了$(12-9)\div12\times100\%=25.0\%$(是与 2020 年 1 月的发病猪头数相比)。

这些统计方法能帮助研究人员和公共卫生专家理解疫病的动态变化，评估预防措施的效果，并制定更为有效的疫病控制策略。

(三)动物疫病流行病学调查常用的数、比和率

1. 存栏数和出栏数

一般以每年年末时的存栏数和出栏数进行调查和统计。

2. 动物群体的构成

如某羊群的公母比、某行政村家禽中鸭和鹅的比例等。

3. 生产性能

如产蛋率、妊娠率、产奶量、产仔数、料肉比、生长速率等。

4. 防疫情况

如每周消毒次数、每月休市频率和次数、疫苗接种率等。

5. 健康指标

如发病率、死亡率、病死率、流行率、采食量、康复率、死淘率等。

二、粗率和专率

(一)基本概念

粗率(crude rate)和专率(specific rate)是一对概念。例如,一个养殖场存栏 2 000 头猪,成年猪 500 头,仔猪 1 500 头,该猪场的猪最近两天突发某种疫病,调查时已经发病 400 头,其中成年猪发病 24 头,仔猪发病 376 头,发病的猪既未死亡也没有康复。如果不分成年猪和仔猪,那么这个猪场猪的发病率是 400/2 000=20%,这个率是粗率;如果把成年猪和仔猪分开计算,那么这个猪场成年猪的发病率是 24/500=4.8%,仔猪的发病率是 376/1 500≈24.5%,这样计算得出的发病率就是专率。也就是说,按照性别、日龄、品种、地理分布、时间分布等属性,将总体分成几个部分,计算出各个部分的比例被称为专率。一般而言,专率比粗率更有疫病预防和控制意义。

【例 6-1】 A、B 两种疫苗对某病的田间保护率调查结果如表 6-2 所示,试比较这两种疫苗的田间保护效果。

从表 6-2 合计栏来看,A 疫苗的保护率(52.5%)高于 B 疫苗的保护率(44.6%),但是细分一下,无论是对鸡的保护率还是对鸭的保护率,A 疫苗都低于 B 疫苗。所以,如表 6-2 所示合计栏计算的粗率给出了错误的信号。

表 6-2　A、B 两种疫苗的田间保护率

禽种	A 疫苗			B 疫苗		
	接种数/羽	被保护数/羽	保护率/%	接种数/羽	被保护数/羽	保护率/%
鸡	7 000	4 200	60.0	2 000	1 300	65.0
鸭	3 000	1 050	35.0	8 000	3 360	42.0
合计	10 000	5 250	52.5	10 000	4 660	44.6

(二)粗率的标准化

有时需要不分类型,综合比较粗率的大小。这需要对粗率进行标准化(standardization)处理。粗率的标准化实际上并不复杂。本书用两个例子分别说明两种粗率的标准化方法:一种是直接标准化法;另一种是间接标准化法。直接标准化方法和间接标准化方法的区别在于两者采用的“标准”不同:直接标准化方法是将两组合并,以此作为“标准”;间接标准化方法是另外选取一个群体作为“标准”。

【例 6-2】 根据表 6-2 的数据,如果用 A 疫苗接种表 6-2 中所有的 20 000 羽家禽(10 000 羽+10 000 羽),那么总体保护率是多少?如果用 B 疫苗接种表 6-2 中所有 20 000 羽家禽,那么总体保护率又是多少?计算如下:

A 疫苗接种表 6-2 中所有的 20 000 羽家禽的保护率

$$=[(7\ 000+2\ 000)\times 60.0\% +(3\ 000+8\ 000)\times 35.0\%]\div 20\ 000=46.25\%$$

B 疫苗接种表 6-2 中所有的 20 000 羽家禽的保护率

=[(7 000+2 000)×65.0%+(3 000 + 8 000)×42.0%]÷20 000=52.35%

上述计算的结果,就是按照直接标准化方法,对 A、B 两种疫苗的保护率的粗率进行了标准化处理。经过标准化后,A 疫苗的保护率低于 B 疫苗的保护率,这与表 6-2 的专率所提供的信息是一致的。

【例 6-3】 与【例 6-2】不同的是,不清楚 A 疫苗或 B 疫苗接种鸡或鸭后,具体有多少只鸡或鸭获得了保护,但是知道这类疫苗平均而言,对鸡的保护率为 63.0%,对鸭的保护率为 40.0%(表 6-3),试用粗率的间接标准化方法比较 A、B 两种疫苗的保护率。

表 6-3 A、B 两种疫苗的田间保护率

禽种	A 疫苗			B 疫苗			此类疫苗平均保护率/%
	接种数/羽	被保护数/羽	保护率/%	接种数/羽	被保护数/羽	保护率/%	
鸡	7 000	未知	未知	2 000	未知	未知	63.0
鸭	3 000	未知	未知	8 000	未知	未知	40.0
合计	10 000	5 250	52.5	10 000	4 660	44.6	

计算的第一步:

如表 6-4 所示,计算这两种疫苗接种组按照此类疫苗平均保护率,预期的被保护的家禽数,结果 A 疫苗接种组预期应有:7 000×63.0%+3 000×40%=5 610 羽家禽被保护,而 B 疫苗接种组预期应有:2 000×63%+8 000×40%=4 460 羽家禽被保护,两组数据总的保护率是(5 610+4 460)÷(10 000+10 000)=50.4%。

表 6-4 A、B 两种疫苗的田间保护率的粗率标准化

禽种	此类疫苗平均保护率/%	A 疫苗		B 疫苗	
		接种数/羽	按照平均水平、预期被保护数/羽	接种数/羽	按照平均水平、预期被保护数/羽
鸡	63.0	7 000	4 410	2 000	1 260
鸭	40.0	3 000	1 200	8 000	3 200
合计		10 000	5 610	10 000	4 460

计算的第二步:

对于此例计算公式为:间接标准化的粗率=实际被保护的家禽数÷预期被保护的家禽数×总的保护率。

A 疫苗标准化的保护率=5 250÷5 610×50.4%=47.2%

B 疫苗标准化的保护率=4 660÷4 460×50.4%=52.7%

上述计算的结果是按照间接标准化方法,对 A、B 两种疫苗的保护率的粗率进行了标准化。经过标准化后,A 疫苗的保护率低于 B 疫苗的保护率。

(三)粗率标准化注意事项

第一,粗率的标准化应用范围很广,可以是发病率、死淘率、产蛋率等。

第二，标准化后的粗率不再反映当时当地的实际情况，而是在某个虚拟背景下的合并概率，用来准确地比较某些数据。因此，如果对粗率进行标准化，应该注明此率是标准化的率。

第三，标准化率的计算方法不一样，得出的结果也不一样。因此，如果对粗率进行标准化，应该注明是按照何种方法进行标准化的。

三、比值比和风险比

【例 6-4】 某项调查设置两组调查对象，一组是发病的猪场，一组是未发病的猪场。两组中各猪场的规模、饲养方式、卫生状况等条件相似，且每组均包含 100 个猪场。结果发现：发病组中接种了猪瘟疫苗的仅有 4 个猪场，未发病组中接种猪瘟疫苗的有 87 个猪场。请分析接种猪瘟疫苗与猪病发生之间存在何种关联。

【例 6-5】 某项调查设置两组调查对象，一组接种了猪瘟疫苗，一组未接种猪瘟疫苗。两组的其他背景信息相似，且每组都有 100 个猪场。结果发现：疫苗接种组中发病的有 25 个猪场，未接种疫苗的那一组发病的有 85 个猪场。请分析接种猪瘟疫苗与猪病发生之间存在何种关联。

病例对照调查【例 6-4】和暴露对照调查【例 6-5】通常都可以获得表 6-5 所列举的一些原始数据。依据这些原始数据，可以得出两个重要的比值：病例对照调查的比值比（odds ratio，*OR*）和暴露对照调查的风险比（risk ratio，*RR*）。

表 6-5　病例对照调查和暴露对照调查通常所获得的原始数据

项目	暴露	非暴露	合计
病例	A	B	$G=A+B$
非病例	C	D	$H=C+D$
合计	$E=A+C$	$F=B+D$	$N=E+F=G+H$

（一）病例对照调查的比值比

首先，需要利用卡方检验，分析病例组和对照（非病例）组在暴露概率上有无差异。然后，需要计算比值比，说明暴露和疾病发生之间的相关程度。

按照表 6-5 的数据，*OR* 的计算公式是：

$$OR=(A\div B)\div(C\div D)$$

式中，$A\div B$ 是病例组中暴露者和非暴露者的比值，$C\div D$ 是对照（非病例）组中暴露者和非暴露者的比值。

按照上述计算公式，【例 6-4】的 *OR* 值为$[4\div(100-4)]\div[87\div(100-87)]\approx0.006\ 2$。

OR 值的意义如表 6-6 所示。

（二）暴露对照调查的风险比

首先，需要利用卡方检验，分析暴露组和对照（非暴露）组在发病率上有无差异。然后，需要计算风险比，说明暴露和疾病发生之间的相关程度。风险比又可称为相对危险度（relative risk）。

按照表 6-5　的数据，*RR* 的计算公式是：

$$RR=(A\div E)\div(B\div F)$$

表 6-6 病例对照调查获得的 *OR* 值的意义

OR 值	被调查的因素与被调查的疾病关联程度
<0.4	有较强的关联 被调查的因素可能防止被调查的疾病的发生，且可能性较大
0.4～0.7	有中等程度的关联 被调查的因素可能防止被调查的疾病的发生，可能性一般
0.7～0.9	有较弱的关联 被调查的因素可能防止被调查的疾病的发生，但是可能性较小
0.9～1.1	无关联
1.1～1.5	有较弱的关联 被调查的因素可能促进被调查的疾病的发生，但是可能性较小
1.5～3.0	有中等程度的关联 被调查的因素可能促进被调查的疾病的发生，可能性一般
>3.0	有较强的关联 被调查的因素可能促进被调查的疾病的发生，且可能性较大

式中，$A \div E$ 是暴露组的发病率，表示暴露组发生某种疾病的风险程度；$B \div F$ 是对照（非暴露）组的发病率，表示对照组发生某种疾病的风险程度。

按照上述公式，【例 6-5】的 *RR* 值为$(25 \div 100) \div (85 \div 100) \approx 0.29$。

RR 值的意义如表 6-7 所示。

表 6-7 暴露对照调查获得的 *RR* 值的意义

RR 值	被调查的因素与被调查的疾病关联程度
<0.1	有很强的关联 被调查的因素可能防止被调查的疾病的发生且可能性很大
0.1～0.3	有较强的关联 被调查的因素可能防止被调查的疾病的发生，且可能性较大
0.3～0.7	有中等程度的关联 被调查的因素可能防止被调查的疾病的发生，可能性一般
0.7～0.9	有较弱的关联 被调查的因素可能防止被调查的疾病的发生，但是可能性较小
0.9～1.1	被调查的因素与被调查的疾病无关联
1.1～1.5	有较弱的关联 被调查的因素可能促进被调查的疾病的发生，但是可能性较小
1.5～3.0	有中等程度的关联 被调查的因素可能促进被调查的疾病的发生，可能性一般
3.0～10.0	有较强的关联 被调查的因素可能促进被调查的疾病的发生，且可能性较大
>10.0	有很强的关联 被调查的因素可能促进被调查的疾病的发生，且可能性较大

需要说明的是，上述 OR 值和 RR 值的意义不仅取决于数值的大小，而且也取决于它们对应的数据差异有无统计学意义。

任务四　如何从样本估计总体

任务目标

知识目标

能够理解从样本估计总体在动物疫病流行病学调查中的核心地位，掌握总体参数的点估计与区间估计方法，熟悉 t 分布、二项分布及其近似正态分布估计的原理与适用场景。

技能目标

可以运用样本数据，借助公式准确计算总体参数的点估计值和不同置信度下的区间估计值，熟练选择合适的分布方法处理动物疫病调查数据，利用统计软件完成相关估计和推断。

素质目标

培养严谨的科学态度，在样本选取与数据处理中确保代表性、有效性和可靠性，增强误差分析意识，能综合考量各种因素以提高样本估计总体的可信度。

案例导入

某大型养猪企业，旗下拥有多个养猪场。近期，行业内猪瘟疫情有抬头趋势，该企业急需了解旗下猪场猪瘟抗体的整体情况，以便制定科学有效的防疫策略。于是，工作人员从其中一个规模较大的养猪场随机挑选了 60 头猪，采集它们的血清进行猪瘟抗体效价检测。同样，在某一牧区，羊布鲁氏菌病的潜在威胁也一直存在。当地畜牧部门为掌握情况，随机抽取了 100 个绵羊场进行排查，发现有 4 个场存在布鲁氏菌病感染。

根据以上案例描述，请在学习本任务时思考以下问题：

1. 仅依据这 60 头猪的血清检测结果，就能精准推断整个养猪场的猪瘟抗体效价吗？

2. 从 100 个绵羊场中发现 4 个场有布鲁氏菌病感染，以此推断整个地区的情况，这种推断的可靠性又如何保障呢？

带着这些疑问，接下来让我们深入学习从样本估计总体的方法。

知识要点

从样本估计总体是统计学中的一个核心任务，它涉及如何利用从总体中随机抽取的样本数据，来推断或估计总体的特性，在动物疫病流行病学调查中经常用到。例如，从一个养猪场随机抽取 60 头猪，采集它们的血清，检测猪瘟抗体效价，然后依据这 60 头猪的血清检测结果，推断整个养猪场猪群的猪瘟抗体效价情况（结合其他信息，可以进一步分析该养猪场猪瘟病毒感染情况或疫苗免疫效果）。再如，从一个地区随机抽取 100 个绵羊场，发现其中 4 个绵羊场存在布鲁氏菌病感染，据此可以推断这个地区的绵羊场中存在布鲁氏菌病感染的比例情况。

二维码 6-8 如何从样本估计总体

在实际操作中，选择哪种方法取决于数据的特性、研究目的以及可用的资源。通常，统计软件可以帮助进行这些估计和推断。下面学习几种简单的方法，通过实例解析，了解如何使用样本数据估计总体数据的特征。

一、总体的参数估计方法

通常，总体的参数估计有以下两种方式。

（一）点估计

点估计是使用样本统计量直接估计总体参数，如用样本均值估计总体均值。例如，随机调查某地区 650 头牛，结果发现这 650 头牛的牛结节性皮肤病发病率为 15.2%，按照点估计方法，即可认为该地区牛的牛结节性皮肤病发病率平均约为 15.2%。

点估计思维朴素、方法简单，但是没有考虑到抽样误差的大小，所以估计值可能与真实值相差很大，或者说点估计的可靠性并不确切。

（二）区间估计

区间估计是从点估计值和抽样标准误差出发，按给定的概率值（如 95%）建立包含待估计参数的区间，这个给定的概率值称为置信度或置信水平，这个建立起来的包含待估计参数的区间称为置信区间。

例如，随机调查某地区 20 个鸭场的鸭瘟感染率，依据这 20 个鸭场的鸭瘟感染率，经过一些运算，得出在 95%的置信度下，该地区鸭场的鸭瘟感染率为 1.03%～2.43%。在这个案例中，1.03%～2.43%是置信区间（confidence interval，*CI*）。1.03%是置信区间的下限，2.43%是置信区间的上限。这一对区间估计值常记为（1.03%，2.43%）。

这个例子样本数量较小，这可能会影响置信区间的准确性。如果需要更精确的估计，可能需要更大的样本量。如果样本量较小或者数据分布不满足正态分布的假设，可能需要使用其他方法，如 t 分布来计算置信区间。

二、t 分布

总体参数的区间估计经常用到正态分布、二项分布和 t 分布，我们先介绍一下 t 分布。

对于可以看作正态分布的连续性变量，如身高、体重、存栏数、死淘率等，不仅其样本的测量值服从正态分布，而且其样本测量值的均值也服从正态分布。

样本测量值的均值的正态分布也可以进行 Z 转换，变为标准正态分布。但是，此标准正态分布的 Z 值转换过程中，有一个关于总体的参数通常无法知晓，需要用样本的对应值进行替代。这种替代导致了该标准正态分布不再是标准正态分布了，而是 t 分布（又称为 Student 分布）。

在统计分析上，t 分布应用很广。它有以下几个特征。

（1）以 0 为中心，左右对称的单峰分布。

（2）t 分布是一簇曲线（图 6-1），其形态变化与样本量 n（或自由度 $v=n-1$）大小有关。自由度越小，t 分布曲线越低平；自由度 v 越大，t 分布曲线越接近标准正态分布曲线（$\mu=0$）。

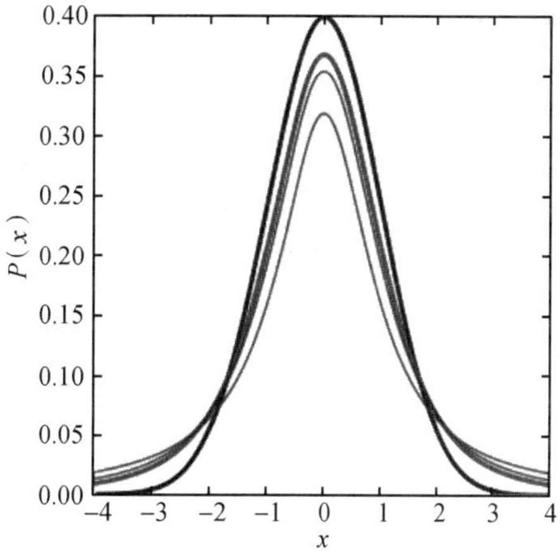

图 6-1　t 分布曲线与标准正态分布的比较

按照 t 分布进行区间估计时，其计算公式为：

置信区间＝样本均值±t 的界值×样本标准差÷样本量的平方根

式中，t 的界值与自由度和置信度有关，可以通过查 t 界值表（详见附表十一）获得。

三、按照 t 分布估计

【例 6-6】 某羊场随机抽样调查，发现 35 只羊羊痘抗体合格率的均值为 88.6%，标准差为 11.4%。试估计该场羊痘抗体合格率 95%和 99%的置信区间。

本例中，样本量较少，服从 t 分布，其 95%和 99%的置信区间按照上式计算。

本例中，$n=35$，$v=35-1=34$。查 t 界值表：$\alpha=0.05$，$v=34$ 时，t 的界值为 2.032；$\alpha=0.01$，$v=34$ 时，t 的界值为 2.728。所以该场羊痘抗体合格率的 95%的置信区间是：88.6%±2.032×11.4%÷(35^0.5)=(84.7%，92.5%)。

该场羊痘抗体合格率的 99%的置信区间是：88.6%±2.728×11.4%÷(35^0.5)=(83.3%，93.9%)。

四、t 分布按照近似正态分布估计

【例 6-7】 某养羊场随机抽样调查，发现 350 只羊羊痘抗体合格率的均值为 88.6%，标准差为 11.4%。试估计该场羊痘抗体合格率 95%和 99%的置信区间。

本例可以按照【例 6-6】方法进行计算。但是在本例中，$n=350$，$v=350-1=349$，即 v 值比较大，此时 t 分布接近标准正态分布，因此可以用 Z 值代替 t 的界值。按照这样的正态近似处理，其 95%和 99%的置信区间计算公式如下：

置信区间＝样本均值±Z 值×样本标准差÷样本量的平方根

按照上式，该场羊痘抗体合格率的 95%的置信区间是：88.6%±1.96×11.4%÷(350^0.5)=(87.4%，89.8%)。

该场羊痘抗体合格率的 99%的置信区间是：88.6%±2.58×11.4%÷(350^0.5)=(87.0%，90.2%)。

五、 按照二项分布估计

二项分布是一种离散概率分布，用于描述在固定次数的独立实验中，每次实验只有两种可能结果（通常称为“成功”和“失败”）的情况下，获得特定数量成功的次数的概率。如投掷一枚硬币，要么正面朝上，要么反面朝上；调查一个地区非洲猪瘟的发病率时，对于某一头猪，要么非洲猪瘟阳性，要么非洲猪瘟阴性。上面的情况有两个共同特点：结果只有两种状态，并且两种状态是彼此独立的。满足这两点，如果再满足某个样本出现某一种状态的概率是固定的，那么 n 个样本都出现某种状态的概率就服从二项分布。

【例 6-8】 某调查组随机调查了某地区 36 个猪场，发现有 3 个猪场正在发生一种急性呼吸道疾病，那么该地区猪场正在发生这种急性呼吸道疾病概率的 95％置信区间是多少？

本例样本量较少（$n<50$），服从二项分布，并且概率较小，可以查找二项分布概率的置信区间表（详见附表十二）。在 $n=36$，$X=3$ 的交叉处的上行数值为 2～22，说明该地区猪场正在发生这种急性呼吸道疾病概率的 95％置信区间是 2％～22％。

【例 6-9】 某调查组随机调查了某地区 36 个猪场，发现有 33 个猪场正在发生一种急性呼吸道疾病，那么该地区猪场正在发生这种急性呼吸道疾病概率的 95％置信区间是多少？

本例样本量较少（$n<50$），服从二项分布，并且概率接近于 100％，应以 $n-X$ 代替 X 查找二项分布概率的置信区间表，然后再用 100 减去查得的数值。因此本例的结果是该地区猪场正在发生这种急性呼吸道疾病概率的 95％置信区间是 78％～98％。

六、 二项分布按照近似正态分布估计

【例 6-10】 某调查组随机调查了某地区 360 个猪场，发现有 18 个猪场正在发生一种急性呼吸道疾病，那么该地区猪场正在发生这种急性呼吸道疾病概率的 95％置信区间是多少？

本例样本量较大（$n>50$），服从二项分布，并且 X 和 $n-X$ 都大于 5，因此这类二项分布近似正态分布。按照这样的正态近似处理，其 95％的置信区间计算公式如下：

$$置信区间=样本频率\pm Z 值\times样本频率标准误的估计值$$

按照上式，该地区猪场正在发生这种急性呼吸道疾病概率的 95％置信区间是：18÷360±1.96×(18÷360×(1－18/360)÷360)^0.5＝(2.75％，7.25％)。

【例 6-11】 某调查组随机调查了某地区 690 只山羊，发现有 27 只山羊布鲁氏菌病阳性，那么该地区山羊布鲁氏菌病阳性的 95％置信区间是多少？

按照上式，其 95％的置信区间为：27÷690±1.96×(27÷690×(1－27/690)÷690)^0.5＝(2.47％，5.39％)。

七、 置信区间估计和样本量计算的关系

【例 6-12】 我们可以利用置信区间的计算方法，如果调查某地区 8 460 头奶牛，发现其中 3％的奶牛患有某种疫病，那么该地区此种疫病流行率的 95％置信区间是多少？

本例样本量较大($n>50$),服从二项分布,并且 X 和 $n-X$ 都大于 5,因此这个二项分布近似正态分布,按照上式,其 95%的置信区间为:0.03±1.96×(0.03×(1－0.03)÷8 460)^0.5=(2.64%,3.36%)。

结果表明置信区间的上下限与样本频率 3%有 12%的差异。

此例中,如果只检测了 1 500 头奶牛,其他数据不变,那么该地区此种疫病的流行率的 95%置信区间是(2.14%,3.86%),相对误差为 29%。如果调查者认为这个置信区间或者说相对误差能够接受,那么就只需要调查 1 500 头奶牛,不需要调查 8 460 头奶牛。

八、注意事项

(1)选择的样本大小应尽可能地大,以提高估计的准确性。但同时也要考虑样本的数量和实际调查的可行性,避免浪费时间和成本。

(2)在选择样本时,应尽可能地随机化并保证样本的代表性,以确保样本的统计推论具有有效性。

(3)应选择适当的统计指标来估计总体。具体采取哪种统计方法应考虑总体的性质、数据的分布特征以及研究目标等因素。

(4)样本估计总体是一种统计学方法,估计的结果会存在误差。在估计结果时,应考虑到误差范围并给出估计的置信区间。

(5)样本估计总体可能存在抽样偏差或非抽样偏差,因此需使用校正因子,以减小偏差对样本估计总体的影响。

(6)在进行估计过程中,需要对数据进行质量检查,并对异常值进行处理。

总之,在进行样本估计总体时,需要确保样本的代表性、有效性和可靠性,并综合考虑各种因素和误差,确保给出的估计都是准确的并具有可信度。

任务五　如何判断差异是否显著

任务目标

知识目标

能够理解判断数据差异显著性在统计学和动物疫病流行病学中的重要性,掌握假设检验核心思想、步骤,以及 t 检验、Z 检验、卡方检验、秩和检验等方法原理及适用范围。

技能目标

能根据不同数据类型和分布,准确选择合适的数据差异显著性分析方法,运用 Excel 等工具计算检验统计量,依据结果判断数据间是否存在显著差异。

素质目标

培养严谨的科学态度，面对数据差异判断问题时，能基于统计学理论理性分析，提升数据解读能力与问题解决能力，形成实事求是的科研素养。

案例导入

某大型养殖集团旗下有众多养殖场，近期该集团进行了一项关于新型饲料添加剂效果的研究。一部分养殖场在饲料中添加了这种添加剂，另一部分则未添加。一段时间后，收集到两组养殖场的生猪生长数据，包括体重增长、料肉比等。例如，添加添加剂的 A 组 10 个养殖场，生猪平均体重增长了 20 kg，而未添加添加剂的 B 组 10 个养殖场，生猪平均体重增长了 18 kg。从这些初步数据来看，两组似乎有差异，但这是真实且显著的差异，还是仅仅由于随机因素导致的呢？

在另一个场景中，两个相邻地区的养鸡场，甲地区鸡群某种疫病的发病率为 15%，乙地区鸡群该疫病发病率为 12%。这两个地区的疫病发病率是否真的存在显著不同呢？这对于制定针对性的疫病防控策略极为关键。

根据以上案例描述，请在学习本任务时思考以下问题：

1. 仅从上述养殖场生猪体重增长和养鸡场疫病发病率的初步数据，如何科学判断这些数据差异是否显著呢？

2. 在实际分析动物养殖相关数据时，面对不同类型的数据和场景，像上述案例，应如何选择合适的方法来判断数据差异的显著性呢？

知识要点

判断差异是否显著，是统计学和数据分析中的一项重要任务。在动物疫病流行病学调查过程中，我们也可以通过数据的差异来发现或说明一些问题，如接种某种疫苗的养殖场与不接种该疫苗的养殖场在最终的经济效益上是否有差异，甲地猪瘟的发病率与乙地猪瘟的发病率是否存在差异等。如何科学地判断数据之间的差异呢？这涉及比较深的统计学理论。本任务以案例的形式，介绍常见的情况下几种简单的数据差异显著性分析方法。我们需要掌握这些方法的适用范围，并且能够分析类似数据之间是否存在显著差异。

一、假设检验

二维码 6-9 数据差异显著性分析方法(一)

假设检验是统计学中用于检验样本数据是否支持某一总体假设的一种重要方法，是通过样本数据来对总体参数进行估计和判断。它的核心思想是设定一个或多个假设，然后，依据已有的数据对假设进行检验，再依据检验结果和某一个判断标准进行判断。其中的判断标准被称为显著性水平。

假设检验的基本步骤通常如下。

1. 提出两个假设

(1)零假设(H_0):通常表示数据之间没有显著效应或差异。我们通常希望证明这个假设是错误的。

(2)备择假设(H_1 或 H_A):表示数据之间存在显著效应或差异。

2. 确定显著性水平

确定显著性水平(α)是统计学上对数据差异显著性的评价指标,是一个事先设定的概率值,用于决定拒绝原假设的严格程度。通常,α 设为 0.05 或 0.01。如果某两组数据在总体上有 5%以下的样本由于随机误差没有差异,其余的 95%以上的样本是有显著差异的,那么这两组数据的差异显著性就满足 $\alpha=0.05$ 的判断标准,即在 $\alpha=0.05$ 时,这两组数据的差异显著。

3. 收集数据、确定临界值

通过实验或观察收集数据。根据显著性水平和统计量的分布,确定拒绝域的临界值。

4. 选择检验统计量

根据数据类型和分布选择合适的统计检验方法,来量化样本数据与原假设之间的差异。

5. 计算检验统计量

基于样本数据计算得到检验统计量的值。

6. 计算 *p* 值

计算在零假设为真的情况下,观察到的检验统计量值或更极端值出现的概率。

7. 做出决策

(1)如果 p 值小于或等于显著性水平($p\leqslant\alpha$),则拒绝零假设,接受备择假设。

(2)如果 p 值大于显著性水平($p>\alpha$),则不拒绝零假设。

这样的判断结果在很大程度上是正确的,但是也存在错误的可能(虽然这种可能的概率较小)。如果它把没有显著差异的判断为有显著差异,那么这类错误被称为第Ⅰ类错误;如果它把有显著差异的判断为无显著差异,那么这类错误被称为第Ⅱ类错误。

第Ⅰ类错误和第Ⅱ类错误产生的原因是抽样误差。例如,甲、乙两地每个农户平均散养的家禽数差不多,但是在随机抽样时,在一个小的概率下发生了在甲地抽取的是散养家禽数较多的农户,这导致了在统计分析时,错误判断甲地每个农户平均散养的家禽数多于乙地每个农户平均散养的家禽数,这就属于第Ⅰ类错误。同样,如果甲地每个农户平均散养的家禽数多于乙地每个农户平均散养的家禽数,但是在随机抽样时,在一个小的概率下发生了在甲地抽取的是散养家禽数较少的农户,这导致了在统计分析时,错误判断甲、乙两地每个农户平均散养的家禽数差不多的统计结果,这属于第Ⅱ类错误。

二、用 *t* 检验进行分析

t 检验用于比较两组数据的均值是否存在显著差异,特别适用于样本量较小且总体标准差未知的情况。我们先看以下两个比较相似的案例。

【例 6-13】 在饲料里添加了某种益生菌可能提高猪的料肉比。对 8 个猪场的猪进行调查，发现添加前和添加后这些猪场猪的料肉比变化情况如表 6-8 所示。这些调查数据能否说明猪饲料里添加了某种益生菌可以提高猪的料肉比？

【例 6-14】 在猪饲料里添加了某种益生菌可能提高猪的料肉比。随机调查 8 个饲料中添加这种益生菌的猪场和 8 个饲料中没有添加这种益生菌的猪场，它们的料肉比如表 6-9 所示。这些调查数据能否说明猪饲料里添加了某种益生菌可以提高猪的料肉比？

表 6-8 一些猪场在饲料里添加某种益生菌前后料肉比的变化情况

猪场编号	1	2	3	4	5	6	7	8
添加前	2.00	1.98	1.89	2.11	2.03	1.88	1.95	2.15
添加后	2.10	1.97	1.97	2.23	2.17	1.97	2.17	2.20

表 6-9 一些饲料里添加某种益生菌的猪场和饲料里没有添加这种益生菌的猪场料肉比的调查数据

猪场编号	1	2	3	4	5	6	7	8
未添加的猪场	2.00	1.98	1.89	2.11	2.03	1.88	1.95	2.15
添加的猪场	2.10	1.97	1.97	2.23	2.17	1.97	2.17	2.20

上述两个案例中，得到的数据是一样的，但是【例 6-13】属于配对设计资料的 t 检验问题，【例 6-14】属于两独立样本资料的 t 检验问题，这两个问题都可以用电脑中 Excel 软件进行统计。先把上述数据输入 Excel 表中，然后选择主菜单“插入”，再选择次菜单“函数”，从中选择“TTEST”，将上述数据输入 TTEST 的界面中，尾值(Tails)设置为 2(双侧检验)，【例 6-13】检验类型(Type)设置为 1(属于配对资料的 t 检验)，【例 6-14】检验类型(Type)设置为 2(属于方差相等的两独立样本资料的 t 检验)。

按上述 Excel 运算，【例 6-13】结果是 0.004 22，此值小于 0.05，说明在显著性水平为 0.05 时，调查数据提示在饲料里添加某种益生菌可以显著提高猪场的料肉比。【例 6-14】结果是 0.079 08，此值大于 0.05，说明在显著性水平为 0.05 时，调查数据没有发现在饲料里添加某种益生菌可以显著提高猪场的料肉比。

从【例 6-13】和【例 6-14】说明，配对调查的资料往往更具有统计学意义，或者说更具有说服力。按上述 Excel 运算，Type＝2 的检验和 Type＝3 的检验差别在于两组的方差是否相等。如何判断方差是否相等？我们可以考虑这两组资料除被考察的因素外，其他因素是否一致，也可以用统计学的方差齐性检验方法，检验两组数据的方差是否一致。通常，对于同样的数据，Type ＝2 检验与 Type＝3 的检验结果差别不大，但是它们与 Type ＝1 的检验的结果差别较大，如图 6-2 所示中的数据，Type＝1 的检验、Type＝2 的检验和 Type＝3 的检验的结果分别是 0.004 22、0.079 08 和 0.079 54。

三、用 Z 检验进行分析

当样本量足够大时，可以用 Z 检验代替 t 检验来比较两组数据的均值差异。

【例 6-15】 在猪饲料里添加了某种益生菌可能提高猪的料肉比。随机调查 180 个饲料中添加这种益生菌的猪场和 150 个饲料中没有添加这种益生菌的猪场的料肉比。结果前者料肉比的均值为 2.13，标准差为 0.12；后者料肉比的均值为 2.02，标准差为 0.11；这个结果能否提示猪饲料里添加了这种益生菌可以提高猪的料肉比？

二维码 6-10
数据差异显著性分析方法(二)

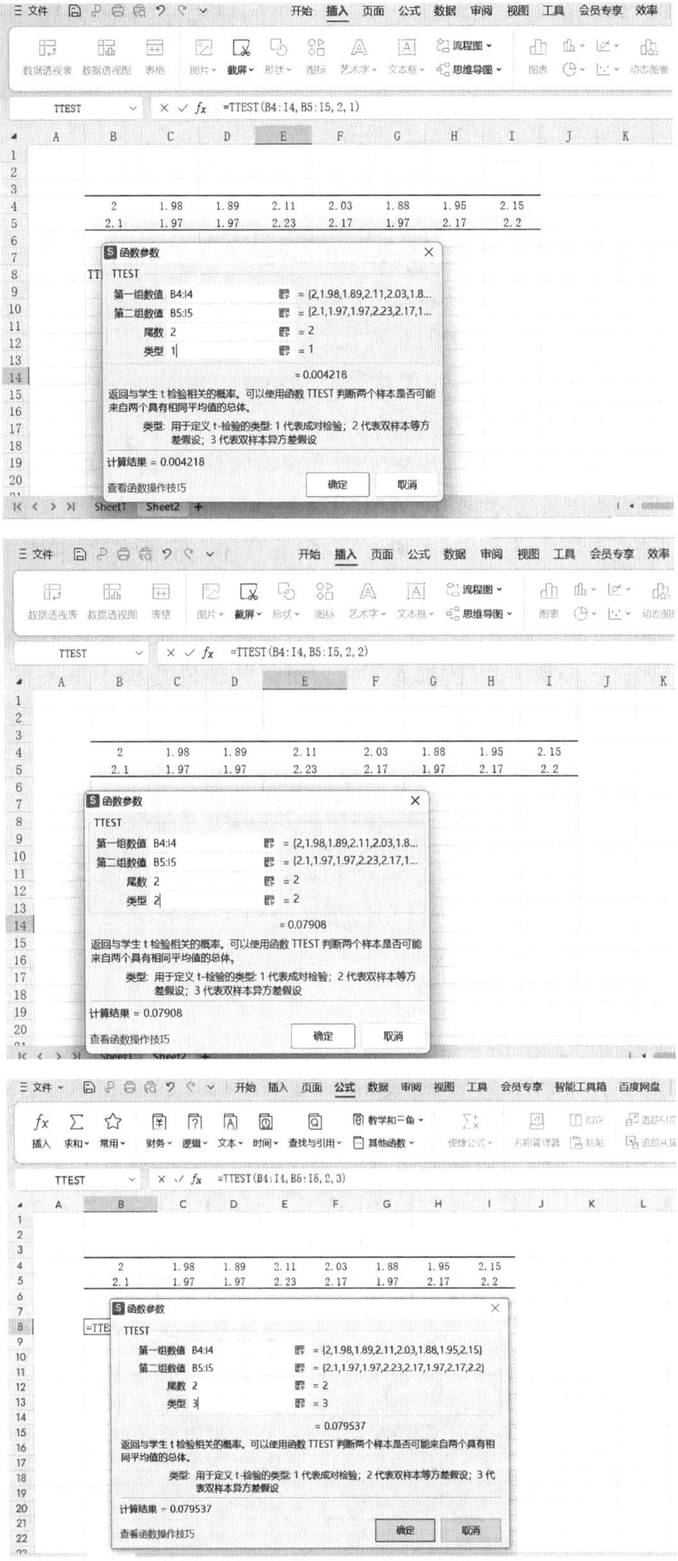

图 6-2　在 Excel 表中使用不同类型 t 检验分析两组数据的结果差别

这个例子与【例 6-14】的差别在于调查的两个组的样本量大于 100。所以可以采用 Z 检验。通常，如果 Z 值大于 1.96，则 $P<0.05$；如果 Z 值大于 2.58，则 $P<0.01$。此检验的 Z 值计算公式如下：

Z 值＝两组均数之差的绝对值÷［（组 1 的标准差的平方÷组 1 的样本数＋组 2 的标准差的平方÷组 2 的样本数）的平方根］

按照上式，本例 Z 值＝(2.13－2.02)÷［(0.12×0.12÷180＋0.11×0.11÷150)^0.5］＝8.68。

此 Z 值大于 2.58，即 $P<0.01$，所以这个调查结果提示在显著性水平为 0.01 时，猪饲料里添加了这种益生菌可以显著提高猪的料肉比。

【例 6-15】也可以用 t 检验，结果与 Z 检验差别不大。但是对于像【例 6-14】的样本较少的数据应该用 t 检验，不能用 Z 检验。

【例 6-16】 某国在针对某种动物疫病实施干预措施前，开展 3 次大规模流行病学调查，分别发现了 38 个、29 个和 36 个阳性样本，在针对某种动物疫病实施干预措施后，开展 2 次同等规模的流行病学调查，分别发现了 25 个和 18 个阳性样本。假设阳性样本的发现是极小概率的事件，那么实施干预措施前后，阳性样本发现率是否存在显著差异？

干预前阳性样本平均发现数是：(38＋29＋36)÷3＝34.33；干预后阳性样本平均发现数是：(25＋18)÷2＝21.50，这两个均数都大于 20，相关的事件是极小概率的事件，所以此例应采用泊松分布的 Z 检验方法。此检验的 Z 值计算公式如下：

Z 值＝两组均数之差的绝对值÷［（组 1 的平均数÷组 1 的样本数＋组 2 的平均数÷组 2 的样本数）的平方根］

按照上式，本例 Z 值＝(34.33－21.50)÷［(34.33÷3＋21.50÷2)^0.5］＝2.723。

此 Z 值大于 2.58，即 $P<0.01$，所以在这个调查结果提示在显著性水平为 0.01 时，实施干预措施后，阳性样本发现率下降显著。

四、用卡方检验进行分析

卡方检验是在流行病学调查数据分析中，用途很广。用于比较两个或多个样本率之间是否存在显著差异。此处仅举例说明经典的 2×2 列联表的卡方检验。

【例 6-17】 甲养殖场一共养了 360 只羊，最近 1 周死亡 40 只，乙养殖场一共养了 540 只羊，最近 1 周死亡 28 只，问这两个养殖场最近 1 周的猪死亡率有无显著差异？

对这类问题，我们先制作一个列联表（表 6-10）。

表 6-10 两个养殖场最近 1 周羊的死亡情况

养羊场	死亡数	存活数	合计	死亡率
甲	40(a)	320(b)	360($a+b$)	11.1%
乙	28(c)	512(d)	540($c+d$)	5.2%
合计	68($a+c$)	832($b+d$)	900($n=a+b+c+d$)	7.6%

注：表中的 a、b、e、d 和 n 用于卡方值的计算公式。

在 $\alpha=0.01$，$v=1$ 时，卡方值为 6.63，两个临界值都小于本例计算的卡方值。所以，无论是在 $\alpha=0.05$ 水平上，还是在 $\alpha=0.01$ 水平上，甲、乙两个养殖场最近 1 周的羊死亡率都有显著差异。

然后，我们计算卡方值。

$$
\begin{aligned}
\text{卡方值} &= [(ad-bc)^2]\times n\div[(a+b)\times(c+d)\times(a+c)\times(b+d)] \\
&= [(40\times512-28\times320)^2]\times900\div[360\times540\times68\times832] \\
&= 10.86
\end{aligned}
$$

从卡方分布界值表（详见附录十三）查得，$\alpha=0.05$，$v=1$ 时，卡方值为 3.84。

五、用秩和检验进行分析

以上所述的检验都是参数检验，凡适合前面所述的一些参数检验方法的，应首选参数检验。对于不清楚是否适合参数检验的资料，则应采用非参数检验，尤其是对于难以确定总体分布特征，又出现少数异常值且样本量较小的资料，应选用非参数检验。

下面介绍一种非参数检验——秩和检验，又称顺序和检验，它依据的不是各个观察值的具体数据，而是各个观察值的大小排序（即“秩”）情况进行分析。应用时可以不考虑被研究对象为何种分布以及分布是否已知，因而实用性较强。

【例 6-18】 问题和【例 6-14】完全一样。在猪饲料里添加了某种益生菌可能提高猪的料肉比。随机调查 8 个饲料中添加这种益生菌的猪场和 8 个饲料中没有添加这种益生菌的猪场，它们的料肉比如表 6-9 所示。这些调查数据能否说明猪饲料里添加了某种益生菌可以提高猪的料肉比？

如果调查者认为料肉比的分布不服从正态分布，那么可以采用秩和检验。

首先，编定观察值秩次，由小到大编（表 6-11）。如果在同一组遇到相同数值，顺次编秩；如果在不同组遇到相同数值，两值的秩次取相应秩次的平均值（如这两值相同，排在第 5 位和第 6 位，那么它们的秩次都是 5.5）。

表 6-11　为表 6-9 的调查数据编定秩次

未添加的猪场	2.00	1.98	1.89	2.11	2.03	1.88	1.95	2.15
未添加的猪场秩次	8	7	2	11	9	1	3	12
添加的猪场	2.10	1.97	1.97	2.23	2.17	1.97	2.17	2.20
添加的猪场秩次	10	4	5	16	13	6	14	15

然后，计算各组的秩次之和（即秩和），未添加的猪场观察值的秩和为 53，添加的猪场观察值的秩和为 83。

接着，依据附表十四查样本量较少一组的秩和界值。此例两组样本量相同，$n=8$，秩和界值在 $\alpha=0.05$（双侧）时，为 49～87，而两组样本观察值的秩和（53 或 83）在这个范围之内，因此 $P>0.05$，即在 $\alpha=0.05$ 水平上，这两组的观察值没有显著差异。

【例 6-19】 问题和【例 6-17】相似。在猪饲料里添加了某种益生菌可能提高猪的料肉比。随机调查 6 个饲料中添加这种益生菌的猪场和 8 个饲料中没有添加这种益生菌的猪场，它们的料肉比如表 6-9 所示。这些调查数据能否说明猪饲料里添加了某种益生菌可以提高猪的料肉比？

如果调查者认为料肉比的分布不服从正态分布，那么可以采用秩和检验。

首先，编定观察值秩次，由小到大编（表 6-12）。

表 6-12　为表 6-9 的调查数据编定秩次

未添加的猪场	2	1.99	1.89	1.98	1.88	1.95		
未添加的猪场秩次	8	6.5	2	5	1	3		
添加的猪场	2.1	1.97	1.99	2.23	2.17	2.03	2.17	2.2
添加的猪场秩次	10	4	6.5	14	11	9	12	13

然后,计算各组的秩次之和,未添加的猪场观察值的秩和为 25.5,添加的猪场观察值的秩和为 79.5。

接着,依据附表十四查出样本量较少一组的秩和界值,此例未添加的猪场样本量较少,$n=6$,秩和界值在 $\alpha=0.05$(双侧)时,为 26～52,而样本量较少一组的秩和在此范围之外,因此在 $\alpha=0.05$ 水平上,这两组的观察值有显著差异。

任务六　调查报告的撰写

任务目标

知识目标

能够理解调查报告撰写在流行病学调查工作中的重要意义,熟知撰写时机与人员分工,掌握报告的基本框架、撰写风格、要求及格式规范,明晰各部分内容要点及相互关系。

技能目标

能够依据调查实际,准确收集、整理与分析数据,独立撰写结构完整、条理清晰、逻辑严谨的流行病学调查报告,熟练运用通俗严谨的行政公文风格或符合学术刊物要求的科技论文风格写作,正确运用图表并优化表达。

素质目标

培养严谨认真、实事求是的科学态度,提升沟通协作、问题分析与解决能力,增强对信息准确性和专业性的敏感度,在撰写报告过程中注重细节,形成良好的职业素养与创新意识。

知识要点

二维码 6-11
调查报告的撰写

一、调查报告撰写的意义

撰写调查报告是流行病学调查工作的一个重要环节,它有以下五个方面的作用。

(1)总结作用。撰写调查报告需要对调查获得的信息和数据进行系统的整理、归纳和分析,是对已有的调查工作进行总结,也是认识深化的过程。

(2)汇报作用。调查报告是向上级正式汇报调查者的工作内容和工作结果。

(3)指导作用。调查报告是指导相关工作的依据。例如,通过及时发布流行病学调查报告,可以迅速启动应急响应机制,采取针对性的防控措施,有效控制疫情的传播和蔓延。

(4)分享作用。调查报告写出来后,分发到各相关部门和人员,可以让大家一起分享调查获得的疫情信息和研究成果信息,更好地发挥调查工作的效能。通过对疫情发生、发展及防控过程中的经验教训进行总结和提炼,可以为今后的疫情防控工作提供有益的借鉴和参考。

(5)档案作用。调查报告作为档案,可以记录调查者的工作内容和工作结果,也可以作为工作评价的依据。为未来的流行病学研究和历史分析提供重要资料。多次翻阅调查报告的档案,还可以形成一些新的认识。

除以上作用外,流行病学调查报告是连接疫情现场调查与公共卫生行动的桥梁,对于保护人类和动物健康、维护社会稳定和经济发展具有重要作用。

二、何时何人撰写调查报告

通常情况下,调查报告应在调查活动全部结束后,尽快撰写。在调查数据收集完毕后,需要进行数据的整理和分析工作。这一步对于确保调查结果的准确性和可靠性至关重要。当数据整理和分析工作完成后,即可开始撰写调查报告。如果拖延下去,一方面会使有些调查结果难以回忆起来,另一方面可能使调查结果失去时效性。在某些紧急或特殊情况下,如疫情暴发、突发事件、重大疫情获得阶段性进展等,就需要迅速撰写调查报告,以提供及时的信息和决策支持。因此,可以根据实际情况灵活调整撰写时机。

调查报告通常由负责调查的团队或小组撰写,数据分析人员负责数据的整理、分析和解读工作,为调查报告的撰写提供数据支持,扮演着重要角色。因此,数据分析人员也是撰写调查报告的重要人员之一。调查报告大多数是一人主笔,大家参与报告的讨论和修改。同一次调查,不同的人写出的合格的调查报告,虽然语气和用词上有所不同,但是主要的结构、内容、结论和建议一般差别不是很大。

三、调查报告的基本框架

因调查内容、读者对象等方面的不同,各种报告的框架有所不同。因此,下面所述的框架仅供参考。

(一)标题

题目应该简洁明了,一般应明确指出调查的时间、地点及主要内容,有时可以加上调查的重要结果。题目的拟定要避免太大、太长、读起来拗口。

以下是几个调查报告的题目:

(1)《2023 年全国部分省份羊痘流行病学调查报告》。

(2)《2023 年上半年禽病定点流行病学调查报告》。

(3)《关于××省牛口蹄疫免疫情况的调查报告》。

(4)《关于在××和××两省发现猪圆环病毒变异的报告》。

(二)前言

前言部分通常介绍调查的背景信息,包括调查的目的和意义、时间、地点、任务来源、调查人员和方法,有时可以简单地叙述一下调查工作的经过及基本结论。

以下是一个调查报告的前言部分样式。

> 为了解我国猪瘟和猪繁殖与呼吸综合征抗体水平、病原感染与变异状况,我单位联合东北农业大学,于2023年10—12月,在黑龙江、吉林等6省开展猪瘟和猪繁殖与呼吸综合征抽样检测。现将有关检测结果报告如下。

(三)调查范围、调查内容和调查方法

这三个方面的内容可以分开写,也可以一起写。简明扼要地把调查范围、调查内容或项目、调查方法说清楚。如果采用的是国家标准或行业标准的方法,可以引而简述。可以如此撰写:"按照农业行业标准《NY/T 772—2004 禽流感病毒 RT-PCR 试验方法》进行 RT-PCR 检测",不必具体讲解如何进行 RT-PCR 检测。

(四)调查结果

一般是统计性和总结性描述,是重要信息的描述,不是原始数据的堆集,也不是所有信息的罗列。那么哪些信息是重要的呢?简单地说,上级领导下达调查任务时,指出需要调查的一些信息,以及在调查过程中发现的有意义的新信息,都是很重要的。对于疫情的调查,疫情发生的时间、地理、宿主的分布情况,主要症状、发病率、病死率、检测与诊断结果、疫情处理情况和处置结果等,都是重要信息。

(五)结果分析

如某个省或某个动物群体发病率为什么很高,为什么病原的分布区域性特征不明显,调查结果对动物疫病防控有什么指导作用。结果分析往往需要对比,如对比去年的调查结果,分析发病率是否上升及其原因。

如分析疫病的可能来源和扩散范围,探寻病因,并验证假设。提出病因假设并进行确认,并说明主要依据及排除其他病因的理由,预判疫情形势。

如评估防控措施的实施效果,包括疫苗免疫密度、消毒频次等技术指标的落实情况,以及疫情控制情况。得出结论和建议等。

动物疫病的调查结果的深入分析,参见前面几个项目的统计分析、空间信息分析和样品检测结果的分析。往往需要按照逻辑的次序,把不同层面的信息陈述清楚,而且还要指出这些层面上的信息有何关联,以及结合这些层面的信息,还能推导出哪些有价值的信息。

四、调查报告撰写风格

一般而言,动物疫病流行病学调查报告是给兽医行政主管部门提供决策依据的,所以调查报告的撰写要注重通俗而严谨的行政公文风格,既要避免常人难以理解的专业术语,又要避免太多的白话,还要突出调查的结果对动物疫病防控的指导作用。

如果撰写的调查报告是用于发表在某些学术刊物上，那么还是需要遵循相应刊物的要求，采用科技论文的撰写风格，关注调查结果在科学上或技术上的创新。

五、调查报告撰写要求

(一)要及时撰写

调查报告的撰写和完善需要一定的时间，对于紧急流行病学调查，往往需要调查者尽快提交报告，在这种情况下，不能苛求报告的完美，特别是形式上的完美。平时，阅读一些调查报告，或者开展相关的案例训练，有助于提高报告撰写的速度。

(二)要注意有效沟通

流行病学调查报告的撰写过程中，需要向有关方面，特别是与其他调查人员、上级领导和相关部门进行有效沟通，确定报告中需要重点关注的问题，确定报告的基本结论及其依据，确定报告中敏感信息的表述方法。有时，在撰写前或撰写过程中，需要集体讨论，分析调查过程中遇到的一些困惑。

(三)要讲究次序

一般而言，不要在前言中用过多文字叙说结果，不要在结果部分对结果进行讨论。此外，主要的结论、容易理解的结论、没有争议的结论，一般放在前面，而次要的结论、不容易理解的结论、有争议的结论，一般放在后面。

(四)前后对应

先讲述的方法，其结果一般也先讲述。报告中的表、图的标题前后应采用统一的字体字号。

(五)要避免细节错误

如把“病死率”与“死亡率”混淆起来，把“流行率”与“发病率”混淆起来，把 27÷1 300 计算成 2.08%。这些细节上的错误给读者的印象很可能就是调查者不专业或者不认真。

(六)要避免生搬硬套

每次调查都有其特殊之处，撰写调查报告的时候，需要注意根据其特殊之处，进行相应表述，而不一定要完全套用其他某个报告的格式和分析程序。即使两个很相似的调查，也尽可能避免生搬硬套，因为这一次的调查报告可以写得比上一次更好一些。

(七)要条理清晰

按照一定的逻辑顺序说明调查目的、过程、结果和建议，重点、亮点要突出，存在的问题有时需要有所说明。

(八)要有逻辑性

论述应有理有据，避免猜测、夸大其词、高谈阔论。例如，某份报告的结论是某种病毒具有很强的致病性，其唯一的依据是在很多发病死亡的动物体内检测到这种病毒，这在逻辑上，不能排除此病毒是一个感染率很高但致病性很低的病毒，引起动物大量发病死亡可能另有他因。再如，某份报告的结论中声称某种病毒的变异速度在加快，可是报告中没有任何关于这种病毒变异速度的任何数据。

调查报告中最常见的逻辑错误,是没有进行统计学分析。例如,某项调查的结论是下半年的发病率显著高于上半年的发病率,但是这个结论没有进行显著性分析,也没有考虑抽取的样品是否具有代表性和可比性。

(九)格式要正确

格式包括结构的划分、文字和图表排版方面的诸多细节等,不能把握的可以参考相关的报告格式,或征求相关领导和专家的意见。格式的正确和规范能够反映出报告撰写部门(往往也是调查单位)的工作态度和业务水平。具体的格式,读者可以参考 1999 年发布的国家标准《党政机关公文格式》(GB/T 9704—2012)。常见的格式错误有以下几种。

1. 用纸不符合要求

应该用标准的 A4 型纸,不是 16 开的纸张。

2. 字体使用不当

标题用 2 号小标宋体字;发文字号、主送机关、公文正文(主题词部分除外)、抄送单位、印发机关和印发时间均用 3 号仿宋字;主题词部分的“主题词”三字用 3 号黑体字,其后标上全角冒号,词目用 3 号小标宋体字;“签发人”三字用 3 号仿宋体字,签发人姓名用 3 号楷体字;行文日期中的“零”写为“○”,不能写成阿拉伯数字“0”,也不能写为英文字母“o”,更不能写为中文大写数字“零”,如“二○○四年”,不能写成“二 00 四年”“二 oo 四年”“二零零四年”,因为“0”“o”“零”与中文小写“二”和“四”均不相匹配。

3. 行距不正确

一般每面排 22 行,每行排 28 个字。发文字号于发文机关标识下空 2 行,发文字号与红色反线之间的距离为 4 mm;公文标题于红色反线下空 2 行;主送机关于公文标题下空 1 行;公文排版后所剩空白不够印章之用时,应采取调整行距、字距的措施加以解决,使印章与正文同处一面。

(十)要注意图和表的优化

图和表的信息一般较为醒目,同时表达的信息也是最为重要的,而且图表方面的不当之处也较为常见。因此,要高度重视图和表的优化工作。图和表的优化最基本的要求是清楚地表达出所要表达的信息,较高的要求是美观。常见的错误是报告中的图表没有给予适当的标识和说明,使读者看不懂图表所表示的信息。

课后训练

一、填空题

1. 撰写调查报告对流行病学调查工作具有__________、汇报、__________、分享和__________作用,它还是连接疫情现场调查与公共卫生行动的桥梁。

2. 流行病学调查报告的基本框架包括__________、前言、__________、调查结果、__________等部分,其中标题应简洁明了,明确指出调查的时间、地点及主要内容等。

3. 资料整理的过程也是对调查工作进行全面检查的过程,整理的调查资料积累起来,可以形成____________或____________，为多项研究提供重要的素材。

4. 时间分布是指疫病发病率随时间变化的特征，包括____________、____________、____________和长期变动四种类型。

5. 地区分布的动物流行病学分析方法主要有____________研究、____________研究和____________研究。

6. 病因流行病学分析中，常用的病因假设形成方法包括____________、____________、____________和类推法等。

7. 总体参数估计方式有____________和____________，其中____________没有考虑到抽样误差的大小。

二、选择题

1. 以下哪种方法不属于审核资料真实性的方法？（　　）

A. 经验法　　B. 逻辑法

C. 对比法　　D. 资料来源检查法

2. 分析动物疫病流行病学调查结果时，目的之内却为意料之外的信息（　　）。

A. 通常是不重要的信息

B. 通常是非常重要的信息，但需要认真核对准确性

C. 通常是重要的也是比较可靠的信息

D. 通常是不重要且不可靠的信息

3. 某地区家禽养殖场密集，近期频繁出现禽流感疫情，这体现了多发疫源地的（　　）特征。

A. 高密度养殖　　B. 野生与家养动物接触频繁

C. 不良卫生条件　　D. 气候因素

4. 假设在某地区进行猪瘟疫苗接种效果调查，已知接种疫苗组发病的有 15 头猪，未接种疫苗组发病的有 45 头猪，两组各有 100 头猪，那么风险比（RR）约为（　　）。

A. 0.33　　B. 3.0

C. 0.5　　D. 2.0

5. 从样本估计总体时，对于样本量较少且服从二项分布，概率较小的情况，应（　　）。

A. 按照近似正态分布估计　　B. 查找二项分布概率的置信区间表

C. 按照 t 分布估计　　D. 用样本均值估计总体均值

三、简答题

1. 简述动物流行病调查地理信息分析的目的。

2. 请举例说明粗率和专率的区别，并阐述专率在疫病预防和控制中的意义。

思政小贴士

调查中获取的信息和调查结果会涉及养殖场隐私、疫病翔实数据、疫病敏感信息等。我们要有信息安全与保密意识，要学会妥善保管数据，防止数据泄露，遵守职业道德和法律法规，避免信息泄露造成不良影响，这在实际工作中保护相关方权益和维护行业稳定至关重要。

二维码 6-12
思政小贴士(六)

项目小结

项目六　动物流行病学调查结果分析与报告

- 任务一　调查资料的整理、归档、分析和档案管理
- 任务二　调查结果分析
- 任务三　动物疫病流行病学调查常用的数和比
- 任务四　如何从样本估计总体
- 任务五　如何判断差异是否显著
- 任务六　调查报告的撰写

项目七
动物疫情预测、风险分析和预警

任务一　动物疫情预测

任务目标

知识目标

能够理解动物疫病预测的概念、依据及重要性，熟知相关法律规定。掌握动物疫情预测方法、分类，清晰区分定性与定量预测方式及其具体手段。

技能目标

可熟练运用监测与预警等系统开展动物疫病监测工作，精准操作病原学与血清学监测技术。能够进行主动、被动监测，依据数据完成风险评估，规范撰写疫情报告。

素质目标

培养严谨认真的科学态度，使其在动物疫病预测工作中注重细节。强化其法律意识，严格依规办事。提升跨部门协作与国际交流素养，共同应对动物疫病难题。

案例导入

在某养殖大县，大量生猪突然出现不明原因的发热、咳嗽症状。短时间内，疫情迅速蔓延，众多养殖场遭受重创，经济损失惨重。这一突发状况让养殖户们措手不及，也给当地畜牧业带来了巨大冲击。其实，动物疫病预测作为防范疫病传播的关键环节，本可提前发出预警。我国依据《中华人民共和国动物防疫法》开展动物疫病预测工作，从建立监测网络到发出疫情预警，有着明确的流程与规定。但在实际操作中，仍存在诸多挑战。

根据以上病例描述，请在学习本任务时思考以下问题：

1. 在复杂的养殖环境下，如何利用现有的监测与预警系统，更精准地预测动物疫病的发生？

2. 面对不断变异的病毒，定性和定量预测方法又该如何优化，以提升对动物疫情预测的准确性呢？

带着这些问题，让我们深入了解动物疫情预测的方法与分类。

知识要点

动物疫病预测是指通过监测、分析动物疫病的发生、流行情况，并利用相关数据和模型来预测未来动物疫病发生的可能性和趋势。这包括早期检测、早期预警和快速反应，是防范动物疫病传播的重要环节。

二维码 7-1　动物疫情预测、风险分析和预警

动物疫病预测工作是依据《中华人民共和国动物防疫法》进行的，该法律明确了动物疫病的分类、监测、预警以及疫情报告和通报制度。根据法律规定，国家实行动物疫病监测和疫情预警制度，县级以上人民政府应当建立健全动物疫病监测网络，加强动物疫病监测。国务院农业农村主管部门会同有关部门制定国家动物疫病监测计划，并根据对动物疫病发生、流行趋势的预测，及时发出动物疫情预警。

有效的动物疫病预测系统能够及时为利益相关者和国际社会提供信息，提升对跨境动物疫病的准备、防范、应对和控制能力。此外，动物疫情预测需要依靠系统性的疫情报告机制和跨部门、国际间的合作，以及对动物疫情数据的持续监测和分析。同时，需要关注特定病毒的变异情况和传播模式，以便及时采取预防和控制措施。

一、动物疫情预测方法

动物疫情预测的方法主要包括以下几个方面：

(1)监测与预警系统：建立和完善动物疫病监测网络，通过专项监测和动物病情测报，全面掌握疫病的分布和流行态势。加强疫情风险评估、监测预警和应急处置工作，科学研判防控形势，为防控决策提供科学依据。

(2)病原学与血清学监测：结合病原学监测和抗体监测，分析病毒遗传变异特征，发现传播风险因素，并为根除疫病提供科学依据。这包括聚合酶链反应(PCR)、实时荧光 PCR、核酸等温 PCR(Lamp)或试纸条等病原学检测方法，以及竞争酶联免疫吸附试验(ELISA)或间接 ELISA 等血清学检测方法。

(3)主动与被动监测：主动监测是根据监测计划，在辖区内进行临床巡查和采样检测工作。被动监测则是在接到疑似疫情报告后，动物疫病预防控制机构及时采样送检，并按规定报告。

(4)风险评估与分析：对监测数据进行风险分析和评估，形成风险评估报告，及时跟踪国内外相应疫病动态，并结合监测数据进行分析。

(5)疫情报告制度：动物疫情预测是一个复杂的过程，涉及对动物疫病发生、传播和影响的监测与分析。我国已经建立了一套动物疫情报告和通报的系统，包括快报、月报和年报，以规范动物疫情的管理和提升动物疫病防控工作水平。这些报告涵盖了疫情的基础信息、概况、控制措施、诊断结果等内容，为疫情的预测和应对提供了重要数据支持。

(6)疫病确诊与疫情认定:疑似重大动物疫情的诊断由省级动物疫病预防控制机构负责,必要时将样本送国家兽医参考实验室进行确诊。动物疫情由相应级别的人民政府农业农村主管部门认定。

(7)监测实施原则:《2022年国家动物疫病监测实施意见》提出了病原学监测和抗体监测相结合、监测和免疫评估相结合、主动监测与被动监测相结合、常规监测与紧急监测相结合、疫病监测与净化相结合的五大原则,以确保监测工作的全面性和有效性。

二、动物疫情预测分类

(一)定性预测

动物疫情的定性预测通常依据对历史疫情数据、流行病学调查、风险评估模型和监测结果的分析,有以下几种常见的定性预测方法。

(1)依据历史数据分析:通过分析过去的疫情发生情况,如发病时间、发病数量、病死数、扑杀与无害化处理数等,进行趋势分析和模式识别,从而对疫情风险进行初步判断。

(2)依据监测与流行病学调查:通过被动监测和主动监测相结合的方式,对动物疫情进行实时监控,包括病原监测和抗体监测,以评估畜(禽)群免疫效果和疫情流行状况。假设某起传染病疫情的病因没有查明,但是通过监测和调查,一些流行特征已经清楚。根据这些特征,可以对疫情进行一些预测。举例来说,一个医院突然呼吸道严重感染病例增多,并且较多的医护人员随后发病出现类似的症状,则在病因不明的情况下就可以预测,如果不采取紧急措施可能会发生一起严重呼吸道传染病暴发疫情。

(3)风险评估模型:建立风险评估模型,如通过模糊层次分析法确定各风险因素的权重,并应用多指标综合评分法计算出风险概率,以评估重大动物疫情发生的潜在风险。

(4)专家经验:结合动物疫病防控专家的经验和知识,对疫情风险进行综合评估。

(5)现场调查:对疑似疫情发生地进行现场调查,收集相关信息,分析疫情发生的可能性和严重性。

(6)报告与通报系统:通过动物疫情信息管理系统,对疫情进行月报和年报,及时汇总和分析疫情数据,为疫情预测提供依据。

(7)综合分析:结合以上方法,从多个角度对动物疫情风险进行综合分析,形成定性预测结果。

这些方法相互补充,共同构成动物疫情定性预测的科学基础,有助于及时发现和控制动物疫情,保护动物健康和公共卫生安全。

(二)定量预测

动物疫情的定量预测通常使用数学模型和模拟技术来预测疫情的发展趋势和可能的影响,有以下几种常见的定量预测方法。

(1)生态位模型:是通过分析物种生存与环境因子(如气候、地形、植被、宿主分布等)的关联,构建数字模型来预测物种的潜在分布区域或适宜生存的生态空间。使用生态位模型来预测动物疫情的潜在风险,可以帮助了解疫情在特定生态环境中的可能分布情况。

(2)数学模型:是通过抽象和量化现实系统中的关键变量(如种群数量、感染率、传播系数等),用数学公式(如微分方程、差分方程、概率模型等)描述变量之间的动态关系,从而模拟系统演化过程的工具。应用数学模型来模拟传染病的动态过程,研究病原体、宿主以及环境之间的交互作用,以及它们对疫情趋势的影响。

(3)蒙特卡罗模拟:是一种基于随机抽样与大量重复试验的数值计算方法,核心是通过模拟复杂系统中变量的不确定性,积累海量模拟结果并进行统计分析,从而得到结果的概率分布或关键统计特征(如均值、风险区间等),最终解决难以用传统数学公式精确求解的复杂问题。蒙特卡罗模拟是一种统计模拟方法,可以对动物疫情的定量风险进行分析,通过模拟大量可能的情景来预测疫情发生的概率和潜在影响。

(4)环境-宿主-传染病动态数学模型:是一种通过数学公式与逻辑结构,定量描述"环境因素-宿主群体-传染病病原体"三者之间相互作用关系,并动态模拟传染病在宿主群体中发生、传播、流行及消退过程的模型工具。可以量化环境因素对疫情趋势、传播媒介和病原微生物的影响,有助于疫情的实际预测预警。

这些定量预测方法可以提供更为精确的预测结果,帮助决策者制定科学合理的防控策略。通过这些方法,使研究人员和主管部门能够更好地理解疫情的潜在风险,并采取相应的预防和控制措施。

任务二　动物疫情风险分析

任务目标

知识目标

掌握风险分析理论起源、发展及应用领域,明晰动物疫病风险分析的概念、目的、内容、类型、原则、步骤,以及国际贸易风险分析相关知识,包括危害因素确定等要点。

技能目标

能够运用定性和定量风险分析方法对动物疫病风险进行评估,依据风险分析步骤识别危害、估算风险,在国际贸易场景中准确确定危害因素,为风险管理提供合理措施建议。

素质目标

培养科学严谨的态度,在风险分析中遵循科学原则;提升学生信息交流与团队协作能力,促进风险信息有效传达;增强对动物疫病防控及国际贸易风险防范的责任意识。

案例导入

在2020年初,我国某大型肉类进口企业计划从南美洲某地区大量进口牛肉。南美洲部分地区动物疫病频发,在准备进口前,该企业面临着诸多不确定性。例如,担心进口的牛肉可能携带口蹄疫等动物传染病病原体，一旦传入国内，不仅会对国内农牧渔业生产造成巨大冲击，还可能威胁人体健康，引发食品安全问题，甚至对生态环境产生负面影响。同时，该企业也不清楚如何科学评估此次进口牛肉所带来的疫病风险，以及怎样制定合理的风险防控措施。

根据以上病例描述，请在学习本任务时思考以下问题：

1. 该企业应如何依据风险分析理论，对进口牛肉可能携带的动物疫病风险进行识别与评估呢？

2. 若评估出存在较高风险，企业应采取哪些具体的风险管理措施，以降低风险并保障进口业务的顺利开展呢？

这就需要我们深入学习风险分析理论在动物和动物产品国际贸易中的应用。

二维码 7-2　动物疫情风险分析(一)

知识要点

风险分析理论起源于 20 世纪 50 年代的美国，是研究风险发生规律和风险控制技术的一门新型管理科学，是指风险管理主体通过风险识别、风险评估、风险决策管理等方式，对风险实施有效控制和妥善处理损失的过程。近年来，风险分析除在经济管理学方面应用外，在环境生态学、食品安全、检验检疫等诸多领域也得到广泛应用。随着信息与计算机科学技术的发展，基于现代信息技术的风险分析在传染病防制方面也越来越多地得以应用，有效地推进了传染病防制工作的开展。

二维码 7-3　动物疫情风险分析(二)

一、风险分析基本概念和目的

“风险”是指动物传染病、寄生虫病病原体、有毒有害物质随进境动物、动物产品、动物遗传物质、动物源性饲料、生物制品和动物病理材料传入的可能性及其对农牧渔业生产、人体健康和生态环境造成的危害。

动物疫病风险分析是对动物疫病传入、定居和扩散的可能性及其后果进行评估、管理和交流的方法和过程，其主要目的是为动物、动物源性产品、动物遗传材料、饲料、生物制品和病料所带来的疫病风险提供可起到保护作用的客观评价，为决策提供科学依据。使决策具有科学性、透明性和预防性。

二、动物疫病风险分析的内容

《实施卫生与植物检疫措施协定》(SPS 协定)提出，动物疫病风险包括四个方面内容：一是动植物生命或健康受到有害生物、疾病、携带疾病的生物或致病生物的进入，建立或传播所产生的风险；二是人或动物生命或健康受到食品、饮料或饲料添加剂、污染物、毒素或致病微生物污染所产生的风险；三是人或动物生命或健康受到动物，植物或其他产品所携带的病害，或虫害的传入、定居或传播所产生的风险；四是因病虫害的传入、定居或传播所产生的其他损害。

在动物卫生领域，为保证动物及其产品的国际贸易公平性和决策的科学性，世界贸易组织

(WTO)和世界动物卫生组织(WOAH)分别在《实施卫生与植物检疫措施协定》(SPS 协定)和《国际动物卫生法典》(以下简称《法典》)中要求在进口动物及其产品时必须进行风险分析。

三、动物疫病风险分析的类型

根据风险分析过程中资料处理的方法和风险分析结果的表示方法，风险分析可以分成两类，即定性风险分析和定量风险分析。

(一)定性风险分析

定性风险分析是评估已识别风险的影响和可能性的过程，对评估风险用半定量语言描述，如高、中、低或可以忽略。这一过程用来确定风险对项目目标可能的影响，对风险进行排序。它在明确特定风险和指导风险应对方面十分重要。

1. 定性风险分析的目的

利用已识别风险的发生概率、风险发生对项目目标的相应影响，以及其他因素，如时间框架、项目费用、进度、范围和质量等制约条件的承受度，对已识别风险的优先级别进行评价。它为定量风险分析奠定了基础。

2. 定性风险分析的方法

使用定性语言将风险的发生概率及其后果描述为极高、高、中、低、极低 5 个等级。其中，风险概率是描述某一风险事件发生的可能性；风险后果是描述某一风险事件如果发生将对项目目标产生的影响。

风险的这两个维度适用于描述具体的风险事件，可以帮助我们甄别出那些需要强有力地加以控制与管理的风险，但不适用于描述项目整体。

(二)定量风险分析

定量风险分析是对通过定性风险分析排出优先顺序的风险进行量化分析，用数值描述，一般是在定性风险分析之后进行。其结果是风险发生的概率、发生频率和发生程度。

1. 定量风险分析的目的

确定潜在风险的概率和影响，并为决策制定提供有关风险的信息。定量风险分析应当在确定风险应对计划时再次进行，以确定项目总风险是否已经减少到满意的水平。重复进行定量风险分析，反映出的趋向可以指出需要增加还是减少风险管理措施，它是风险监测和控制的组成部分，是风险应对计划的一项依据。

2. 定量风险分析的方法

一般来说，项目风险发生的概率和后果的计算，均要通过对大量已完成的类似项目的数据进行分析和整理得到，或通过一系列的模拟实验来取得数据。概率分布表明了每一可能事件及发生的概率。由于事件的互斥性，这些概率的和为 1。我们可以使用历史数据(资料)或理论概率分布来建立实际概率分布。

(1)历史资料法。在基本相同的条件下，通过观察各种潜在的风险，在长期历史中已经发生的次数，就能估计每一可能事件的概率，这种估计是每一事件过去已经发生的频率。但是由于人们缺乏广泛的而且足够的经验，以致不能用这种方法建立可靠的概率分布。如前所述，项目风险的客观概率是很难得到的。即使有这样一些历史数据，也会因为样本过小而无法建立概率分布。国外的资料表明：除个别情况外，企业无法依赖自身的历史资料建立，每年的总损失金额概率分布，而只能依赖同业工会、私营保险、政府部门等提供的辅助信息。但是这种依赖同业内的辅助信息有其局限性：一是这些信息局限于平均损失，而不是概率分布；二是这些信息可能与一个特定企业不同。

(2)专家打分法。为了建立风险的概率分布，就该利用主观概率和合成概率。有一种说法认为，主观概率准确性差而不能使用，实际上，这种专家的估计是专家根据自身的专业资质以及丰富的实践经验，依照项目的具体情况做出的合理判断，可以将主观概率看成客观概率的近似值。

(3)理论分布法。当历史资料不充分或不可信时，风险分析人员可以根据理论上的某些概率分布来补充或修正，从而建立风险的分布图。常用的风险概率分布是正态分布。正态分布可以描述许多风险的概率分布。还有一些风险分析中常用的理论概率分布，如泊松分布、三角分布，离散分布、阶梯长方形分布、二项分布和对数正态分布等。

(4)外推法。外推法分为前推、后推及旁推三种，均为风险分析的有效方法。从预测理论分析，后推和旁推的应用效果通常较差，故较少采用，大量运用的是前推法。前推法即趋势外推法，属于时间序列法，其基本原理是利用按时间顺序排列的历史数据推断未来事件发生的概率和后果，是一种定量预测方法。外推法简单易行，前提是有足够的历史资料，但存在缺陷：首先，历史记录可能不完整或存在错误；其次，历史事件的前提和环境已发生变化，未必适用于当下或未来；再次，外推法未考虑事件的因果关系。这些缺陷可能导致外推结果产生较大偏差，因此有时需在历史数据处理中加入专家或集体经验进行修正。外推法有时需要与理论概率分布配合使用，如当历史数据不全或序列趋势不明显时，应从理论上分析其服从的概率分布，再进行外推。

四、动物疫病风险分析的原则及步骤

(一)原则

动物疫病风险分析的原则和步骤是科学、系统的过程，主要包括以下几个方面原则。

(1)科学评估：风险评估应当基于科学的方法和数据进行。

(2)预防为主：强调预防措施的重要性，优先考虑预防疫病的传入和扩散。

(3)及时高效：风险评估和应对措施需要迅速有效，以控制和减少风险。

(4)闭环管控：确保风险评估和管理措施形成一个完整的循环，包括监控和反馈机制。

(二)步骤

(1)评估前的准备：明确评估目标、范围和特定动物疫病，了解相关法律法规和国际标准。

(2)危害识别：识别和确认与进境动物及其产品有关的可能产生潜在危害的致病因子。

(3)传入评估：评估危害传入特定区域的途径和可能性。

(4)暴露评估：评估易感动物暴露于特定危害的途径和可能性。

(5)后果评估：评估特定动物疫病暴发后可能造成的直接影响和间接后果，如动物感染、发病、生产损失、公共卫生影响、贸易损失等。

(6)风险估算:综合考虑以上步骤,估算特定危害的总体风险水平。

(7)风险管理:在风险评估的基础上,选择、确定和实施降低风险水平的措施,并评价措施的效果。

(8)风险交流:在评估过程中,确保评估专家、风险管理者及各利益相关方之间有效交流风险信息。

五、动物和动物产品国际贸易风险分析

进口动物和动物产品可给进口国或地区带来一定程度的疫病风险,损害本国动物甚至人的健康。因此,在进口动物和动物产品前做好风险分析是非常必要的。动物和动物产品国际贸易的风险分析是指按照国际惯例,从国外引进动物和动物产品时,对某种(些)疫病传入的概率及其风险进行评估、管理及交流的方法和过程。其主要目标是为进口国提供一种客观、科学的方法,以便对拟进口的动物、动物产品、动物组织细胞材料、生物制品等的风险进行分析,从而做出拒绝进口或有条件进口的决定。

进口国风险分析与做出决定的过程应具有透明度,需将决定以文件形式告知出口国及有关进出口商。结合一般风险分析的步骤和进口动物及其产品的特点,动物及其产品的进口风险分析包括:对具体进口动物及其产品的风险分析、对动物防疫检疫机构的评价、对输出国家的区域化管理评估和地区性风险划分。进口动物和动物产品应遵循“零风险”原则。若以卫生因素为借口设置贸易壁垒,可能引发国际贸易争议。

(一)国际贸易风险分析的原则

开展风险分析应当遵守我国法律法规的规定,并遵循下列原则:

(1)以科学为依据。

(2)执行或者参考有关国际标准、准则和建议。

(3)透明、公开和非歧视原则。

(4)不对国际贸易构成变相限制。

当有关国际标准、准则和建议不能达到我国农牧渔业生产、人体健康和生态环境的必要保护水平时,海关总署根据风险分析的结果可采取高于国际标准、准则和建议的措施。

(二)风险分析过程

应当包括危害因素确定、风险评估、风险管理和风险交流,并且应当形成书面报告。报告内容应当包括背景、方法、程序、结论和管理措施等。

1. 危害因素确定

对进境动物、动物产品、动物遗传物质、动物源性饲料、生物制品和动物病理材料应当进行危害因素确定。危害因素主要是指:

(1)《中华人民共和国进境一、二类动物传染病寄生虫名录》所列动物传染病、寄生虫病病原体。

(2)国外新发现并对农牧渔业生产和人体健康有危害或潜在危害的动物传染病、寄生虫病病原体。

(3)列入国家控制或者消灭计划的动物传染病、寄生虫病病原体。

(4)对农牧渔业生产、人体健康和生态环境可能造成危害或者负面影响的有毒有害物质和生物活性物质。

经确定进境动物、动物产品、动物遗传物质、动物源性饲料、生物制品和动物病理材料不存在危害因素的,不再进行风险评估。

2. 风险评估

对进境动物、动物产品、动物遗传物质、动物源性饲料、生物制品和动物病理材料存在危害因素的,应启动风险评估程序。根据需要,对输出国家或地区的动物卫生和公共卫生体系进行评估。动物卫生和公共卫生体系的评估以书面问卷调查的方式进行,必要时可以进行实地考察。

(1)风险评估原则。

①风险评估应灵活处理现实中的各种复杂情况。没有任何单一因素能够涵盖所有情况,需综合考虑每种疫病的特性、疫病检测和监测体系、暴露情况、数据与信息的类型和数量等。

②定性和定量的风险评估方法均有效。没有任何一种方法能够适用于所有情况,风险评估应从多方面入手,如动物产品的多样性、一个进口商品可能含有多种危害因素等。

③风险评估应以最新科研信息为基础,应保证证据充分,并附有引用的科技文献和其他资料,包括专家意见。

④风险评估方法须保持一致和透明,以确保评估结果的公平性和合理性,以及决策的一致性,且便于各利益相关方的理解。

⑤风险评估应阐明其不确定性、假设及其对最终结果的影响。

⑥风险随进口商品量的增加而加大。

⑦应在获得新信息时,对风险评估进行更新。

(2)风险评估过程。包括传入评估、发生评估、后果评估和风险预测。

①传入评估是指对危害因素的传入途径以及通过该途径传入的可能性的评估。传入评估应当考虑以下因素。

a)生物学因素:如动物种类、年龄、品种,病原感染部位,免疫、试验、处理和检疫技术的应用。

b)国家因素:如疫病流行率,动物卫生和公共卫生体系,危害因素的监控计划和区域化措施。

c)商品因素:如进境数量,减少污染的措施,加工过程的影响,贮藏和运输的影响。

传入评估证明危害因素没有传入风险的,风险评估结束。

②发生评估是指危害因素传入后,对我国农牧渔业生产、人体健康和生态环境造成危害的途径以及发生危害的可能性的评估。发生评估应当考虑下列因素。

a)生物学因素:如易感动物、病原性质等。

b)国家因素:如传播媒介,人和动物数量,文化和习俗,地理、气候和环境特征。

c)商品因素:如进境商品种类、数量和用途,生产加工方式,废弃物的处理。

发生评估证明危害因素在我国境内不造成危害的,风险评估结束。

③后果评估是指危害因素传入后,对我国农牧渔业生产、人体健康及生态环境所造成的后果的评估。后果评估需阐明给定暴露的潜在后果及其发生概率。评估可分为定性(用文字表

示)或定量(用数值表示)。后果评估应当考虑以下因素。

a)直接后果:如动物感染、发病和造成的损失,以及对公共卫生的影响等。

b)间接后果:如危害因素监测和控制费用,补偿费用,潜在的贸易损失,对环境的不利影响。

如果后果是可以忽略的,风险分析可以就此停止。

④风险预测是指对传入评估、发生评估和后果评估的结果综合分析以获得对进口风险的估计。因此,风险预测需考虑从危害确认到产生不良后果的全部风险路径。

定量评估的最终结果包括:估算一定时期内健康状况可能受到不同程度影响的畜(禽)群、其他动物或人群的数量;概率分布、置信区间及其他产生评估不确定性的因素;计算所有模型输入值的方差;敏感性分析,根据多种因素对风险估算偏差的影响程度予以排列;模型输入值之间的依赖性及相关性分析。

3. 风险管理

风险管理是指对所分析的风险项目做出结论,并据此提出、选择、评价和改进避免或降低风险的相关措施,以供决策者参考,并将其应用于实践的过程。

风险管理需明确提出每种风险的管理程序、管理目标、管理范围、管理所需的详细数据,说明备选项目、选取的原则及相关参考文献,同时明确对人员的特殊要求,说明所需仪器设备。

为了降低或避免疫病随进口动物或动物产品传入的风险,风险管理可选择以下措施:选择合适的原产地和到达的目的地,装运前、到达后实施严格检疫措施,选择可靠的实验室诊断方法,充分考虑并选择使用合适的预防接种和消毒措施,选择熟制或特定的加工、存放温度或时间,选择其他必要的处理措施(如使用兽药、胚胎冲洗等)。

进境动物的风险管理措施包括产地选择、时间选择、隔离检疫、预防免疫、实验室检验、目的地或者使用地限制和禁止进境等。

进境动物产品、动物遗传物质、动物源性饲料、生物制品和动物病理材料的风险管理措施包括产地选择,产品选择,生产、加工、存放、运输方法及条件控制,生产、加工、存放企业的注册登记,目的地或者使用地限制,实验室检验和禁止进境等。

【例】 新西兰从非洲进口马匹对非洲马瘟(AHS)的风险管理

由于需要从非洲进口马匹使新西兰易感动物受到 AHS 感染的风险不可忽略,所以应采取卫生措施,以达到新西兰的可接受保护水平。风险管理目标:为有效管理 AHS 病毒可能带来的风险,所采取的卫生措施应确保进口马匹与普通马群混群时未携带病毒。

措施:一是马匹来自无疫国家或无疫区;二是若马匹来自疫区,隔离时间应至少为最长潜伏期加上最长带毒期(非洲马瘟最长潜伏期 14 d,最长带毒期 21 d),因此马匹在 35 d 内不得接触虫媒或混群;三是可使用活毒疫苗,但混群前需至少隔离 35 d。

当境外发生重大疫情或有毒有害物质污染事件时,海关总署依据我国进出境动植物检疫法律法规,参照国际标准、准则和建议,采取应急措施,禁止从发生疫情或污染的国家或地区输入相关动物、动物产品、动物遗传物质、动物源性饲料、生物制品和动物病理材料。

根据风险评估的结果,确定与我国适当保护水平相一致的风险管理措施。风险管理措施应当有效、可行。

4. 风险交流

风险交流是指为促进相互理解，对风险信息和分析结果进行双向多边互动、交换与传达，并据此采取有效管理措施的过程。风险交流应当贯穿于风险分析的全过程。适当的风险交流十分必要，它可使公众了解政府决策者制定风险管理措施的依据，并在生产经营活动中自觉采纳风险专家推荐的方法，以减少或规避风险。

风险交流包括收集与危害和风险有关的信息和意见，讨论风险评估的方法、结果和风险管理措施。风险交流对象为出口国动物检疫主管当局和出口商、进口国的主管当局和进口商、其他有关的国家和国际组织以及风险分析专家、有关公众等。政府机构、生产经营单位、消费团体等可了解风险分析过程中的详细情况，并提供意见和建议。对有关风险分析的建议和意见应当组织审查并反馈。

任务三　动物疫情预警

任务目标

知识目标

掌握《中华人民共和国动物防疫法》中动物疫情监测与预警的规定，理解预警概念、作用、分级及应急响应机制，知晓疫情报告、通报流程及相关法规要求。

技能目标

能够依据法规科学设置动物疫情监测体系，明确各级职责，将多种监测方式结合以发现疫情。学会分析疫情、评估风险、预测态势并准确发布预警信息。

素质目标

培养对动物疫情防控的责任感，提升其团队协作与沟通能力，使其在面对疫情时，能遵循原则，迅速、高效且科学地采取防控行动。

案例导入

在某地区，养殖户李明发现自家养殖的家禽出现异常症状，部分家禽精神萎靡、食欲不振。李明立即向当地动物疫病预防控制机构报告。经过检测，这些家禽感染了高致病性禽流感病毒。由于当地此前按照《中华人民共和国动物防疫法》要求，建立了完善的动物疫情监测网络，及时发现了这一疫情。相关部门迅速行动，对疫点进行封锁，扑杀染疫家禽，并对周边区域进行消毒和紧急免疫接种，有效控制了疫情的扩散。

根据以上案例描述，请在学习本任务时思考以下问题：

1. 在实际操作中，各地应如何科学设置动物疫情监测预警体系，以确保像这样的疫情能被及时发现呢?

2. 当接到不同级别的动物疫情预警后,各相关部门具体应如何按照“统一领导,分级管理”等原则,高效开展应急响应工作呢?

带着这些问题,让我们进一步深入了解动物疫情监测与预警相关知识。

知识要点

科学、准确、全面监测疫情,是做好疫情防控工作的基础。《中华人民共和国动物防疫法》强化了动物疫情监测制度,建立了动物疫情预警机制,明确规定县级以上人民政府要建立健全动物疫情监测网络。各地要按照《中华人民共和国动物防疫法》规定,进一步加强动物疫情监测,科学构建动物疫情监测预警体系,明确各级监测机构职责、任务和工作要求,制定相关工作制度及规范,切实建立功能完善、运行高效的动物疫情监测网络。要将紧急监测与日常监测相结合,将点上监测和面上监测相结合,及时发现和掌握动物疫情,认真做好疫情分析,评估疫情发生的风险,预测疫情流行态势,及时发布疫情预警信息。

二维码 7-4 动物疫情的预警(一)

动物疫情预警系统是一个多层次、多部门协作的综合性体系,通过定期的疫情监测、汇总分析和及时的预警发布,旨在实现疫情的早发现、快行动和严处理,从而保障畜牧业的健康发展和公众健康安全。

一、预警的概念

动物疫情预警是指在动物疫情发生和传播前,通过监测和分析动物疫情的发生、发展规律和特点,评估其可能带来的危害程度和发展趋势,并及时发出预警信号。对不利事件发生的概率和强度进行前瞻性地公布,公布的内容包括预警信息的发布单位、事件的类别、可能的危害程度、起始时间、影响范围及各相关方面应采取的措施。预警信息的发布、调整和解除,可以通过电视、报刊、广播、通信、网络、警报、宣传车等方式进行。

二维码 7-5 动物疫情的预警(二)

《中华人民共和国动物防疫法》第十九条第五款规定:“国务院农业农村主管部门和省、自治区、直辖市人民政府农业农村主管部门根据对动物疫病发生、流行趋势的预测,及时发出动物疫情预警。地方各级人民政府接到动物疫情预警后,应当及时采取预防、控制措施。”

各级别的预警和响应措施均需遵循“统一领导、分级管理”“快速反应、高效运转”“预防为主、群防群控”的原则。同时,各地区应根据疫情的具体特点和发展态势,及时调整预警和响应级别,采取相应的预防和控制措施,有效控制疫情发展。

二、预警的作用

动物疫情预警是一个重要的公共卫生措施,它有助于及时采取措施预防、控制和扑灭可能对畜牧业及公众健康造成危害的动物疫情。根据中国政府网发布的《农业农村部关于做好动物疫情报告等有关工作的通知》，县级以上地方动物疫病预防控制机构需每月对本行政区域内的动物疫情进行汇总，并逐级上报至中国动物疫病预防控制中心。这些汇总分析结果包括动物种类、疫病名称、发生疫情的县数等关键信息，为疫情的预警提供了数据支持。

动物疫情预警体系的建立对于畜牧业的健康发展及社会公众卫生安全至关重要。它可以帮助及时发现动物疫情的隐患，全面开展动物疫病防控工作，为畜牧业经济的健康发展提供保障。动物疫情预警的作用主要如下。

(1)提前防控并预警预报动物疫病：为了更好地掌握动物疫情分布以及发展趋势，通过监测技术明确动物疫病或病原的发生、流行和分布情况，找到潜在病原，实现实际的疫病预防效果，并由主管部门迅速反应，控制疫病范围。

(2)有效评估风险：监测预警工作能够对动物疫情实施风险评估，为制定有效的疫病消灭方案提供依据，是国家调整兽医防疫体制策略的基础性手段。

(3)实现疫病净化：监测预警有助于淘汰患有严重疫病的动物，特别是对于那些无法通过免疫接种预防和控制的疾病，实现监测和净化，提高动物疫病预防控制的效果。

此外，动物疫情的报告、通报和公布工作也是疫情防控的重要组成部分。《中华人民共和国动物防疫法》第三十一条规定："从事动物疫病监测、检测、检验检疫、研究、诊疗以及动物饲养、屠宰、经营、隔离、运输等活动的单位和个人，发现动物染疫或者疑似染疫的，应当立即向所在地农业农村主管部门或者动物疫病预防控制机构报告，并迅速采取隔离等控制措施，防止动物疫情扩散。其他单位和个人发现动物染疫或者疑似染疫的，应当及时报告。接到动物疫情报告的单位，应当及时采取临时隔离控制等必要措施，防止延误防控时机，并及时按照国家规定的程序上报。"这些措施共同构成了动物疫情预警和应对机制，旨在保护畜牧业生产安全和公共卫生安全。

动物疫情的预警应该做到及时和准确。如果预警信息发布得晚，相关方面可能来不及采取相应的准备，难以避免或减少疫情带来的损失。如果预警信息是错误的，相关方面可能浪费人力和物力，采取了不必要的措施，应对不会发生的风险。

三、分级预警

2006 年国务院发布的《国家突发重大动物疫情应急预案》进一步明确了疫情的分级、应急响应原则和疫情报告的具体要求。根据突发公共事件可能造成的危害程度、紧急程度和发展态势，该预案将突发重大动物疫情分为特别重大（Ⅰ级）、重大（Ⅱ级）、较大（Ⅲ级）和一般（Ⅳ级）四个等级，依次用红色、橙色、黄色和蓝色表示。并规定了相应的应急响应措施。一级为最高级别，代表特别重大突发动物疫情，在确认疫情后县级以上地方各级人民政府需迅速采取行动，包括组织协调相关部门、发布封锁令、采取紧急措施等，以有效控制疫情发展。减少疫情对畜牧业生产安全和公众健康可能造成的危害。

根据动物疫病的监测、信息收集、报告和通报，以及根据疫情的严重程度和特点，发出不同级别的预警。预警机制的建立和完善是为了加强动物疫病的预防和控制，提高对动物疫情的应急处理能力，确保畜牧业的健康发展和公共卫生安全。

具体的预警发布条件和应急响应措施可能会根据不同地区的实际情况和法律法规的具体规定有所差异。因此，具体的分级预警发布条件应参照当地的动物防疫法律法规和应急预案。

1. Ⅰ级(特别重大)

即红色预警,通常是最高级别的预警,它代表着预判可能发生特别重大的动物疫情。

特别重大动物疫情通常涉及高致病性禽流感、非洲猪瘟等发病率或死亡率高的动物疫病。这类疫情对畜牧业生产安全造成严重威胁,可能导致重大经济损失。疫情的传播范围广泛,可能涉及多个地区,甚至可能对全国范围内的畜牧业和公共卫生构成威胁。

当发生或可能发生特别重大的动物疫情时,国家和地方政府将启动最高级别的应急响应机制,发布红色预警,采取封锁、隔离、扑杀、消毒、无害化处理、紧急免疫接种等措施。

红色预警的发布由市指挥部办公室组织专家会商研判后以市农业农村委名义发布。一旦发布红色预警,意味着相关指挥部转入应急状态,需要采取一系列紧急措施来应对可能的疫情扩散。同时,根据《中华人民共和国动物防疫法》,县级以上人民政府在接到动物疫情预警后,也应当及时采取预防、控制措施。

2. Ⅱ级(重大)

即橙色预警,是指对人、动物构成严重危害,可能造成较大经济损失和社会影响,需要采取严格预防、控制等措施的疫病。

具体来说,二级动物疫情包括但不限于狂犬病、布鲁氏菌病、草鱼出血病等。这些疫病对人和动物构成严重危害,可能导致较大的经济损失和社会影响,因此需要采取严格的预防和控制措施,以防止疫情的扩散和进一步的影响。

在发生重大动物疫情,如H7N9亚型流感在一定时间内在多个县(市、区)发生,或口蹄疫在多个相邻市发生时,省级政府将启动应急预案,统一领导和指挥应急处理工作,包括调集应急物资、设置临时动物防疫监督检查站、限制动物及动物产品交易等措施。橙色预警通常用于预判可能发生二级重大动物疫情的情况。

在具体的应急响应措施方面,当发布橙色预警时,相关部门会转入应急状态,组织专家进行会商研判,并采取一系列措施,如疫情监测、隔离、消毒、流行病学调查等,以控制疫情的扩散和影响。

3. Ⅲ级(较大)

即黄色预警,当疫情在较小范围内发生,如一个区县或者几个相邻区县,但仍然需要较严格的控制措施时,市(地)级人民政府启动,采取相应的综合应急措施。并可向上级政府申请资金、物资和技术援助。

黄色预警的发布由区县指挥部办公室组织专家会商研判后,报请市指挥部办公室以市农业农村委名义发布。一旦黄色预警发布,意味着相关部门和单位需要提高警惕,采取必要的预防和控制措施,以防止疫情的进一步扩散。同时,公众也应被告知疫情的潜在风险,并采取适当的防护措施。

4. Ⅳ级(一般)

即蓝色预警,对于较小规模的疫情,如在一个区县内发生,根据疫情的严重程度、发展趋势和可能造成的危害,划分最低等级的预警。由县级地方人民政府启动,组织有关部门开展疫情应急处置工作。在具体实施中,当发布蓝色预警时,相关部门需要根据预案采取相应的监测、报告、应急响应等措施,以控制疫情的扩散和影响。

四、应急响应

(一)特别重大突发动物疫情(Ⅰ级)的应急响应

确认为特别重大突发动物疫情后,按程序启动本预案。

1. 县级以上地方各级人民政府

(1)组织协调有关部门参与突发重大动物疫情的处理。

(2)根据特别重大突发动物疫情处理需要,调集本行政区域内各类人员、物资、交通工具和相关设施、设备参加应急处理工作。

(3)发布封锁令,对疫区实施封锁。

(4)在本行政区域内采取限制或者停止动物及动物产品交易、扑杀染疫或相关动物,临时征用房屋、场所、交通工具;封闭被动物疫病病原体污染的公共饮用水源等紧急措施。

(5)组织铁路、交通、民航、质检等部门依法在交通站点设置临时动物防疫监督检查站,对进出疫区、出入境的交通工具进行检查和消毒。

(6)按国家规定做好信息发布工作。

(7)组织乡镇、街道、社区以及居委会、村委会,开展群防群控。

(8)组织有关部门保障商品供应,平抑物价,严厉打击造谣传谣、制假售假等违法犯罪和扰乱社会治安的行为,维护社会稳定。

必要时,可请求中央予以支持,保证应急处理工作顺利进行。

2. 兽医行政管理部门

(1)组织动物防疫监督机构开展突发重大动物疫情的调查与处理;划定疫点、疫区、受威胁区。

(2)组织特别重大突发动物疫情专家委员会对突发重大动物疫情进行评估,提出启动突发重大动物疫情应急响应的级别。

(3)根据需要组织开展紧急免疫和预防用药。

(4)县级以上人民政府兽医行政管理部门负责对本行政区域内应急处理工作的督导和检查。

(5)对新发现的动物疫病,及时按照国家规定,开展有关技术标准和规范的培训工作。

(6)有针对性地开展动物防疫知识宣教,提高群众防控意识和自我防护能力。

(7)组织专家对突发重大动物疫情的处理情况进行综合评估。

3. 动物防疫监督机构

(1)县级以上动物防疫监督机构做好突发重大动物疫情的信息收集、报告与分析工作。

(2)组织疫病诊断和流行病学调查。

(3)按规定采集病料,送省级实验室或国家参考实验室确诊。

(4)承担突发重大动物疫情应急处理人员的技术培训。

4. 出入境检验检疫机构

(1)境外发生重大动物疫情时,会同有关部门停止从疫区国家或地区输入相关动物及其产品;加强对来自疫区运输工具的检疫和防疫消毒;参与打击非法走私入境动物或动物产品等违法活动。

(2)境内发生重大动物疫情时,加强出口货物的查验,会同有关部门停止疫区和受威胁区的相关动物及其产品的出口;暂停使用位于疫区内的依法设立的出入境相关动物临时隔离检疫场。

(3)出入境检验检疫工作中发现重大动物疫情或者疑似重大动物疫情时,立即向当地兽医行政管理部门报告,并协助当地动物防疫监督机构做好疫情控制和扑灭工作。

(二)重大突发动物疫情(Ⅱ级)的应急响应

确认为重大突发动物疫情后,按程序启动省级疫情应急响应机制。

1. 省级人民政府

省级人民政府根据省级人民政府兽医行政管理部门的建议,启动应急预案,统一领导和指挥本行政区域内突发重大动物疫情应急处理工作。组织有关部门和人员扑疫;紧急调集各种应急处理物资、交通工具和相关设施设备;发布或督导发布封锁令,对疫区实施封锁;依法设置临时动物防疫监督检查站查堵疫源;限制或停止动物及动物产品交易、扑杀染疫或相关动物;封锁被动物疫源污染的公共饮用水源等;按国家规定做好信息发布工作;组织乡镇、街道、社区及居委会、村委会,开展群防群控;组织有关部门保障商品供应,平抑物价,维护社会稳定。必要时,可请求中央予以支持,保证应急处理工作顺利进行。

2. 省级人民政府兽医行政管理部门

重大突发动物疫情确认后,向农业农村部报告疫情。必要时,提出省级人民政府启动应急预案的建议。同时,迅速组织有关单位开展疫情应急处置工作。组织开展突发重大动物疫情的调查与处理;划定疫点、疫区、受威胁区;组织对突发重大动物疫情应急处理的评估;负责对本行政区域内应急处理工作的督导和检查;开展有关技术培训工作;有针对性地开展动物防疫知识宣教,提高群众防控意识和自我防护能力。

3. 省级以下地方人民政府

疫情发生地人民政府及有关部门在省级人民政府或省级突发重大动物疫情应急指挥部的统一指挥下,按照要求认真履行职责,落实有关控制措施。具体组织实施突发重大动物疫情应急处理工作。

4. 农业农村部

加强对省级兽医行政管理部门应急处理突发重大动物疫情工作的督导,根据需要组织有关专家协助疫情应急处置;并及时向有关省份通报情况。必要时,建议国务院协调有关部门给予必要的技术和物资支持。

(三)较大突发动物疫情(Ⅲ级)的应急响应

1. 市(地)级人民政府

市(地)级人民政府根据本级人民政府兽医行政管理部门的建议,启动应急预案,采取相应的综合应急措施。必要时,可向上级人民政府申请资金、物资和技术援助。

2. 市(地)级人民政府兽医行政管理部门

对较大突发动物疫情进行确认,并按照规定向当地人民政府、省级兽医行政管理部门和农业农村部报告调查处理情况。

3. 省级人民政府兽医行政管理部门

省级兽医行政管理部门要加强对疫情发生地疫情应急处理工作的督导，及时组织专家对地方疫情应急处理工作提供技术指导和支持，并向本省有关地区发出通报，及时采取预防控制措施，防止疫情扩散蔓延。

(四)一般突发动物疫情(Ⅳ级)的应急响应

县级地方人民政府根据本级人民政府兽医行政管理部门的建议，启动应急预案，组织有关部门开展疫情应急处置工作。

县级人民政府兽医行政管理部门对一般突发重大动物疫情进行确认，并按照规定向本级人民政府和上一级兽医行政管理部门报告。

市(地)级人民政府兽医行政管理部门应组织专家对疫情应急处理进行技术指导。

省级人民政府兽医行政管理部门应根据需要提供技术支持。

课后训练

一、名词解释

1. 风险分析　2. 预警　3. 风险预测　4. 动物疫情预测　5. 风险交流

二、填空题

1. 根据突发公共事件可能造成的危害程度、紧急程度和发展态势，该预案将突发重大动物疫情分为特别重大(Ⅰ级)、____________、____________和____________四个等级。

2. 风险概率和后果。使用定性语言将风险的发生概率及其后果描述为极高、____________、____________、____________、极低5级。

3. 动物疫病预测工作是依据____________进行的，该法律明确了动物疫病的分类、____________、预警以及疫情报告和____________。

4. 我国已经建立了一套动物疫情报告和通报的系统，包括____________和____________，以规范动物疫情的管理和提升动物疫病防控工作水平。

三、判断题

(　　)1. 黄色预警是描述疫情严重程度的最高等级。

(　　)2. 国际贸易风险分析应执行或者参考有关国际标准、准则和建议。

(　　)3. 红色预警的发布由乡镇指挥部办公室组织专家会商研判后以乡镇政府的名义发布。

(　　)4. 进口动物和动物产品要以“零风险”为原则。

(　　)5. 风险评估方法需保持一致和透明，以确保评估结果的公平性和合理性。

四、简答题

1. 简述动物疫情预警的作用。
2. 动物疫病风险分析的内容包括哪些？

思政小贴士

疫情预警关乎畜牧业兴衰和公共卫生安全，及时发布动物疫情预警，能让养殖户提前防控，减少经济损失。我们要明白，预警发布后会影响多方决策和行动，在社交媒体发达的今天，要防止不实信息传播，避免引起公众恐慌或误导养殖户，避免因信息发布不准确而造成巨大损失，确保信息准确传达，体现人文关怀。

二维码 7-6
思政小贴士(七)

项目小结

项目七　动物疫情预测、风险分析和预警

- 任务一　动物疫情预测
- 任务二　动物疫情风险分析
- 任务三　动物疫情预警

项目八
动物疫病的防控和根除

任务一　动物疫病防控措施

任务目标

知识目标

熟知防控动物疫病的各项基本原则，理解健全兽医管理体制和法律法规在防控工作中的重要性。全面掌握免疫接种、饲养管理、生物安全等多种防控措施的原理、操作要点及适用场景。

技能目标

能够依据动物疫病的流行特点和实际情况，科学制定有效的免疫接种计划，熟练操作各类疫苗的接种流程。能够严格按照生物安全标准，有效落实养殖场的生物安全防控措施，规范开展动物检疫工作，精准识别染疫动物及产品。

素质目标

培养对动物疫病防控工作的高度责任感和使命感，深刻认识其在保障公共卫生安全、促进畜牧业可持续发展中的关键作用。

案例导入

在现代化农业蓬勃发展的当下，动物养殖业在经济领域和民生保障方面占据着举足轻重的地位。然而，动物疫病犹如高悬的利剑，时刻威胁着行业的稳定与繁荣。2018 年，非洲猪瘟疫情如风暴般席卷我国。短短数月，多省份的生猪养殖场遭受重创。辽宁的一家大型养猪场，存栏生猪上万头。疫情来袭后，生猪大量染病死亡，发病率和死亡率居高不下。为控制疫情，不得不对场内生猪进行大规模扑杀，直接经济损失高达数千万元，具体损失包括生猪死亡补偿、扑杀费用、消毒防疫成本等。不仅如此，周边地区的生猪交易市场也陷入低迷，养殖户们损失惨重。无独有偶，禽流感疫情也曾多次在禽类养殖区域暴发，情况同样不容乐观。某大型养鸡场，因禽流感疫情，大批鸡只死亡，不仅鸡场收入归零，还需投入大量资金进行疫情处置。与此同时，消费者对禽肉产品信心受挫，禽类产品市场需求大幅度下降，整个禽类养殖产业链遭受沉重打击。

基于以上案例的严峻现实，请在学习本任务时思考以下问题：

1. 面对动物疫病的严峻挑战，我们该如何构建有效的防控体系？
2. 该如何在实际操作中落实各项防控措施，将疫病风险降至最低？

知识要点

二维码 8-1 动物疫病防控措施

动物疫病是指在动物群体中迅速传播并引起大量病例的传染性疾病。动物疫病不仅对动物的健康和福利构成严重威胁，也对公共卫生、食品安全和农业经济产生深远影响。随着全球贸易的增长、气候变化以及人类活动的影响，动物疫病的传播风险不断增加。为了预防和控制动物疫病的传播，全面探讨动物疫病的防控措施，通过深入分析疫病监测、预防接种、生物安全管理、应急响应机制等关键环节，为构建科学、高效的动物疫病防控体系提供坚实的理论支持和具体的实践指导。

在 2018 年，非洲猪瘟在国内肆虐，短时间内大量生猪染病死亡，养殖户损失惨重。这场疫病不仅让众多家庭农场主血本无归，许多大型养殖企业也遭受重创，直接导致国内猪肉价格大幅波动，市场供应紧张。与此同时，禽流感也曾多次在全球范围内引发恐慌，不仅家禽养殖业遭受沉重打击，还因存在人畜共患风险，严重威胁人类健康。

一、动物疫病防控的重要性

（1）保障动物健康与福利。动物疫病会导致动物遭受痛苦、生长发育受阻、繁殖能力下降，甚至死亡。有效的防控措施有助于减少疫病对动物个体的侵害，提高其生活质量和生产性能。

（2）维护公共卫生安全。许多动物疫病是人畜共患病，如禽流感、狂犬病等，能够传播给人类，引发严重的健康问题。防控动物疫病对于预防人类疾病的发生和传播具有重要意义。

（3）促进畜牧业可持续发展。疫病的流行会导致牲畜存栏量下降、养殖成本增加、产品质量受损，从而影响畜牧业的经济效益和市场竞争力。加强疫病防控有助于稳定畜牧业生产，保障产业的可持续发展。

（4）保障食品安全。患病动物的肉、奶、蛋等产品可能携带病原体或残留有害物质，对消费者的健康构成威胁。有效的疫病防控能够确保动物源性食品的安全和质量。

二、动物疫病防控的基本原则

（1）预防为主：通过采取预防措施，降低疫病发生的风险，而非仅仅在疫病发生后进行治疗。

(2)综合治理:综合运用多种防控手段,包括生物安全、免疫接种、监测预警、检疫监管等。

(3)科学防控:依据疫病的流行病学特点、病原体特性以及动物的生理特点,制定科学合理的防控方案。

(4)依法防控:严格遵守相关法律法规,加强执法监督,确保防控措施的有效实施。

三、健全兽医管理体制和法律法规

动物疫病防控的核心组成是建立疫病报告制度,拥有兽医管理体制,现行的兽医专业法律法规是对动物疫病管理最基础的预防与控制方式。重要法律法规的颁布和实施标志着我国动物疫病防控工作走上法治化轨道。《中华人民共和国动物防疫法》规定,动物防疫的措施和责任是保障动物健康和公共卫生安全;并根据动物疫病对畜牧业生产和人体健康的危害程度,动物疫病可以分为三类,公布了一类疫病、二类疫病和三类疫病具体病种。《中华人民共和国畜牧法》规范畜牧业生产经营行为,保障畜禽产品供给和质量安全,保护和合理利用畜禽遗传资源,促进畜牧业高质量发展。世界动物卫生组织(WOAH)是最重要的动物疫病防控的国际组织,其出版的《国际动物卫生法典》详细规定进出口国家采取的卫生措施,防止传播动物或人的病原体,确保动物及其产品在国际贸易中的卫生安全,并促进国际贸易。同时,还需相关部门对养殖行业进行监管,防止病害动物进入市场。采取有效的措施对动物疫病进行预防控制,并采用多种不同的预防与控制手段,最大程度上减少动物疫病的发生率。

二维码 8-2 中华人民共和国畜牧法

四、动物疫病的防控措施

动物疫病的防控措施,也就是人类采取的主动干预措施,大体可分为疫病的预防与控制,预防是指采取一切措施将疫病病原体排除在未受感染的动物群体之外。可以分为针对致病因子或因素采取的病因预防措施,如消毒、杀虫、灭鼠、扑杀感染动物群体、生物安全控制、改善饲养管理、限制动物流通等。以及针对易感动物采取的畜群预防措施,如免疫接种、药物预防、检疫等。疫病的控制是指在发生动物疫病时,采取隔离、扑杀、消毒等措施,防止其扩散,做到有疫不流行,以及对已经存在的动物疫病,采取监测、淘汰等措施。

(一)免疫接种

动物免疫接种是通过接种疫苗(包括菌苗、类毒素等生物制品)使动物产生自动免疫的一种手段,使易感动物群变为不易感动物群,从而减少疾病流行程度或避免动物发病,它是预防和控制动物传染病的重要措施之一。免疫接种可以分为预防接种和紧急接种两种类型。在经常发生某些传染病或受到邻近地区某些传染病威胁的地区,平时有计划地给健康动物进行免疫接种,即预防接种,可防患于未然。而在某些传染病流行时,对疫区和受威胁区尚未发病的动物进行应急性免疫接种,即紧急接种,可迅速控制和扑灭疫病的流行。

免疫接种通过将疫苗制剂接种到动物体内,使动物获得抵抗某一特定或与疫苗相似病原的免疫力,并产生相应的抗体。这种接种过程使动物对该疾病具有较强的抵抗能力。例如,兽医为动物接种疫苗后，动物的机体仿佛受到病菌入侵一样，开始产生杀死病菌的抗体，同时机体又会产生具有保护性的白细胞，能够抵抗某类疾病。当再次遇上同类病毒或病菌，机体调动免疫记忆功能，便能立刻消灭它。

常用的动物疫苗有活疫苗、灭活疫苗、类毒素、基因工程疫苗。

(1)活疫苗：是使用人工诱变获得的弱毒株或自然减弱的天然弱毒株制成，能够刺激机体产生细胞及黏膜免疫的作用，诱发体液免疫和细胞免疫两种免疫反应，增强群体免疫屏障，且多种免疫途径可用，如滴鼻、点眼免疫。活疫苗具有良好的免疫原性，免疫效果好，接种次数少，但存在潜在的毒力返强和散毒风险，因此其贮藏和运输条件较为严格。

(2)灭活疫苗：是使用物理或化学方法将病原微生物杀死，但仍保留其免疫原性。疫苗安全性高，不存在散毒的危险，受母源抗体的影响小、产生抗体水平高。但灭活疫苗不产生局部免疫、引起细胞介导免疫的能力弱、免疫力产生慢，需要免疫增强剂和多次免疫，且只能注射免疫。

(3)类毒素：是通过处理细菌产生的外毒素得到的，用甲醛处理后去除其毒性，但仍保留免疫原性。类毒素疫苗能够刺激机体产生高滴度抗体，从而提供较长时间的免疫保护，适用于需要长期保护的疾病预防。

(4)基因工程疫苗：包括亚单位疫苗、基因缺失疫苗和合成肽疫苗等，这些疫苗利用现代生物技术制备，具有高度的安全性和针对性。它们通常针对特定的病原体成分，能够诱导强烈的免疫反应，适用于特定疾病的高效预防。

(二)饲养管理

饲养管理措施是控制疫病传播的重要手段之一。提供清洁、干燥、通风良好的养殖场所是动物健康生长的基础；合理的圈舍设计和布局有助于减少病原体的滋生和传播。

1. "自繁自养"原则

"自繁自养"可有效防止疫情发生，这是多年来从实践中总结出来的行之有效的方法。必须外购时，应坚持从非疫区，经过免疫接种且在有效期内，经过检疫并有检疫证明的动物方可购买引进。凡新购进的牛和猪应隔离观察 15 d，羊应隔离观察 21 d，确认健康后方可混群。

2. "全进全出"的养殖模式

"全进全出"是一种家畜和家禽饲养的管理技术，它要求在同一畜舍或养殖场内，所有家畜或家禽在同一时间进入，并在同一时间全部出售，之后进行彻底的清洁和消毒，以确保下一批家畜或家禽进入时有一个干净的环境。"全进全出"的生产方式有效切断了循环感染的途径，减少了动物疫病交叉感染的机会。

3. 饲养环境

保持饲养环境的清洁和卫生，防止动物间的接触和传播；保证动物的营养和饮水需求，提供适当的温度和湿度条件，避免环境因素造成动物的压力和抵抗力下降；保证合理的饲养密度，避免过度拥挤。过度拥挤会导致动物之间的接触频繁，增加病原体传播的机会，同时也会造成环境压力增大，影响动物的生长和健康，确保饲养环境符合动物防疫要求。所以，改善饲养环境可以提高动物的免疫力，降低疫病发生的风险。

4. 饲料管理

饲料是保障动物健康的重要因素之一。优质的饲料不仅能满足动物的能量和蛋白质需求，还应富含维生素、矿物质和微量元素等。营养不良或营养失衡会导致动物免疫力下降，增加感染疫病的风险。选择合适的饲料，避免使用未经处理的污染饲料，定期进行饲料成分和营养价值的检测，防止动物因饲料不合格而受到疫病的影响。所以，科学的饲养管理可以减少环境变化、运输、饲料转换等因素引起的应激反应，增强动物免疫力，减少病原体传播，降低感染疫病的风险。

（三）生物安全

生物安全是指采取必要措施，切断病原体的传入途径，最大限度地降低各种物理性、化学性和生物性致病因子对动物群体造成危害的一种动物生产体系。

生物安全涵盖多个方面，包括养殖场的设计与管控、人员和物品流动的管控、无规定疫病区的建立以及疫病防控等。疫病防控包含对动物的管控、环境管控和病原体管控。这种安全体系以维持并提升动物健康水平为核心，旨在防止新病原的引入，阻止病原的传播与扩散，是疫病防控的首要防线。做好养殖场的生物安全工作，是消灭传染源、切断传播途径的最有效手段，对于防范动物疫病的发生和传播具有重要意义。

畜牧业的生物安全又可分为外部生物安全和内部生物安全。外部生物安全用于避免病原体从外部进入畜禽群或养殖场；内部生物安全则针对畜群或农场内部已存在的病原体，防止其向未感染动物扩散或向其他农场传播。生物安全的概念还可拓展至区域或国家层面，用于预防国家间的疾病传播。

（四）检疫

动物检疫是指为了预防、控制动物疫病，防止动物疫病的传播、扩散和流行，保护畜牧业生产和人体健康，维护公共卫生安全，由法定的机构、人员，依照法定的检疫项目、标准和方法，对动物和动物产品进行的疫病检查、定性和处理的一项带有强制性的技术行政措施。

《国际动物卫生法典》中阐述了动物检疫的两种情况：一种是进出口贸易中，动物在启运地（特定的动物隔离场所）进行一定时间的隔离观察，合格的签发国际动物卫生证书准予出入境。到达目的地后也要进行一定时间的隔离观察，合格的凭证签章放行；另一种是发生疫情时，对疫点和/或相关区域的动物实施一定时期的隔离、封锁，以防止疫病传播、扩散。

国内现行的动物检疫标准体系可具体划分为：产地检疫、屠宰检疫和运输检疫。

（1）产地检疫是指动物及其产品在离开饲养地、生产地之前，由动物卫生监督机构派官方兽医到现场或指定地点所进行的检疫。出具动物产地检疫合格证明，以防止染疫动物及其产品流入市场，造成疫病的远距离、大范围传播。

（2）屠宰检疫是指对被宰动物所进行的宰前检疫和在屠宰过程中所进行的同步检疫。

（3）运输检疫是指出县境的动物，动物产品在运输过程中进行的检疫。可分为铁路运输检疫、公路运输检疫、航空运输检疫、水路运输检疫及赶运等运输方式下的检疫。运输检疫的目的是防止动物疫病远距离跨地区传播，减少途病，途亡。

（五）药物预防与治疗

药物预防是预先服用药物以防止或减少疾病发生的措施。药物预防通常用于尚无预防接种制剂时;或在疫源地预防接种已来不及控制传染病传播时。药物预防传染病时,为使其效率持续一段必要的时间,往往须多次地投药。其中抗生素、抗病毒、抗寄生虫药等药物和高免血清可用来预防和治疗疾病。在养猪生产的不同阶段(如哺乳仔猪、保育猪、生长育肥猪和母猪),选择性地在动物饲料中添加抗生素可促进生长;在秋冬季节,猪群容易发生格拉瑟病、猪传染性胸膜肺炎等细菌性疫病,根据应激因素和疫病流行特征,选择性地在饲料或饮水中添加使用安全有效的抗菌药物;在手术后使用抗生素可以防止细菌感染。但是药物使用也会带来不良后果,如耐药性的菌株的出现、药物残留等。药物使用过程中要严格按照标准执行,合理和谨慎使用抗生素,提倡绿色养殖,持续进行减抗、替抗行动是未来药物发展的方向。

除传统意义上的药物治疗外,新型的生物制剂如益生菌、噬菌体等也可用于疫病的预防和治疗。

益生菌产业已经应用到畜禽的养殖中,在饲料中添加益生菌可以调节肠道菌群平衡,抑制有害菌生长,预防和治疗肠道疾病的发生,如禽类腹泻。益生菌还可以激活免疫系统,提高免疫细胞的活性和免疫相关因子的产生,提高抵抗力。

噬菌体在动物疾病治疗中显示出显著的效果,主要通过侵入细菌细胞,破坏其细胞壁,导致细菌裂解,从而有效杀死细菌。这一过程不仅展现了噬菌体作为细菌“天敌”的角色,而且在动物疾病治疗中扮演了重要角色。噬菌体的应用效果较好,尤其是在面对具有多重耐药性的细菌时,其杀菌作用更为显著,因为它能够克服传统抗生素的局限性,提供一种更为高效和专一的杀菌方式。此外,噬菌体的使用还具有天然、广泛存在的优势,这意味着它们是绿色、安全的,且无残留风险,这对于动物疾病的治疗尤为重要。噬菌体的应用不仅限于单独使用,还可以与传统抗生素联合应用,以实现更好的治疗效果。这种联合治疗策略基于噬菌体与抗生素的协同效应,通过不同的作用机制共同对抗细菌,从而提高治疗效果。例如,在铜绿假单胞菌感染的治疗中,噬菌体与抗生素的联合应用显示了显著的协同效应,这为治疗多重耐药菌感染提供了新的解决方案。

(六)扑杀

这个措施目的是清除传染源。这种措施对于慢性感染的动物尤为重要,需要注意的是这种措施需要与消毒以及无害化处理等措施配合起来,才能达到最佳效果,否则扑杀本身又很有可能造成疫病的传播。通常,扑杀需要有法律依据,需要多个政府部门的参与,需要有合理的经济补偿,需要局限在一定的范围之内。

(七)隔离和封锁

对染疫的动物或可能染疫的动物进行隔离和封锁,可以阻断疫病从源头对外传播;对易感动物进行隔离和封锁,可以防止易感动物感染外界的病原。

隔离是控制传染病的重要措施之一,是为了控制传染源,防止动物继续受到传染,以便将疫情控制在最小范围内加以就地扑灭。

封锁是指当暴发某些重要传染病时,除严格隔离动物外,还应采取划区封锁的措施,以防止疫病向安全区散播和健畜禽误入疫区而被传染。

(八)消毒

消毒是杀灭病原的手段,一般分为日常消毒和紧急消毒。具体的消毒方法有很多种,包括物理消毒法(如火焰消毒、煮沸消毒)、化学消毒法、生物消毒法。其中,化学消毒法最为常用,有很多种类的化学消毒剂。不同的消毒方法和不同的消毒剂,适用的消毒对象是不一样的,有时需要联合使用。例如,对场地的消毒,可以先进行清扫,将扫出的垃圾进行焚烧消毒,然后再用化学消毒剂对场地进行消毒。

(九)疫病监测与溯源

动物疫病监测是动物疫病防治工作中最重要的技术手段,是预防、控制直至根除动物疫病的基础性工作。通过长期、连续、可靠的监测,可以及时准确地掌握动物疫病的发生状况和流行趋势,有效地实施国家动物疫病控制、消灭计划,并为动物疫病区域化管理(建立无疫区)提供有力的数据支持。

动物疫病溯源是指对动物疫病的来源进行追溯和调查的过程。

病原体监测与溯源是预防疫病传播的重要手段之一。通过对动物群体进行定期监测,及时发现潜在的疫病暴发风险,建立动物疫病报告制度,规范化和及时化地收集、报告疫病信息,采取相应防控措施。同时,通过对疫病暴发源头进行追溯,可以查明病原体的来源和传播途径,有助于防止未来的疫情发生。

(十)应急响应机制

动物应急响应机制是一个综合性的系统,旨在快速、有效地应对突发重大动物疫情,确保动物健康和公共卫生安全。首先,制定应急预案,明确在疫病暴发时的应对流程、责任分工和资源调配方案。其次,一旦发现疑似疫情,及时向上级主管部门报告,确保信息畅通。进行封锁疫区、扑杀染疫动物、无害化处理、消毒灭源等疫情处置措施,以迅速控制疫情扩散。最后,对疫情处置效果进行跟踪评估,总结经验教训,完善应急响应机制。

(十一)无害化处理

无害化处理是指将废弃物或有害物质通过合适的方法和技术进行处理,以降低或消除对环境和人类健康的危害,达到无害化的目的。这是一种环保和可持续发展的处理方式。

在畜禽饲养、屠宰、经营、隔离、运输等过程中出现的病死畜禽和病害畜禽产品,以及在发生重大动物疫情时的病死畜禽和病害畜禽产品,应根据动物疫病防控要求进行无害化处理。具体有:染疫或者疑似染疫死亡、因病死亡或者死因不明的;经检疫、检验可能危害人体或者动物健康的;因自然灾害、应激反应、物理挤压等因素死亡的;屠宰过程中经肉品品质检验确认为不可食用的;死胎、木乃伊胎等;因动物疫病防控需要被扑杀或销毁的;其他应当进行无害化处理的。

无害化处理方法有:

(1)物理处理:包括固体废物的分离、压实、破碎、热处理(如高温燃烧、焚烧)、辐射处理等。

(2)化学处理:通过化学反应、中和、氧化还原等方法,将有害物质转化为无害或低毒性的物质。

(3)生物处理:利用生物学过程,如微生物降解、堆肥、厌氧消化等,将有机废弃物转化为稳定的有机质和无害产物。

(4)热处理:通过高温处理,如高温蒸汽灭菌、高温熔化等,将有害物质转化为无害或稳定的物质。

(十二)全球合作

动物疫病是全球性的挑战,需要各国之间加强合作,共同制定和实施国际防疫标准和行动计划。国际组织如世界动物卫生组织(WOAH)、联合国粮食及农业组织(FAO)和世界卫生组织(WHO)等在动物疫病预防和控制方面发挥着重要作用;促进信息共享、技术合作、紧急援助和国际合作项目。

任务二 动物疫病的根除或消灭

任务目标

知识目标

能准确阐述疫病消灭、根除及净化的概念,清晰区分不同类型疫病消灭的情况,熟知界定动物疫病可消灭的条件及相关案例。

技能目标

可依据疫病特征,精准判断其是否具备被消灭的可能,熟练运用疫病净化措施,规划特定区域或场所的疫病防控方案。

素质目标

培养严谨的科学态度,提升对动物疫病防控重要性的认知,增强保护畜牧业健康与公共卫生安全的责任感。

案例导入

王某经营着一个颇具规模的养鸡场。过去,鸡瘟时常像幽灵般降临,让他损失惨重。但近些年,他惊喜地发现,鸡瘟似乎再也没有出现过。其实,这背后反映的正是动物疫病消灭与根除的相关知识。就像人类历史上,1980 年世界卫生组织宣布全球消灭天花,除特定实验室外,自然界再无天花病毒踪迹。动物界也有类似成果,2011 年牛瘟成为全球消灭的第一种动物疫病。在我国,20 世纪 50 年代消灭牛瘟,90 年代中期消灭牛肺疫。

根据以上案例描述,请在学习本任务时思考以下问题:

1. 王某养鸡场里,若想彻底消灭某种疫病,需要满足哪些条件呢?

2. 从全球成功根除重大动物疫病的案例中,我们能为自己地区的动物疫病防控工作借鉴到什么呢?

知识要点

消灭或根除是指通过实施防控规划，使得疫病从流行或地方流行状态转变为完全无病状态。现阶段是指某种疫病的发病率和感染率持续降至零水平，不再产生严重的健康或经济问题，不再需要采取控制措施。从流行病学角度，至少有以下几种情况。

（1）表示一种传染性疫病的消灭或根除，只要自然界任何一个地方还存在这种病原体，消灭就没有达到。目前，只有很少的疫病被消灭，人类的天花是其中一例。自 1980 年世界卫生组织（WHO）宣布在全球范围内消灭天花以来，除特定的实验室外，自然界已不存在天花病毒。根据世界动物卫生组织的报告，牛瘟已于 2011 年成为全球消灭的第一种动物疫病。

二维码 8-3　动物疫病的消灭或根除

（2）表示某种传染性疫病的地区性消灭或根除。动物疫病被消灭的程度，是衡量一个国家兽医事业发展水平的主要标志，不少国家在此方面取得了显著成绩。自 19 世纪以来，许多动物疫病都得到了地区性消灭。我国在 20 世纪 50 年代消灭了牛瘟，至 90 年代中期消灭了牛肺疫。

（3）表示在特定地区某种传染病的患病率已降低到不足以发生疫病传播的水平。如“消灭”中国的血吸虫病。

（4）表示某种传染病的患病率已降低到很低水平，不再是动物保健的主要问题，但疫病仍有可能发生一些传播。

虽然后两种定义不是严格意义上疫病消灭或根除，却是目前最常用的定义。消灭、根除某一个病种是一项长期的工作，如何界定某种动物疫病存在被消灭的可能呢？要考虑该病是否满足以下条件：宿主动物范围很窄，感染与发病仅限于某种家畜或家禽，野生动物不感染或仅依靠野生动物不能维持其感染的长期存在；有特异性临床症状体征，易于早期诊断；患病的动物易于识别；康复动物获得持久的特异性免疫；疫苗效果显著，使接种的动物获得持久的特异性免疫；消灭的效益显著高于消灭成本；有些国家已经能较容易地消灭这种疫病。

动物疫病根除是指通过净化措施，达到彻底消灭动物疫病病原的结果和状态，通过实施一系列的技术和管理措施，达到并维持某种或某些重点动物疫病在特定区域内个体不发病和无感染状态，从而实现消灭、根除疫病病原的过程。

上述所提到的动物疫病净化措施是指在特定场群或区域消灭动物疫病，实现动物疫病的源头控制，是推动无疫区建设的重要基础，也是保障公共卫生安全的重要内容。也就是通过检测、隔离、扑杀、淘汰、无害化处理等措施，对动物饲养场内患病动物发现和淘汰，从而降低动物疫病的流行率，逐步达到动物疫病消灭的状态。这包括有计划地在特定区域或场所对动物疫病进行控制和预防，以降低疫病发生的风险，保护畜牧业的健康发展和公共卫生安全，是国际上广泛运用的动物防疫策略，是逐步根除疫病病原的进一步措施。

在全球范围内，一些国家和地区已经成功根除了重大动物疫病。例如，欧美发达国家已基本净化根除了重大动物疫病。美国自 1961 年开始，耗时 15 年，耗费 1.4 亿美元，实施猪瘟消灭规划。这些成功的案例证明了疫病根除的可能性，也为其他国家和地区提供了借鉴和参考。

任务三　法定报告的动物疫病

任务目标

知识目标

能够清晰阐述我国及 WOAH 法定报告的动物疫病分类，准确列举各类疫病的具体病种，并熟知相关法规文件及修订情况。

技能目标

能依据疫病特征，精准判断动物疫病所属类别，掌握分析不同疫病对经济、动物健康及公共卫生影响的方法。

素质目标

培养对动物疫病防控工作的责任感，深刻认识动物疫病防控对保障民生、维护生态平衡及促进农业可持续发展的重要意义，增强社会担当意识。

案例导入

在某大型养殖场，原本一片繁荣的景象，上万头牲畜在宽敞的圈舍里健康成长，饲养员们每天忙碌而有序地工作着。然而，有一天，几头牲畜突然出现发热、精神萎靡的症状，起初大家并未太在意，以为只是普通的感冒。但没过几天，病情迅速蔓延，越来越多的牲畜倒下，甚至开始出现死亡。养殖场负责人心急如焚，赶忙请来了兽医专家。经过详细检测，原来是一种严重的动物疫病来袭，不仅给养殖场带来了巨大的经济损失，还对周边地区的畜牧业造成了潜在威胁。

根据以上案例描述，请在学习本任务时思考以下问题：

我国法定报告的动物疫病都有哪些类别呢？接下来，让我们一起深入了解我国法定报告的动物疫病相关知识。

知识要点

一、我国法定报告的动物疫病

根据《中华人民共和国动物防疫法》有关规定，中华人民共和国农业农村部发布《中华人民共和国农业农村部公告第 573 号》，对原《一、二、三类动物疫病病种名录》进行了修订，自 2022 年 6 月 23 日起施行。2008 年发布的中华人民共和国农业农村部公告第 1125 号、2011 年发布的中华人民共和国农业农村部公告第 1663 号、2013 年发布的中华人民共和国农业农村部公告第 1950 号同时废止。

一类动物疫病（11 种）：是指对人与动物构成特别严重危害，可能造成重大经济损失和社会影响，需要采取紧急、严厉的强制预防、控制等措施的动物疫病。

口蹄疫、猪水疱病、非洲猪瘟、尼帕病毒性脑炎、非洲马瘟、牛海绵状脑病、牛瘟、牛传染性胸膜肺炎、痒病、小反刍兽疫、高致病性禽流感。

二类动物疫病（37 种）：是指对人与动物构成严重危害，可能造成较大经济损失和社会影响，需要采取严格控制、控制等措施的动物疫病。

多种动物共患病（7 种）：狂犬病、布鲁氏菌病、炭疽、蓝舌病、日本脑炎、棘球蚴病、日本血吸虫病。

牛病（3 种）：牛结节性皮肤病、牛传染性鼻气管炎（传染性脓疱外阴阴道炎）、牛结核病。

二维码 8-4
一、二、三类动物疫病病种名录

绵羊和山羊病（2 种）：绵羊痘和山羊痘、山羊传染性胸膜肺炎。

马病（2 种）：马传染性贫血、马鼻疽。

猪病（3 种）：猪瘟、猪繁殖与呼吸综合征、猪流行性腹泻。

禽病（3 种）：新城疫、鸭瘟、小鹅瘟。

兔病（1 种）：兔出血症。

蜜蜂病（2 种）：美洲蜜蜂幼虫腐臭病、欧洲蜜蜂幼虫腐臭病。

鱼类病（11 种）：鲤春病毒血症、草鱼出血病、传染性脾肾坏死病、锦鲤疱疹病毒病、刺激隐核虫病、淡水鱼细菌性败血症、病毒性神经坏死病、传染性造血器官坏死病、流行性溃疡综合征、鲫造血器官坏死病、鲤浮肿病。

甲壳类病（3 种）：白斑综合征、十足目虹彩病毒病、虾肝肠胞虫病。

三类动物疫病（126 种）：是指常见多发，对人与动物构成危害，可能造成一定程度的经济损失和社会影响，需要及时预防、控制的动物疫病。

多种动物共患病（25 种）：伪狂犬病、轮状病毒感染、产气荚膜梭菌病、大肠杆菌病、巴氏杆菌病、沙门菌病、李氏杆菌病、链球菌病、溶血性曼氏杆菌病、副结核病、类鼻疽、支原体病、衣原体病、附红细胞体病、Q 热、钩端螺旋体病、东毕吸虫病、华支睾吸虫病、囊尾蚴病、片形吸虫病、旋毛虫病、血矛线虫病、弓形虫病、伊氏锥虫病、隐孢子虫病。

牛病（10 种）：牛病毒性腹泻、牛恶性卡他热、地方流行性牛白血病、牛流行热、牛冠状病毒感染、牛赤羽病、牛生殖道弯曲杆菌病、毛滴虫病、牛梨形虫病、牛无浆体病。

绵羊和山羊病（7 种）：山羊关节炎/脑炎、梅迪-维斯纳病、绵羊肺腺瘤病、羊传染性脓疱皮炎、干酪性淋巴结炎、羊梨形虫病、羊无浆体病。

马病（8 种）：马流行性淋巴管炎、马流感、马腺疫、马鼻肺炎、马病毒性动脉炎、马传染性子宫炎、马媾疫、马梨形虫病。

猪病（13 种）：猪细小病毒感染、猪丹毒、猪传染性胸膜肺炎、猪波氏菌病、猪圆环病毒病、格拉瑟病、猪传染性胃肠炎、猪流感、猪丁（新）型冠状病毒感染、猪塞内卡病毒感染、仔猪红痢、猪痢疾、猪增生性肠病。

禽病（21 种）：禽传染性喉气管炎、禽传染性支气管炎、禽白血病、传染性法氏囊病、马立克病、禽痘、鸭病毒性肝炎、鸭浆膜炎、鸡球虫病、低致病性禽流感、禽网状内皮组织增殖病、鸡病毒性关节炎、禽传染性脑脊髓炎、鸡传染性鼻炎、禽坦布苏病毒感染、禽腺病毒感染、鸡传染性贫血、禽偏肺病毒感染、鸡红螨病、鸡坏死性肠炎、鸭呼肠孤病毒感染。

兔病(2 种):兔波氏菌病、兔球虫病。

蚕、蜂病(8 种):蚕多角体病、蚕白僵病、蚕微粒子病、蜂螨病、瓦螨病、亮热厉螨病、蜜蜂孢子虫病、白垩病。

犬猫等动物病(10 种):水貂阿留申病、水貂病毒性肠炎、犬瘟热、犬细小病毒病、犬传染性肝炎、猫泛白细胞减少症、猫嵌杯病毒感染、猫传染性腹膜炎、犬巴贝斯虫病、利什曼原虫病。

鱼类病(11 种):真鲷虹彩病毒病、传染性胰脏坏死病、牙鲆弹状病毒病、鱼爱德华氏菌病、链球菌病、细菌性肾病、杀鲑气单胞菌病、小瓜虫病、粘孢子虫病、三代虫病、指环虫病。

甲壳类病(5 种):黄头病、桃拉综合征、传染性皮下和造血组织坏死病、急性肝胰腺坏死病、河蟹螺原体病。

贝类病(3 种):鲍疱疹病毒病、奥尔森派琴虫病、牡蛎疱疹病毒病。

两栖与爬行类病(3 种):两栖类蛙虹彩病毒病、鳖腮腺炎病、蛙脑膜炎败血症。

二、WOAH 法定报告的动物疫病

2019 年,WOAH 公布的法定报告动物疫病名录如下:

多种动物共患病(24 种):炭疽、伪狂犬病、蓝舌病、布鲁氏菌感染(流产布鲁氏菌、马耳他布鲁氏菌、猪布鲁氏菌)、克里米亚-刚果出血热、流行性出血病、马脑脊髓炎(东部)、心水病、细粒棘球蚴感染、多房棘球蚴感染、口蹄疫病毒感染、狂犬病病毒感染、裂谷热病毒感染、牛瘟病毒感染、旋毛虫感染、日本脑炎、新大陆螺旋蝇蛆病、旧大陆螺旋蝇蛆病、副结核病、Q 热、苏拉病(伊氏锥虫病)、土拉杆菌病(野兔热)、西尼罗热。

牛疫病(13 种):牛无浆体病、牛巴贝斯虫病、牛生殖道弯曲杆菌病、牛海绵状脑病、牛病毒性腹泻、地方流行性牛白血病、出血性败血病、牛传染性鼻气管炎/传染性脓疱阴户阴道炎、牛结节性皮肤病病毒感染、丝状支原体丝状亚种 SC 感染(牛传染性胸膜肺炎)、泰勒虫病、滴虫病、伊氏锥虫病。

绵羊、山羊疫病(11 种):山羊关节炎/脑炎、传染性无乳症、山羊传染性胸膜肺炎、绵羊地方性流产(绵羊衣原体病)、小反刍兽疫病毒感染、梅迪-维斯纳病、内罗毕绵羊病、绵羊附睾炎(绵羊布鲁氏菌)、沙门菌病(流产沙门菌)、痒病、绵羊痘和山羊痘。

马疫病(11 种):马传染性子宫炎、马媾疫、马脑脊髓炎(西部)、马传染性贫血、马流感、马梨形虫病、鼻疽伯克霍尔德氏菌感染(马鼻疽)、非洲马瘟病毒感染、马疱疹病毒 1 型感染、马动脉炎病毒感染、委内瑞拉马脑脊髓炎。

猪疫病(6 种):非洲猪瘟病毒感染、古典猪瘟病毒感染、猪繁殖与呼吸综合征病毒感染、猪带绦虫感染(猪囊尾蚴病)、尼帕病毒性脑炎、传染性胃肠炎。

禽疫病(13 种):禽衣原体病、禽传染性支气管炎、禽传染性喉气管炎、禽支原体病(鸡败血支原体)、禽支原体病(滑液囊支原体)、鸭病毒性肝炎、禽伤寒、禽流感病毒感染、鸟类(包括野生鸟类)高致病性 A 型流感病毒感染、新城疫病毒感染、传染性法氏囊病(甘布罗病)、鸡白痢、火鸡鼻气管炎。

兔疫病(2 种):兔黏液瘤病、兔病毒性出血症。

蜜蜂疫病(6种):欧洲蜂幼虫腐臭病、美洲蜂幼虫腐臭病、蜜蜂武氏螨侵染、蜜蜂热厉螨侵染、蜜蜂瓦螨侵染(大蜂螨)、蜂窝甲虫(蜂房小甲虫)侵染。

其他疫病(2种):骆驼痘、利什曼病。

课后训练

一、填空题

1. 从流行病学角度看,以下哪种情况严格意义上属于疫病的消灭或根除?(　　)
   A. 某种传染病的患病率已降低到很低水平,不再是动物保健的主要问题,但疾病仍有可能发生一些传播
   B. 表示在特定地区某种传染病的患病率已降低到不足以发生疾病传播的水平
   C. 只要自然界任何一个地方还存在这种病原体,消灭就没有达到,自然界已不存在该疫病病原体
   D. 动物疫病被消灭的程度,是衡量一个国家兽医事业发展水平的主要标志
2. 目前全球被消灭的动物疫病有(　　)。
   A. 天花　　B. 牛瘟　　C. 牛肺疫　　D. 血吸虫病
3. 以下哪项不是界定某种动物疫病存在被消灭可能需要考虑的条件?(　　)
   A. 宿主动物范围很窄,感染与发病仅限于某种家畜或家禽,野生动物不感染或仅依靠野生动物不能维持其感染的长期存在
   B. 疫病有特效治疗药物,能快速治愈患病动物
   C. 有特异性临床症状体征,易于早期诊断
   D. 患病的动物易于识别
4. 动物疫病根除是通过实施一系列措施,达到并维持某种或某些重点动物疫病在特定区域内(　　)状态。
   A. 个体不发病但可能有感染　　B. 个体发病但无感染
   C. 个体不发病和无感染　　D. 个体可能发病和感染
5. 美国实施猪瘟消灭规划耗时多久?(　　)
   A. 10年　　B. 15年　　C. 20年　　D. 25年

二、判断题

(　　)1. 消灭或根除疫病意味着疫病从流行或地方流行状态转变为完全无病状态,发病率和感染率持续降至零水平,不再需要采取控制措施。

(　　)2. 自1980年世界卫生组织宣布在全球范围内消灭天花以来,自然界已完全不存在天花病毒。

(　　)3. 我国在20世纪50年代消灭了牛肺疫,至90年代中期消灭了牛瘟。

(　　)4. 动物疫病净化措施是指在特定场群或区域消灭动物疫病,实现动物疫病的源头控制,对保障公共卫生安全没有作用。

三、简答题

1. 动物疫病防控的重要性是什么？
2. 请简述动物疫病净化措施的具体内容及意义。
3. 简述动物疫病防控的基本原则。

思政小贴士

在工作过程中，我们要关注动物的健康状况和福利，尽可能减少对动物的应激和伤害，尤其要关注患病动物的痛苦，尊重每一个生命。每一个生命都有其价值，我们在工作中不仅要从技术层面防控疫病，还要从情感上关爱动物，体现生命至上的理念，在工作中要尊重和保护动物的生命。

二维码 8-5

思政小贴士（八）

项目小结

- 项目八　动物疫病的防控和根除
  - 任务一　动物疫病防控措施
  - 任务二　动物疫病的根除或消灭
  - 任务三　法定报告的动物疫病

项目九
重大疫病现场流行病学调查案例

任务一　2005年四川省某市猪链球菌病例的流行病学调查

任务目标

知识目标

掌握对人感染猪链球菌2型疫情的调查流程；深入理解病原体的确定、关键信息与干扰信息的分析、病例定义的制定等关键知识，明确疫情分析总结的核心要点及相关概念。

技能目标

能够从复杂的疫情信息中识别关键信息，准确制定不同阶段病例定义，依据相关知识对疫情三间分布、流行特征等进行总结分析，并能评估防控措施的效果。

素质目标

培养严谨科学的态度，提升在疫情调查中的信息筛选、分析判断及应对复杂情况的能力，增强对公共卫生事件的责任意识与敏感性。

知识要点

一、调查过程

(一)前期调查

2005年7月11日，四川省某市雁江区疾控中心接到本市第三人民医院的报告，该院收治了一例疑似流行性出血热的病人并请求调查核实。雁江区疾控中心立即派工作人员到医院进行了个案调查。次日雁江区疾控中心再次接到报告，本市第三人民医院又收治一例疑似流行性出血热病人。该区疾控中心再次前往调查，在调查过程中第二例病人发生死亡。

雁江区疾控中心和某市第三人民医院进行了回顾性调查，发现近半个月来，该医院共收治4例类似病例，其中有2例死亡，一例不详(自己离院)，一例正在治疗中。其中3例病人发生在本区，一例发生于邻县。这些病人均有进食过或接触过不明原因死亡的猪、羊史，临床都表现出突发高热、乏力并伴有恶心、呕吐，进而出现了低血压、晕厥、休克等症状，以及于面部、上臂、胸部等位置出现淤斑等。血象上，患者大都有白细胞进行性增加、血小板进行性减少、尿蛋白增高的情况。

7月12日19点，雁江区疾控中心向某市疾控中心汇报了上述情况。某市疾控中心派工作人员至以上医院调查，情况基本相同。此后两天内，就诊新病例和死亡人数不断增多，四川省疾控中心检测病例的血清结果为出血热抗体IgG、IgM阴性，不支持出血热的诊断。

7月15日12点，某市卫生局向四川省卫生厅作了电话报告。同一天，四川省卫生厅组织四川省疾控中心、省级医院临床专家共赴某市调查。专家组首先到医院对病人的病情和救治情况进行了解，再到病人家对周围环境情况进行调查，均发现病人或其邻居家猪、羊有死亡现象。于是采集了死猪的标本和病人血液、病人家属的血液待检。经过调查和会诊后，专家的意见并不一致，部分专家倾向于诊断为出血热，部分专家认为发病应与病(死)猪羊有关，应该可以排除出血热。

7月15日晚，四川省卫生厅将该起疫情报告给国家卫生部应急办。

7月16日，四川省疾控中心使用免疫荧光法，使用羊抗人IgG标记病人血清后和病死猪、羊进行反应，结果为阳性，提示病人的发病与病死的猪、羊有关系。

7月17日，四川省疾控中心第二次派出流行病学调查人员赴现场进行了调查，并与市、区各级疾控中心共同讨论制定病例定义，积极开展主动搜索病例和个案调查。根据当时的情况，拟订搜索病例的标准为：近期在某市雁江区或附近农村地区，与病(死)猪(羊)有过直接接触的，存在急性发热并伴有皮肤淤点、淤斑，有感染性休克症状的病例。

同日，四川省疾控中心第二次派出的流行病学调查人员赴现场调查某市第三人民医院发生的不明原因疫情。首先在某市第三人民医院及患病者邻居中存在类似的病例情况，共发现7例病例，死亡5人，并对这些病例进行了个案调查，了解了本次疫情的基本特点。

首例病人：吴某某，男，52岁。2005年6月24日上午11时50分出现发热症状，体温为38.2 ℃。同时伴有寒战、恶心、呕吐、全身疼痛、淤斑等症状，当天下午19时在送往医院途中死亡。患者于6月22日上午11时接触过彭某某(另一病例)家的病死羊。7例病人的发病时间分别为6月24日、6月26日、7月5日、7月9日、7月10日、7月16日、7月17日，分布于某市的两个区(市)、四个乡镇、六个村、七个社区。其中，男性病例6例，女性病例1例，职业均为农民。死亡的5例病例从发病到死亡病程最短为4 h，最长为21 h，平均为11.6 h。

据调查，病例发生前，当地农村存在有猪、羊发病死亡的情况。其中5例发病前宰杀了病(死)猪(羊)，两例发病前参与了病(死)猪(羊)的加工处理。患者发病时间距离最近一次宰杀或接触病死猪、羊的时间，最短少于1 d，最长达5 d。个别病例手、臂部有皮肤破损，伤口发黑，化脓。另有6名参与宰杀者并未发病。参与烹煮食用病死猪肉的100多名村民没有发病。病例的密切接触者，包括家人、邻居、亲属、医务人员和同病房病人等均未出现类似病例。7例病例中，除两例共同接触同1只死羊外，其他病例都接触过病死猪。

(二)后期调查

7月19日，国家卫生健康委派出专家组与四川省卫生厅、四川省疾控中心联合调查处置了这起疫情。回顾前期的调查工作，专家们意见并不一致。7 月 20 日，专家组结合临床表现主要以中毒性休克为主，暂时将该病命名为“中毒性休克综合征”，同时动员一切力量全面展开流行病学调查。临床专家积极投入临床医院，协助和指导当地医务人员开展病例救治工作。

随着工作的深入，专家组将病例定义调整为：“自 6 月以来，于雁江区或邻近农村地区，与病（死）猪（羊）有过接触，存在急起发热并伴有皮肤淤点、淤斑，并发脑膜炎或感染性休克等症状的病例。”

调查组按此定义，搜寻了 55 例病例，患者均为当地农民。其中，男性多于女性，年龄为 32～75 岁，平均年龄 51.6 岁。发病最多的为 50～60 岁年龄组，占总数的 32.7%。首例病例发生于 6 月 24 日，疫情于 7 月上旬开始上升，7 月 19 日为发病高峰期。临床表现上，初期多表现为畏寒、发热并伴有不同程度的头痛、头昏和全身不适、乏力等症状，部分病例出现有消化道症状，如恶心、呕吐，少数出现腹痛、腹泻，重症有进行性休克表现，血压下降，脉压差缩小。多数病例皮肤有出血点、淤点、淤斑，部分病例无休克表现，但脑膜刺激征为阳性，脑脊液呈化脓性改变，重者伴有昏迷。重症患者有些脏器损害表现为间质性肺水肿、肝脏损害和肾脏损害等。患者白细胞计数升高（病情严重者发病早期可降低或正常），中性粒细胞比例升高，重症患者血小板下降。尿常规蛋白呈阳性，部分患者酮体呈阳性。

55 例病例中，49 例有可疑危险暴露史，6 例不详，其中接触病（死）猪的 47 例，接触病（死）羊的 2 例。暴露方式多样，包括喂养、屠宰、销售、洗切加工、食用、埋葬病（死）猪（羊）等。37.2%的病例接触时，手臂皮肤有不同程度的破损或划伤。另外，发病病例无其他明显的动物、植物、食物和水源等共同暴露因素。未发现病例之间有明确的接触史，病例的密切接触者和家庭成员中尚未发现二代病例。自 3 名患者血液和 5 只猪的采样标本中分离到猪链球菌。

7 月 19 日，四川省动物疫病监测中心从当地病死动物中采集了一些脏器和血清样本，进行病原学和血清学检测。

7 月 20 日，农业农村部派出专家组，赴四川进行现场流行病学调查。

7 月 22 日，农业农村部专家组成员、长期从事猪链球菌研究的南京农业大学陆承平教授依据病死猪的临床症状、流行病学特征、实验室检测结果（包括组织触片显微镜检查、细菌的分离培养、细菌的凝集试验、PCR 检测等），结合 1998 年江苏省发生的人感染猪链球菌事件，判断本次猪的疫情是由猪链球菌 2 型引起的。这个判断得到了农业农村部专家组及农业农村部的认可。农业部门的判断为卫生部门的流行病学调查指明了正确的方向，加快了此病的确诊。

7 月 22 日晚，国家卫生健康委正式向公众公布本次疫情。

7 月 25 日，在实验分离、鉴定病原成功的基础上，国家卫生健康委确定此次疫情是人感染猪链球菌 2 型导致的。当日，国家卫生健康委和农业农村部联合公布了这次疫情的病因，病原是猪链球菌 2 型，主要感染方式是直接接触病死动物，通过伤口感染，与食用猪肉无关，同时也公布了应采取的综合预防控制措施，包括防治猪的链球菌病的发生、禁止私自宰杀病死动物等。

二、案例分析

（一）病原的确定

病原的确定对本次案例具有借鉴意义。

(二)关键信息和干扰信息的分析

流行病学调查中会收集到很多信息,其中的有些信息非常重要,有些信息并不重要,还有一些信息属于干扰性信息。主动收集、发现并抓住关键信息,排除干扰性信息需要有一定的知识背景、流行病学经验的积累。在这次调查中,关键信息有以下几个方面。

(1)血液检测结果。血液检测结果很容易获得,一般人不是很关注,但实际上非常重要。这次疫情血液检测结果表明大多数病人白细胞计数进行性升高、中性粒细胞比例升高,提示病人感染的是细菌而不是病毒。这对于病因判断和后续的调查具有十分重要的意义,对于病人的治疗也有重要的指导作用,提示我们应该尽快分离细菌和使用合适的抗生素进行治疗。

(2)至 7 月 12 日,短期内在一家医院发现 4 例症状相似的症状严重病人,诊断不明确并出现死亡 2 例,可以认为是一起异常疾病事件。

(3)此后两天内,就诊新病例和死亡人数逐渐增多,可以认定是某种疾病暴发(指一个局部范围内,短时间内突然症状和背景相似的病例)。

(4)病人中严重者出现中毒性休克症状,这和血液检测结果一起提示我们是某种分泌外毒素的细菌引起的疾病。

(5)绝大多数病例与病死动物都有过接触(主要是宰杀病死猪),提示这种疾病可能是一种人畜共患疫病。

(6)发病时间相对集中,但病例在地理位置上相对散发,没有发现院内感染和病人家属间感染的迹象,对疫病扩散的风险评估非常关键。

(7)长期从事猪链球菌研究的动物医学专家们提供了重要的信息。在动物源人畜共患病方面,动物医学方面的专家往往能够提供更快速的、更为准确的参考信息。这次人感染猪链球菌 2 型事件的确诊就是个典型的例证,如果没有农业农村部专家组提供的信息,估计还要探索一段时间才能揭开真相。

(8)从患病病人血液中检测到猪链球菌。正常人的血液中不应含有猪链球菌,而从人血液中检测到此菌说明极有可能此菌就是致病病原。相反,如果从病猪的口腔、肝脏、肺脏、肠道内分离到猪链球菌,并不一定说明猪得了猪链球菌病,因为猪链球菌对猪的口腔、肝脏、肺脏、肠道而言,可能仅仅是在特殊情况下(如感染了猪繁殖与呼吸综合征之后免疫力下降),才对猪致病。

根据以上情况,我们认为在采取治疗措施和进行风险分析方面,不一定需要获得各个方面的信息才能做出正确的判断。对于这次疫情,没有发现人与人之间传播的迹象,说明这次疫情对外扩散传播的能力有限,对调查人员的威胁较小。此外,临床症状、血液和生化指标等常规检验结果也提示这起疫情很可能是细菌性感染引起的中毒性休克等症候,虽然不能立即明确是何种细菌,但可以指导我们应当尽早尽快采用广谱抗生素进行治疗。实际上,对于这类危重病人采用毒性较小的广谱抗生素进行治疗并观察治疗效果,也是探讨病因和防治措施的重要手段之一。如果有效,很可能是细菌性感染;反之,则可能是病毒性感染。

在这次调查过程中,存在一些干扰性信息。如有病人突出的出血现象,会误导我们朝着流行性出血的方向考虑;病人与猪有接触且病死率高,容易使人联想到尼帕病毒感染;疫情规模较大,往往让人不敢往猪链球菌感染的方面考虑。

(三)病例定义的作用和确定

病例定义(Case Definition)是确定患者为某种病例的一套标准。病例定义主要作用是统一病例诊断的标准,使发现的病例具有可比性并符合疫情调查和其他工作的要求。

病例定义一般包括以下信息:

(1)流行病学信息:疫情发生的时间、地点、人群的分布情况,危险因素或流行病学接触史等。

(2)临床信息:临床症状、体征,临床检验、体格检查和特殊检查,治疗效果等。

(3)针对病因的实验室检查信息等。

根据我们工作目的的不同,对同一事件可能有敏感性与特异性各不相同的多种病例定义。病例定义通常可分为疑似病例(Possible/Suspected Case)、临床诊断病例(可能病例,Probable Case)和实验室确诊病例(Confirmed Case)的定义。

流行病学调查时,制定病例定义时应考虑以下三点:

一是为了诊断和治疗,确定病因还是常规监测与报告?

二是为了内部工作目的,还是需要对外公布相关信息?

三是当前工作处于流行病学调查的哪个阶段?

调查的早期,为了尽可能多地发现病例,病例定义宜“敏感”,可选择“疑似病例”定义标准。调查中期,对病例信息的掌握更加丰富,病例定义可进行适当调整,更准确地反映出所关注的疫情和疾病。资料总结分析阶段提倡使用“实验室确诊病例”和“临床诊断病例”的定义,提高分析的准确性。

这次疫情调查过程中基本上参照了这个原则,进行病例的早期定义(近期在雁江区和邻近地区,急起发热并伴有皮肤淤点、淤斑等感染性休克症状的病例,或发热并与病死猪、羊有过接触的病例)、中期修改(自6月以来,在雁江区或邻近农村地区与病死猪、羊有过接触,急起发热并伴有皮肤淤点、淤斑,可并发脑膜炎或感染性休克等症状的病例),并在最后形成确切的诊断标准。

(1)流行病学史:与病死动物有接触史。

(2)临床表现:急性发病,发热畏寒,存在中毒性休克综合征,脑膜炎表现,白细胞增高等。

(3)实验室检测:病原分离与鉴定结果。

(4)诊断标准:综合流行病史、临床表现和实验室检测结果,诊断为实验室确诊病例、临床诊断病例、疑似病例。

(5)临床分型:普通型、休克型、脑膜炎型等。

需要指出的是,病例定义不同于诊断标准。诊断标准应该是通用的,没有时间和地理位置的限制。而流行病学调查时所用的病例定义应该根据当时当地的实际情况,结合目的来制定,考虑一定的时间、地理和宿主群体的范围。

(四)疫情的总结分析

疫情的总结分析最主要目的是总结经验和教训,为以后处理类似事件提供指导。实际上,1998年江苏省暴发的人感染猪链球菌事件的总结,为这起疫情的快速诊断奠定了重要的基础。同时,动物医学专家的介入也为我们打开了一扇新的大门,越来越多的公共卫生事件需要具备人畜共患病专业知识的专家共同参与完成。

疫情的总结分析,至少需要阐述以下四个方面。

(1)疾病的三间分布(时间、空间和宿主群体间的分布)。

(2)疫病流行的三环节(传染源、传播途径、易感动物)。

(3)影响疫病流行的三因素(社会因素、自然因素、行为因素)。

(4)防控过程和防控效果。

这次疫情最后总结分析如下。

1. 疫情的三间分布

四川省在资阳、内江、成都、绵阳、自贡、泸州、南充、德阳等8个地市、21个县市区、88个乡镇、149个村发生了猪链球菌病疫情,死亡猪647头。此次疫情从6月24日开始发生,至7月20日感染死亡猪数量达到顶峰,随后死亡数量迅速减少,疫情呈迅速下降趋势。

6月下旬,上述地市开始出现人感染猪链球菌病例。自7月16日起,发病明显增多,22日达到高峰,19—25日发病稳定在较高水平,从7月28日开始下降。自8月1日以来,病例数量明显下降,8月4日以后,没有新发病例。截至8月21日,四川省共报告发现204例人感染猪链球菌病例,其中实验室确诊病例68例,临床诊断病例136例,死亡38例。

从发病年龄来看,平均年龄为54岁,最小为26岁,最大82岁;男女性别比为5.4∶1;最早发病于2005年6月24日,最后1例发病于8月6日;96%病例的(196例)为农民,另有5例个体屠夫、1例兽医、1例商贩、1例农民工;204例病例分布于四川省资阳等12个地市的37个区县,131个乡镇,195个村,平均每个村1.05例。

本次疫情四川省某市共报告的100例人感染猪链球菌病例(实验室确诊病例28例,临床诊断病例72例),占全省报告病例的49%。其中,死亡20人,病死率为20%(5例为确诊/休克型,2例为确诊/混合型,2例为临床诊断/混合型,11例为临床诊断/休克型);发病年龄最小36岁,最大82岁,平均为55岁,发病最多的为50～59年龄组,占发病总数的47%;男女性别比为4∶1;病例全为农民,病例分布于某市3个县区,44个乡镇,95个村,平均每个村也是1.05例病例;除3起各有两例之间有接触外,其余病例相互间没有接触。

2. 疫情流行特征分析

首先,病原是猪链球菌,来自病死猪、羊,人感染的途径是直接接触(主要是宰杀、加工)病死动物。人接触病死猪、羊时,皮肤有破损是本次疫情重要的风险因素。

其次,发病区域相对集中。主要集中在四川资阳、内江等有猪链球菌病历史的疫源地。

再次,疫情呈点状散发。统计分析表明,本次疫情中人感染病例204例,分布在21个县市、88个乡镇、149个村,猪的发病和死亡情况相似,说明疫情并未出现集中连片暴发情况。

另外,病例之间和疫点之间无直接相关性。没有发现人传染人,动物疫情中,同群猪发病概率较小。

同时在时间上,本次疫情始于6月24日,集中发生于7月,此时发病地区正处于湿热多雨的季节。其中疫情最严重的资阳、内江市温度较去年同期高近2℃,湿度高2～5个百分点,与1976年四川省内江地区发生疫情时间一致,与1998年江苏南通地区发生疫情的时间及气候特征也相似。

我们也要注意在空间上,所有疫情均发生在地处偏远、经济条件较差的农村地区。动物疫情也只发生在散养户,且大多养殖场地卫生条件较差、圈舍通风不良、阴暗潮湿。卫生条件相对较好的养殖大户和规模化养殖场未见有疫情报告。

(五)疫情防控措施及其效果分析

疫情发生后,国家卫生健康委、农业农村部及时部署,分别派出督查组和专家组,指导和配合当地开展疫情防控工作,迅速调查确诊出此次疫情是由猪链球菌2型引起的,并分别制定下发了《人感染猪链球菌病的临床表现、诊疗要点和防控措施》《人感染猪链球菌病的诊断和核实程序》和《猪链球菌病应急防治技术规范》等材料，确保各项防控措施取得实效。

(1)严格疫情监测和报告制度，提高疫情预警预报和早期应急反应的能力。及时制定和修订各种技术方案，规范监测和临床判定标准，动员各方力量开展了“拉网式”疫情普查，及时发现和处理人和动物疫情，赢得主动。

(2)依靠科技、依靠法制，坚决防止病原传播，及时启动应急机制，采取“五包”“三个控制”“四不准一处理”等防控措施有效切断疫源，防止疫情进一步扩散蔓延。

(3)有针对性地开展预防工作，防止疫情反弹。一方面，医疗卫生人员深入开展流行病学调查，全力以赴救治病人，降低病死率。同时广泛开展健康教育，加强督导检查；另一方面，加大动物疫情防控的工作：一要对病死动物的同群猪、羊使用高敏抗生素进行预防；二要指导疫区的农户在饲料中添加合适的预防药物，提高动物的抗病能力；三要对疫点、疫区的养殖圈舍、牲畜交易场所、定点屠宰场点等场所定期进行消毒，改善卫生条件；四要及时组织研制和生产相关疫苗，对资阳等高风险区易感猪群实施紧急免疫，提高猪群免疫水平。

(4)加强宣传，提高农民科学养殖和防病的意识。同时，及时向社会各界公布疫情情况，包括世界卫生组织和我国香港、澳门特别行政区。

经过国家卫生健康委、农业农村部和四川省疾控中心有关方面共同努力，病原及其传播途径已经查明，各项防控措施落实到位，疫情得到迅速控制。

根据猪链球菌流行病学规律，预计在每年 6—9 月高温高湿气候季节中，猪链球菌病疫情在我国局部地区零星散发的可能性依然存在。

任务二　2007 年西藏自治区小反刍兽疫疫情的调查

任务目标

知识目标

能够准确阐述小反刍兽疫的病症特点、病原体特征，明晰其在全球的分布状况，熟知西藏地区疫情调查的关键内容与结果。

技能目标

能够熟练运用竞争 ELISA、RT-PCR 等方法检测小反刍兽疫相关样品，学会分析疫情数据，精准判断疫情传播路径与范围。

素质目标

培养严谨的科学态度与钻研精神，提升在艰苦环境中开展科研调查的能力，增强动物疫病防控及预警的责任意识。

知识要点

一、引言

小反刍兽疫又称为“羊瘟”，是山羊和绵羊的一种急性、烈性传染病，发病率和病死率都很高。此病在非洲、中东和亚洲一些国家长期存在。它的病原体是副黏病毒科麻疹病毒属的小反刍兽疫病毒。此病毒分为 4 个谱系，这 4 个谱系有着一定的地理分布特征，在西非流行的是第一谱系，在中非流行的是第二谱系，在东非和中东流行的是第三谱系，在阿富汗、巴基斯坦、印度等南亚一带流行的是第四谱系。

2007 年，我国首次发生小反刍兽疫疫情，疫情发生在西藏自治区的阿里地区。为了准确把握这种重大外来疫病可能传播的范围，2007 年 7—11 月，相关技术人员奔赴西藏开展流行病学调查。依据 2009 年在 *Emerging Infectious Discases* 杂志上发表的相关文章，将此调查过程报告如下，并予以评述。

二、血清学调查

一共采集了 1 536 只羊的血清样品(771 只山羊和 765 只绵羊)。这些羊分为 3 类：一是在 2007 年报道有小反刍兽疫的阿里地区 4 个县(日土、革吉、改则和札达)718 只羊；二是在阿里地区噶尔和普兰两个县以及与阿里地区相邻的两个县(那曲的尼玛县和日喀则地区的仲巴县)298 只羊；三是在日喀则地区的聂拉木县和亚东县、山南的错那县和洛扎县、林芝地区的察隅县采集的 520 只羊。

血清样品用竞争 ELISA 进行检测。此检测方法采用了抗小反刍兽疫病毒 N 蛋白的单克隆抗体。有 271 只(17.6%)羊抗体呈阳性。它们都分布于阿里地区的 3 个县(改则、革吉和日土)，阿里地区其他县和其他地区的血清样品全部为阴性。阿里地区日土县的阳性率最高，为 58.4%(122/209)。

按宿主品种分，我们发现山羊样品的阳性率高于绵羊样品的阳性率。在阿里地区采集的 763 只山羊血清中，有 263 只(34.5%)山羊的血清是阳性的，而在阿里地区采集的 73 只绵羊血清中，只有 8 只(11%)山羊的血清是阳性的。

三、病原学调查

从 49 只怀疑感染了小反刍兽疫的羊采集组织样品(淋巴结、脾、肺、小肠)和拭子样品。这些羊来自阿里地区(革吉 33 只，札达 7 只，改则 5 只，日土 4 只)。这些样品用 3 种 RT-PCR 方法进行检测。第一种方法检测病毒 N 基因中一个 351 bp 的片段，它检出 28 只羊的样品是阳性的；第二种方法检测病毒 F 基因中一个 448 bp 的片段，它检出 27 只羊的样品是阳性的；第三种方法是一种新建立的荧光定量 RT-PCR 检测技术，它检出 37 只羊的样品是阳性的。有 31 只羊被荧光定量 RT-PCR 以及一种普通 RT-PCR 检测为阳性。

在荧光定量 RT-PCR 检测为阳性的 37 份样品中，61%的样品 *CI* 值<30，说明病毒含量较高；有 29%的样品 *CI* 值在 30～35，说明病毒含量一般；有 3 份样品（10%）*CI* 值超过 35。*CI* 值的分布有一定的地理特征：改则的阳性羊 *CI* 值都在 19～23，而札达的阳性羊 *CI* 值都没有超过 30。

上述调查结果确认了阿里地区西南地区 4 个县存在 11 起小反刍兽疫疫情。其中 9 起发生在日土县、革吉县和噶尔县。结合序列信息，确认疫情是从日土县的西南部传入的。

序列分析结果显示，西藏地区小反刍兽疫病毒和其他地区此病毒的核酸序列差异为 81.6%～98.8%。我国西藏的小反刍兽疫病毒属于第四个谱系，与印度于 2005 年分离的毒株 India/Bsk/Guj/05 以及塔吉克斯坦于 2004 年分离的毒株 Tajikistan/04 高度相似。

四、结论与讨论

这项调查通过采集并检测山羊和绵羊的血清样品、组织样品和拭子样品，确诊了我国西藏自治区阿里地区 4 个县发生了小反刍兽疫 11 起疫情。这些疫情集中在日土县和革吉县。流行病学调查提示疫情首先于 2005 年 11 月至 2006 年 3 月出现在日土县热交村。也就是说，小反刍兽疫疫情已经在此地区存在数年没有被发现。其原因是当地牧民和兽医对此疫病了解很少，并且此病与羊的其他呼吸道传染病在临床上鉴别比较困难。

这项调查从分子水平上提示了西藏小反刍兽疫的疫情是跨境传播进来的，与我国西藏接壤的国家有阿富汗、巴基斯坦、印度、尼泊尔和孟加拉国。这些国家都有小反刍兽疫疫情，并且这些国家小反刍兽疫病毒都属于第四个谱系。在西藏发现的小反刍兽疫病毒与这些国家流行的小反刍兽疫病毒序列很相似。阿里的西部和西南部的地理环境使动物的活动难以控制，并且我国西藏与邻国印度以及尼泊尔有少量的小反刍兽贸易。这些因素都可能引发小反刍兽疫通过跨境传播进入我国。

这是在自然环境很艰苦地区开展的一项调查，从血清学和病原学证实了我国西藏地区小反刍兽疫疫情，为此政府投入巨大的人力、财力和物力，防止这种重大疫病传入内地。此疫病在西藏可能已经存在数年才被发现，说明我国外来动物疫病的防控和预警能力仍需要加强。

任务三　2007 年荷兰蓝舌病疫情的调查

任务目标

知识目标

掌握蓝舌病在欧洲尤其是荷兰的流行历程，熟知调查蓝舌病疫情的方法，理解相关检测技术及置信区间计算原理。

技能目标

能够依据给定条件计算蓝舌病调查的样本量，学会分析血清学检测数据并推断疫情状况，可对比不同调查结果进行综合分析。

素质目标

培养严谨的科学态度，在面对疫情数据时能理性判断，增强对动物疫病防控的责任感与对科学研究的探索精神。

知识要点

一、引言

2006年8月，蓝舌病病毒第8个血清型(BTV8)开始在欧洲西北部，包括荷兰、比利时、德国、卢森堡和法国流行。为掌握疫情状况，很有必要于2006年年底开展一次疫情的横断面调查。按照欧盟指令2000/75/EC和欧盟决议2005/393/EC，以及世界动物卫生组织《陆生动物法典》，欧盟制定了合乎法律要求的蓝舌病监测框架。牛是2006年年底疫情横断面调查的目标动物。

很多人期待2006年年底和2007年年初的寒冷季节能够阻止蓝舌病在欧洲的传播。这种期待是基于蓝舌病传播媒介昆虫会因为寒冷而死去。但是2007年的情况显示，蓝舌病疫情在欧洲的西北部不仅没有自然消亡，而且在受害国家呈现迅速扩散蔓延的态势。此外，疫情还传播到英国、丹麦、捷克和瑞士。

2007年欧洲蓝舌病疫情如此之大，迫使欧盟决定于2008年开始实行蓝舌病免疫，计划通过免疫或者自然感染，使80%以上的动物得到保护。

2007年年初欧盟建立了检测蓝舌病疫情的哨兵动物系统。此系统为2007年牛群中蓝舌病的疫情提供了重要信息。但是对于山羊和绵羊而言，人们并不清楚它们的感染率如何。Armin Elbers等开展了一项关于荷兰的山羊和绵羊蓝舌病疫情状况的断面调查。本章依据 *BMC Veterinary Research* 杂志上发表的相关论文，对此调查过程报告如下，并进行相应的评述。

二、调查方法

血清样品的检测采用Institute Pourquier公司生产的竞争ELISA试剂盒。此试剂盒的灵敏度约为100%，特异性为99.8%。

荷兰动物卫生署(Dutch Animal Health Service)制定了一些强制性和自愿性动物卫生健康项目(如欧盟内部无疫认证项目)。此次调查中，血清样品就是在这些项目框架下采集的。对于2006年血清阳性率的估计是依据2007年头几个月采集的样品检测结果；对于2007年血清阳性率的估计是依据2007年后几个月采集的样品检测结果。样品采集群体数与荷兰各省山羊和绵羊的存栏数成正比。各群体的样品采集数量是按照估计的流行率进行计算的。对于一些小的群体，可能所有的动物都进行样品的采集。

在荷兰动物卫生署登记的绵羊群体和山羊群体分别有 41 000 个和 23 000 个。2006 年估计（最大估计误差为 5%）5%山羊群体存在蓝舌病的感染（即血清学检测为阳性），在 95%的置信度下，用 Win Episcope 软件计算，调查流行率的大小需要从 70 个山羊群体采样；2007 年估计（最大估计误差为 10%）30%山羊群体存在蓝舌病的感染，在 95%的置信度下，调查流行率的大小需要从 81 个山羊群体采样。对于绵羊，2006 年估计（最大估计误差为 5%） 10%群体存在蓝舌病的感染，在 95%的置信度下，调查流行率的大小需要从 140 个绵羊群体中采样。2007 年估计（最大估计误差为 7.5%）50%绵羊群体存在蓝舌病的感染，在 95%的置信度下，调查流行率的大小需要从 170 个绵羊群体中采样。因为存在一些总数难以估计的没有注册的小散养户（每个群体饲养 1～5 头），此次调查将样本量提高了 15%～20%。最终准确的置信区间按照 Fleiss 方法计算。

三、调查结果

（一）2006 年羊群血清学检测结果

从 83 个群体采集 1 975 份山羊血清样品，从 143 个群体采集 2 555 份绵羊血清样品。所有的山羊样品均为阴性，有 17 份来自 10 个群体的绵羊样品呈阳性（样品阳性率 0.7%，有阳性样品的群体占总数 7.0%，这些群体位于 Limburg、North Brabant、Zeeland 和 Gelderland 省）。根据这个抽样检测结果推断 2006 年荷兰全国有山羊疫情的群体占总数的 0（95%的置信区间为 0～5.6%），有绵羊蓝舌病疫情的群体占总数的 7.0%（95%的置信区间为 3.5%～12.9%）。

（二）2007 年羊群血清学检测结果

从 81 个群体采集 1 995 份山羊血清样品，从 214 个群体采集 4 252 份绵羊血清样品。其中，204 份来自 38 个群体的山羊样品检测为阳性（样品阳性率 10.2%，有阳性样品的群体占总数 46.9%，这些群体位于 North Holland、South Holland、Utrecht Limburg、North Brabant、Zeeland 和 Gelderland 省）；1 627 份来自 149 个群体的绵羊样品阳性（样品阳性率 38.3%，有阳性样品的群体占总数 69.6%）这些群体位于荷兰所有的省。根据这个抽样检测结果，推断 2007 年荷兰全国有蓝舌病疫情的山羊群体占总数的 47%（95%的置信区间为 36%～58%），有蓝舌病疫情的绵羊群体占总数的 70%（95%的置信区间为 63%～76%），推断荷兰全国有山羊蓝舌病疫情的地区，山羊阳性率为 21%（1%～100%）；全国有绵羊蓝舌病疫情的地区，绵羊阳性率为 67%（1%～100%）。

四、讨论

此项调查的结果与临床疫情报告的结果相互一致，表现在以下两个方面。

第一，2006 年欧洲西北部没有山羊蓝舌病疫情的报告，2007 年第 35 周欧洲西北部的荷兰首先报告了山羊蓝舌病的首起临床疫情，此疫情发生在一个存栏 600 只奶山羊的群体，当时有 10 只羊表现出蓝舌病临床症状：产奶率急剧下降，发热、嘴唇和脸部水肿、嘴唇和鼻孔结痂、鼻腔分泌物增多、结膜炎、乳房出现红斑。到 2007 年年底，荷兰共报告了 25 个山羊群体存在蓝舌病临床病例(这显著低于本项调查显示的 2007 年存在蓝舌病疫情的山羊群体数,很可能与山羊蓝舌病疫情临床症状较轻有关)。

第二,2006 年荷兰一共报告了 270 个绵羊群体和 200 个牛群存在临床蓝舌病疫情,而 2007 年临床蓝舌病疫情扩散到 3 200 个绵羊群体,共报告了 6 500 起疫情。

国际上关于绵羊和山羊蓝舌病血清学阳性率的信息很少。哈萨克斯坦一项疫情断面调查,提示有蓝舌病疫情的群体,牛、山羊和绵羊的样品血清学阳性率为 0～100%。巴基斯坦一项疫情断面调查提示 90%的群体血清学阳性,这些群体中绵羊个体的血清学阳性率为 12%～100%。澳大利亚昆士兰州一项疫情断面调查提示血清学阳性的群体中,绵羊个体血清学阳性率为 1%～42%,山羊个体的血清学阳性率为 5%～16%。本项调查也发现各个血清学阳性的群体血清学阳性率很不一致。因此,在执行免疫计划时,有两种选择:一是所有的牛和羊都免疫;二是只对血清学阳性率偏低的群体进行免疫,对自然感染使血清学阳性率较高的群体不免疫。

任务四　高致病性禽流感的调查

任务目标

知识目标

掌握 H5N1 亚型高致病性禽流感的背景知识,熟悉其数据收集管理方法,理解地理环境因素与疫情的关联及分析结果。

技能目标

学会运用 GIS 软件标记疫情信息,能使用 SPSS 软件进行统计分析,掌握病例对照和 Logistic 回归等分析方法来研究疫情。

素质目标

培养严谨的科学态度和数据处理能力,提升对公共卫生问题的关注和分析能力,增强利用地理信息解决实际问题的意识。

二维码 9-1　高致病性禽流感的调查案例

知识要点

一、背景信息

H5N1 亚型高致病性禽流感自 2003 年年底在全球 60 多个国家引起多起禽类疫情,也导致了数百人感染甚至死亡。中国是 H5N1 亚型高致病性禽流感的重灾区之一,有必要调查中国有哪些环境因素与此病有关,为人民群众生命安全和畜禽生产保驾护航。

二、调查方法

(一)数据收集和管理

H5N1 亚型高致病性禽流感的家禽疫情数据，采自中国农业农村部出版发行的《兽医公报》以及世界动物卫生组织(WOAH)公布的疫情快报。相关的疫情信息都是官方确认并经过权威实验室病原学确诊的。以这些信息为依据，相关专家建立了一个数据库，收录了疫情的发病日期、发病地点、死亡率等信息，人类感染 H5N1 亚型高致病性禽流感病例的信息也收录在这个数据库中。每起家禽和人 H5N1 亚型高致病性禽流感的疫情都用 GIS 软件将这些信息标记在 1∶100 000 电子地图上。疫点、大城市(省会和地级市)、湿地用点来标记，候鸟迁徙路线、交通路线、海拔等用线标记，水体(面积大于 1 km^2 的湖泊或水库)用多边形标记。交通、城市、海拔等地理信息直接来源于国家遥感重点实验室的电子地图。湿地包括沼泽地、水草地、搁浅的湖面，不包括河流、水库和深湖，数据来源于国家地理信息中心。家禽饲养密度来源于联合国粮农组织(FAO)，是一项栅格数据。

(二)数据分析

哪些地理环境因素可能与 H5N1 亚型高致病性禽流感疫情相关呢？我们采用病例对照的方法进行了调查，将 128 个人或禽鸟的 H5N1 疫点作为“病例”，其他乡村作为“非疫点”。从“非疫点”中随机选择 640 个作为“对照”，即每个“病例”平均配备 5 个对照组。对比病例组和对照组的 8 个环境因素(水体、湿地、交通路线、候鸟迁徙路线、主要城市、年降雨量、海拔、家禽饲养密度)的不同，这 8 个因素涉及 12 个变量。最短距离采用空间分析中的迫近函数进行计算，统计分析采用 SPSS 软件，用非条件 Logistic 回归分析各种因素的影响大小(*OR* 值、95%置信区间、*P*-值采用最大似然法计算)。采用了单因素分析方法对每个变量的影响一一进行分析。此后，对 $P<0.01$ 的单因素及其相互作用进行了统计分析。

三、调查结果

从 2004 年 1 月至 2006 年年底，共统计 128 起 H5N1 亚型高致病性禽流感疫情，分散于全国 34 个省(自治区、直辖市)。经分析提示我们湖泊、湿地、国道、大城市的最短距离以及年降雨量都与 H5N1 亚型高致病性禽流感疫情显著相关。多因素 Logistic 回归分析表明与最近的国道的最短距离、年降雨量、与湖泊的最短距离和与湿地的最短距离的相互作用是 H5N1 亚型高致病性禽流感疫情三个显著相关因素。用 Hosmer-Lemeshow 检验此 Logistic 回归模型，提示疫点和非疫点的风险差异明显($x_2=4.305$，$P=0.829$)。

有些疫情地理和时间分布相近，它们之间可能属于因果关系，即由这一起疫情引发了另一起疫情。按照疫点相隔小于 20 kg 且时间间隔小于 3 周的标准，前述 128 起 H5N1 疫情中有 6“组”共含 30 起疫情可能存在这种因果关系。随机从这 6 组中分别各抽取 1 起疫情，然后与其他疫情按照同样的方法再进行回归分析，即有 104 起疫点与 520 个对照进行回归分析，结果没有显著差异。

四、讨论

这项研究提示与最近的国道的最短距离、年降水量、与湖泊的最短距离、与湿地的最短距离与 H5N1 疫情显著相关,为水禽和水流在此病的传播中发挥重要作用提供了新的证据。

这项研究发现随着年降雨量增大,H5N1 疫情风险降低。原作者如此解释:降雨量越少,禽鸟在湿地聚集的密度可能越高,为此病的传播增加了风险。

这项研究还发现与国道的最短距离与此病的发生相关,但是与铁路和高速公路的最短距离都与此病的发生没有显著的相关性。原作者如此解释:国道是家禽和禽产品长途运输的主要道路,而铁路和公路不是禽产品长途运输的主要道路,并且很多活禽交易市场建在国道旁边。已有不少研究证明家禽和禽产品长途运输以及活禽交易市场是此病传播的重要因素。

出乎意料的是,这项研究发现禽的饲养密度和此病的发生没有显著的相关性。这可能因为高密度饲养家禽的地区家禽往往是工业化饲养,饲养管理和卫生防疫工作较好,导致疫情发生的风险降低。

综上所述,这项研究提示家禽沿着国道线的运输可能是 H5N1 疫情扩散的重要因素,与感染禽的接触、交易和机械运动可能是此病在局部地区传播的重要因素。这两种传播方式可能同时存在,并且 H5N1 疫情易于发生在国道两侧,或接近于湖泊、湿地等地区,尤其是少雨的地区。这项研究有助于指导 H5N1 疫情的监测、疫苗预防和其他干预措施的开展。

任务五　犬狂犬病血清流行病学调查

任务目标

知识目标

掌握犬狂犬病血清流行病学调查流程,理解检测方法原理,知晓中英检测结果差异及相关结论。

技能目标

能够依据规范采集犬血清,熟练运用 FAVN 方法检测,准确分析调查数据并推导结论。

素质目标

培养严谨科研的态度,重视调查中的问题,提升解决动物疫病调查问题的综合素养。

知识要点

为了解我国部分地区犬的狂犬病疫苗免疫和自然感染情况，国内某实验室开展了犬狂犬病血清流行病学调查。这项调查难度很大，意义也很重要，并且国内针对犬狂犬病的流行病学调查鲜有报道。但是，这项调查在设计、结果分析、结论推导以及报告撰写等诸多方面存在不少问题。这些问题在国内动物疫病流行病学调查方面不是个别现象，而是普遍现象，因此对本书的读者很有借鉴意义。

一、血清的采集

2005 年 6 月至 2006 年 10 月间，该实验室在广东珠海等 10 个市以及湖南双牌县采集 403 份犬血清。

二、检测方法

该实验室按照《狂犬病实验室操作手册》，建立了荧光抗体中和试验（FAVN）方法。本次调查采用此检测方法。

此方法的原理大致如下：在 96 孔细胞培养板上培养 BHK 细胞，然后加入待测血清和对照血清，再加入标准的病毒培养液。如果待测血清中含有足够的狂犬病中和抗体，那么就能中和病毒培养液中的病毒，使它们不能感染培养的细胞。没有被病毒感染的细胞培养一段时间后，细胞内部不会产生病毒特有的抗原，因此用免疫荧光检测时，没有特异性的荧光信号：相反，如果待测血清中不含有足够的狂犬病中和抗体，那么就不能中和病毒培养液中的病毒，使它们能够感染培养的细胞。被病毒感染的细胞培养一段时间后，细胞内部产生病毒特有的抗原，因此用免疫荧光检测时，产生特异性的荧光信号。因此通过检测免疫荧光信号，可以判断血清中是否含有足够数量的狂犬病病毒中和抗体。为什么有些血液中会检测出狂犬病病毒中和抗体呢？一种原因是相应的动物自然感染了狂犬病病毒，另外一种原因是相应的动物接种了狂犬病病毒疫苗，还有一种原因是检测过程中，由于检测方泆本身的不足或操作原因导致假阳性。

三、检测方法的性能检验

该实验室利用双盲试验，与英国狂犬病参考实验室进行比对，检验上述 FAVN 方法的性能。

四、结果

（一）双盲试验结果

该实验室所在实验室（中方）和英国狂犬病参考实验室（英方）对相同的 48 份血清样品进行 FAVN 双盲检测。其中，22 份样品检测结果中英双方完全一致，6 份样品英方检测值大于中方检测值，22份样品英方检测值小于中方检测值。仅有1份样品双方判断不一致（英方判为阴性，中方判为阳性）。中英双方检测结果的差异可能与样品的运输和保存方法有关。

（二）采集的血清检测结果

经FAVN检测，103只未免疫犬的血清有8只抗体阳性，214只免疫犬的血清有64只抗体阳性，96只免疫历史不清楚的犬的血清21只抗体阳性。

五、结论

（1）建立了狂犬病病毒中和抗体检测的FAVN方法。经与英国狂犬病参考实验室（也是OIE狂犬病参考实验室）合作开展的双盲试验证实，该方法准确性、稳定性和灵敏度均符合OIE检测标准。

（2）用FAVN方法对广东、湖南未免疫的健康犬进行检测，结果表明上述地区健康犬的感染率为8.74%（9/103）。

（3）用FAVN方法检测了免疫的广东宠物犬和普通家犬，结果表明免疫后的宠物犬的狂犬病病毒中和抗体阳性率为31.25%（10/32），普通家犬阳性率为29.67%（54/182）。

（4）流行病学分析表明，广东市场的犬用狂犬疫苗的质量普遍存在不合格的现象，无法对接种动物产生有效的免疫保护。

任务六　2024年上半年猪病流行病学调查报告

任务目标

知识目标

能够熟知2024年1—6月全国猪群疫病监测数据，掌握主要疫病流行规律、毒株类型及不同猪群感染特点等知识。

技能目标

学会分析猪群疫病检测报告数据，能依据数据变化判断疫病趋势，具备制定针对性疫病防控措施的技能。

素质目标

培养严谨科学的态度，增强对养猪业疫病防控重要性的认识，提升行业责任感与应对复杂情况的能力。

知识要点

一、样品信息

1. 样品地区来源

从送检区域来看，全国各地区都有覆盖，病原以华东地区的送检居多，占总样本比例42.43%，其次是华北和东北地区。血清学样品也以华东区域为主(占比33.40%)，其次是东北地区(占比19.77%)，华北地区(16.94%)排在第三位。

2. 样品猪群分布

病原样品从送检猪群类别来看，保育猪和哺乳仔猪的样品最多(分别占比26.37%和23.35%)，主要送检原因是猪群消瘦、喘咳、腹泻或发热等；其次是经产母猪样品(占比21.90%)，突出问题是流产、发热、厌食等原因。

血清样品从送检猪群类别来看，经产母猪样品最多(43.47%)，保育猪样品次之(占比30.93%)。

二、猪群疫病流行情况

1. 病原学检测结果与分析

通过实验室的检测情况结合临床调查，2024年1—6月样本整体阳性率为50.95%，其中猪繁殖与呼吸综合征检出率最高为30.00%，其次为圆环病毒3型23.31%、轮状病毒22.54%。

2024年1—6月与2023年同期主要猪病阳性率对比发现，猪繁殖与呼吸综合征、圆环病毒2型、圆环病毒3型、轮状病毒、冠状病毒、支原体阳性率较2023年同期有所升高，其中猪繁殖与呼吸综合征、圆环病毒3型、轮状病毒、冠状病毒阳性率上升均在10%以上。

2. 血清学检测结果与分析

ELISA检测结果分析得出，猪瘟抗体阳性率为82.07%，猪繁殖与呼吸综合征抗体阳性率为67.05%，伪狂犬IgE抗体阳性率为9.93%。

2024年上半年的检测数据对比2023年上半年数据，猪瘟抗体的阳性率变化不大；猪繁殖与呼吸综合征抗体的阳性率增高了3个百分点；伪狂犬IgE抗体的阳性率则是下降了近2个百分点。

三、主要猪病流行情况

1. 猪繁殖与呼吸综合征毒类NADC30和类NADC34成为主流毒株

猪繁殖与呼吸综合征病毒(PRRSV)在保育猪的样品中检出率最高43.54%，其次是哺乳仔猪21.60%，之后是育肥猪19.22%。PRRSV阳性检出率最高是“规模化场”为47.33%，其次“育肥场”为38.46%，之后是“200头及以下”养殖场21.64%。

PRRSV抗体阳性率，“24周龄”阳性率最高为98.41%，其次是“5～6胎母猪”为97.73%，之后是“21周龄”94.44%；从S/P值分布来看，去除样本量较少的群体，“24周龄”育肥猪高于2.5比例最大为7.94%，其次是“后备母猪”猪群为1.51%。

PRRSV序列基于ORF5基因进行序列分析，谱系1.8的NADC30型谱系、谱系1.5的NADC34型均占比31.94%，其次是谱系8的HP型占比23.61%。

(1)猪繁殖与呼吸综合征在猪场层面流行以零星散发和持续发生为主要流行形式，对养猪生产的影响仍然严峻；猪场内猪繁殖与呼吸综合征检出率最高的是保育猪，也反映了临床中猪繁殖与呼吸综合征对保育猪影响最大，以呼吸道疾病和继发感染为特征，保育猪和生长育肥阶段猪的感染率高居不下，一些养殖场保育猪的病死率与死淘率超过20%。

(2)结合猪繁殖与呼吸综合征抗体的阳性率和S/P值分布来看，阳性率最高阶段在24周龄，S/P值>2.5比例最高阶段，其次是21周龄，说明猪繁殖与呼吸综合征一旦感染猪群会持续感染与排毒。

(3)毒株测序结果表明，猪繁殖与呼吸综合征类NADC30和NADC34检出率相当，是所有基因型中检出最多的，其中类NADC30分布范围最广，高致病性猪繁殖与呼吸综合征检出率第三高，分布范围与NADC34相似。

(4)在猪场感染PRRSV野毒后，免疫猪繁殖与呼吸综合征疫苗能够有效提高猪群的抗体水平，降低抗体水平的离散度，同时也能够有效阻断猪群野毒感染。

2. 猪伪狂犬和猪瘟是净化好时机

猪伪狂犬检出率为1.30%。猪伪狂犬阳性样品主要来源于保育猪和育肥猪样品；猪伪狂犬IgE抗体样品中阳性率最高的是24周龄47.31%，其次是16周龄29.03%，之后是3～4胎母猪22.75%。离散度最大的也是24周龄为92.37%。

猪瘟(CSFV)病原上半年检出1份，为2.1型野毒；猪瘟抗体检测数据中，阳性率最高是3～4胎母猪92.94%，其次是公猪91.58%，之后是1～2胎母猪90.80%。

抗体阳性率方面，免疫某公司E2疫苗的后备母猪(91.1%)和1～2胎母猪(97.2%)抗体阳性率明显高于免疫其他疫苗的猪群抗体阳性率，意味着抗体更持久保护期更长；抗体离散度方面，免疫某公司E2疫苗的后备母猪(37.5%)和1～2胎母猪(25.8%)离散度也显著低于免疫其他疫苗的猪群抗体离散度，意味着抗体水平更均一更稳定。在4周龄猪群抗体阳性率有所下降(且离散度升高)，分析是由于仔猪首免日龄过早干扰母源抗体导致。

(1)公猪、后备母猪以及各胎次母猪群，猪瘟抗体阳性率都高于80%，说明种猪群的猪瘟免疫普遍比较成功；但仔猪4周龄猪瘟抗体阳性率只有62.41%，结合临床调查和实验室检测结果分析主要由以下几个方面导致：一是外购仔猪且来源不明的情况普遍，很多种源场为了降低成本，将断奶前应该免疫的CSFV疫苗推迟不做；二是个别养殖户为了快速出栏回收周转资金将场内CSFV疫苗取消；三是种猪群免疫E2疫苗的猪场，仔猪CSFV首免日龄未根据母源抗体水平进行调整，导致免疫过早影响疫苗效果。

(2)猪群免疫猪瘟E2亚单位疫苗，能够产生更高的抗体阻断率且抗体持续时间更长，同时采用种猪群1年2免的方式，能够有效节省人力减少猪群免疫应激。尤其是当前猪瘟E2亚单位疫苗产品越发成熟，单价与传统CSFV疫苗单价接近。综合来看，猪瘟E2亚单位疫苗是防控CSF的有效手段。

(3)猪伪狂犬阳性检出数较同期明显增多，主要因为上半年各地区散户及小规模养殖单位频繁引种和混群导致；按照正常的生产节奏和规律，进入 13 周龄以后的猪群伪狂犬 IgE 抗体阳性率会呈现逐渐下降趋势(猪群混群转群动作减少，抗体自然衰减)，但是 13 周龄后猪伪狂犬 IgE 抗体阳性率反而上升，可能是由于猪场引种频繁，后期猪群并群现象增多导致(二次育肥频繁补栏等操作)。

(4)从整体来看，猪伪狂犬和猪瘟都可以通过疫苗免疫有效阻止病毒感染，所以猪场可以在猪价低迷的阶段，通过疫苗免疫和抗原抗体检测进行猪瘟和猪伪狂犬的净化。

3. 猪轮状病毒成为影响商品猪生产成绩的主要疾病

猪流行性腹泻病毒(PEDV)在后备母猪的样品中检出率最高 30.00%，其次是哺乳仔猪 17.44%。猪轮状病毒(PORV)在保育猪样品中检出率最高 47.83%，其次是哺乳仔猪 23.38%。猪冠状病毒(PDCOV)在经产母猪样品中检出率最高 35.00%，其次是哺乳仔猪 16.44%。

猪流行性腹泻病毒检出率最高是 4 月 26.32%，其次是 3 月 25.00%，之后是 1 月 10.00%。猪轮状病毒检出率最高的是 4 月 43.75%，其次是 6 月 38.71%，之后是 3 月 33.33%。猪冠状病毒检出率最高是 1 月 25.00%，其次是 2 月和 3 月均为 22.22%。

PEDV 序列基于 S1 基因进行序列分析，全部属于 GIIb 基因型。

PORV 序列，其中以 G9 型居多(57.89%)，其次是 G1 型(15.79%)，之后是 G26 型和 G5 型(10.53%)。

猪冠状病毒序列，均属于中国分支中的 C1.2 型。

(1)猪病毒性腹泻疾病在 3 月最常检出，此时正处于季节交替，温差变化大，猪场饲养管理、生物安全防控不到位，容易导致腹泻发生。

(2)三种常见病毒性腹泻病中，PORV 检出率最高，PORV 相较于 PEDV 和 PDCOV 传播范围更广，影响范围更大；因 PORV 基因型多变，导致现有商品化疫苗并不能形成有效防护，因此做好生物安全，强化饲养管理是防控轮状病毒发生的重要手段。

(3)PEDV 在后备母猪检出率最高，猪场的母猪年更新率多在 30%以上，每年都会有大量后备母猪入群，而后备母猪的抗体水平普遍低于经产母猪，如果环境中存在 PEDV 的污染，其所产仔猪很容易暴发 PEDV，做好后备母猪免疫驯化和入群监测，是防控 PED 重要的环节。

(4)目前猪冠状病毒灭活疫苗已经上市，临床免疫两次能够产生高水平中和抗体，能够预防疫病发生。

4. 猪圆环病毒病的混合感染需多加关注

猪圆环病毒 2 型(PCV2)在育肥猪的样品中检出率最高 36.04%，其次是后备母猪 26.32%，之后是保育猪 24.11%。猪圆环病毒 3 型(PCV3)在后备母猪中检出率最高 32.00%，其次是公猪 31.25%，之后是保育猪 24.92%。

母猪场发生 PCV2 感染，后备猪入群前进行了圆环疫苗免疫，PCV2 的抗体水平升高，阳性率达到 100%，同时离散度降低，PCV2 免疫后抗原阳性率也从 40%逐渐降低至 0。

(1)PCV2 和 PCV3 在商品猪(保育猪和育肥猪)和后备母猪中的检出率都在 20%以上。猪圆环类疫病临床上主要表现为猪群日增重下降——隐性感染；严重影响猪群日增重，且会引起呼吸道和消化道问题——系统性感染；此外，还会出现母猪流产和木乃伊胎，以及严重的皮炎、肾病综合征等，会严重影响商品猪的经济价值。

(2)通过疫苗防控，可有效提高猪群的圆环抗体水平，降低抗体的离散度和猪群的病毒血症，使猪群达到一个稳定状态，提高猪群的经济价值。

5. 细菌性疾病需从病毒病防控下手

2024 年 1—6 月与 2023 年同期主要猪细菌性疾病阳性率对比发现，猪链球菌分离率较 2023 年同期有所升高；副猪嗜血杆菌、猪丹毒杆菌、大肠杆菌、沙门氏菌、葡萄球菌、巴氏杆菌、胸膜肺炎放线杆菌分离率较 2023 年同期均有所下降，其中大肠杆菌分离率下降最为明显。上半年送检样品中，未分离到猪丹毒杆菌、沙门氏菌和葡萄球菌。

从细菌与病毒混感情况来看，单独细菌引发的疾病所占比例为 25%，由细菌与病毒混感所引发疾病的比例为 75%。从与细菌主要混感病毒种类(单一病毒混感)来看，PRRSV 是最主要混感病毒，其次是 PCV3，之后是 PCV2；从与细菌主要混感病毒种类(多病毒混感)来看，PRRSV 与 PCV2、PRRSV 和 PCV3 是最主要混感组合类型。

四、疫情预警

1. 减少应激、加强疫情监控，重视消毒

4 月后，南方地区连续降雨，且降水量较常年同期显著偏多。又因持续降雨会影响消毒效果，高温高湿环境下，猪只易出现应激，雨水冲刷更易导致病毒扩散，因此，雨季是疫病高发期。养殖企业和养殖户应做好防雨排涝及雨后的日常消杀工作，加强疫病监测，提高猪只健康等，避免疫病在场区内出现或扩散。

2. 猪繁殖与呼吸综合征感染风险持续高发，重视疫苗免疫的重要性

如猪价上半年一路走高，下半年育肥扩群的现象持续，且大量背景(免疫情况、种源场情况等)不明猪群进行混群，势必会加剧 PRRSV 在猪场间及猪场内的扩散和变异(上半年甚至在 1 个猪场中同时检出美洲株和欧洲株，在保育猪中造成了 5%的死亡)。某猪场暴发 GM2 毒株疫情全场普免某公司 TJM 株疫苗，在 1 个月内生产成绩开始稳定，之前多个批次的保育猪 CSFV 抗体阳性率低于 70%的现象也得到了有效遏制。对产房仔猪持续 6 个月监测 PRRSV 抗原和抗体后，发现母猪垂直传播现象得到了缓解(脐带血未检出 PRRSV 病原)，保育猪的 PRRSV 抗体整体阳性率开始稳定在 80%左右且高抗(S/P 值>2.0)占比逐步下降直至消失，再次验证 TJM 株疫苗对猪繁殖与呼吸综合征防控的重要性。

3. 重点关注圆环病毒、肺炎支原体造成的免疫抑制、混合感染(继发感染)、生产效率低下等问题

随着引种和育肥扩群激增，可能会越发严重。在传播方式方面，圆环病毒可以通过水平和垂直两种方式传播造成机体持续隐性感染的情况；肺炎支原体可以通过空气传播(气雾)或猪呼吸道分泌物直接传播。因此，除做好必要的生物安全和饲养管理措施外，合理有效的疫苗免疫也很有必要。各猪场应根据场内实际情况及时调整免疫程序，原则上肺炎支原体疫苗应该尽早免疫(7 日龄左右为宜)，而 PCV 疫苗则应该相对晚点免疫较好(2～3 周或 3 周以后)，不应为了节省人力盲目追求一针两免，违背猪群母源抗体及仔猪抗体产生规律的客观事实。

4. 警惕猪轮状病毒对不同阶段猪群的感染危害

猪轮状病毒本身具备高度遗传多样性和抵抗外界环境变化的能力，导致其在养殖场内和场间广泛存在，且能够长期保持感染力。除要做好栋舍的空栏消毒与母猪上产床清洗等工作外，还要做好定期产房环境和仔猪粪便的监测工作，同时保持配怀舍的干燥和整洁，避免病毒在配怀舍交叉传播。

课后训练

1. 在人畜共患病流行病学调查中，人医专家和动物医学专家合作的意义是什么？
2. 以 2024 上半年猪病流行病学调查报告为例，谈谈流行病学调查的意义是什么？
3. 学习犬狂犬病血清和病原流行病学调查后，你会给养宠物犬的朋友什么有益的建议？

思政小贴士

流行病学调查需要遵循相关的法律法规和技术规范，如动物防疫法、流行病学调查技术规范等。分析调查结果时，要依据真实数据，不能主观臆断或篡改结果，只有基于真实结果的报告，才能为疫病防控提供可靠依据。调查人员要严格按照规定的程序和方法进行操作，依法开展调查工作，确保调查结果的合法性和可靠性。

二维码 9-2

思政小贴士（九）

项目小结

项目九　重大疫病现场流行病学调查案例

- 任务一　2005年四川省某市猪链球菌病例的流行病学调查
- 任务二　2007年西藏自治区小反刍兽疫疫情的调查
- 任务三　2007年荷兰蓝舌病疫情的调查
- 任务四　高致病性禽流感的调查
- 任务五　犬狂犬病血清流行病学调查
- 任务六　2024年上半年猪病流行病学调查报告

参考文献

[1] 刘秀梵．兽医流行病学．4版．北京:中国农业出版社,2022.
[2] 陈继明,黄保续．重大动物疫病流行病学调查指南．北京:中国农业科学技术出版社,2009.
[3] 孙向东,刘拥军,王幼明．兽医流行病学调查与监测:抽样设计．北京:中国农业出版社,2011.
[4] 丁壮,杨松涛,乔红伟．动物疫病流行病学．北京:金盾出版社,2007.
[5] 张学栋,牛静华．动物传染病．北京:化学工业出版社,2011.

附　表

附表一　反刍动物(牛、羊、骆驼、鹿)____(病)紧急流行病学调查表

说明：

1. 本表由县级动物疫病预防控制机构在接到疫情报告后，开展流行病学调查时填写。

2. 为多种动物共患病的，需填写猪等易感动物的相关数据。

3. 本表述及的单元(流行病学单元)是指处在同一环境、感染某种病原可能性相同的一群动物。如处在同一个封闭圈舍内的动物，或同一个场内(开放式圈舍)的动物，或某个村内饲养的所有易感动物，或者是使用同一个公共设施的一群动物(如水源、公共挤奶站等)，均可称为一个流行病学单元。

序号：________　　　　填表日期：______年______月______日

一、基础信息

1. 疫点所在场/养殖小区/村概况

名　称		地理坐标	经度：　纬度：
地　址	省(自治区、直辖市)　县(市、区)　乡(镇)　村(场)		
联系电话		启用时间	

易感动物种类	养殖单元(户、舍)数	存栏数/头、只

2. 调查简要信息

调查原因					
调查人员姓名		单位			
发现首个病例日期		接到报告日期		调查日期	

二、现况调查

1. 发病单元(户、舍)概况

户名或畜舍编号	动物种类[①]	存栏数[②]/头、只	最后一次该病疫苗免疫情况							病死情况	
			应免数量	实免数量	免疫时间	疫苗种类	生产厂家	批号	来源	发病数/头、只	死亡数/头、只

注:①动物种类:同一单元存在多种动物的,分行填写;②存栏数:是指发病前的存栏数;③发病数:是指出现该病临床症状或实验室检测为阳性的动物数。

2. 疫点发病过程(用于计算袭击率)

自发现之日起	新发病数	新病死数
第 1 天		
第 2 天		
第 3 天		
第 4 天		
第 5 天		
第 6 天		
第 7 天		
第 8 天		
第 9 天		
第 10 天		

3. 诊断情况

<table>
<tr><td rowspan="3">初步诊断</td><td colspan="7">临床症状：</td></tr>
<tr><td colspan="7">病理变化：</td></tr>
<tr><td colspan="4">初步诊断结果：</td><td colspan="3">诊断人员：
诊断日期：</td></tr>
<tr><td rowspan="3">实验室诊断</td><td>样品类型</td><td>数量</td><td>采样时间</td><td>送样单位</td><td>检测单位</td><td>检测方法</td><td>检测结果</td></tr>
<tr><td></td><td></td><td></td><td></td><td></td><td></td><td></td></tr>
<tr><td></td><td></td><td></td><td></td><td></td><td></td><td></td></tr>
<tr><td>诊断结果</td><td>疑似诊断</td><td colspan="3"></td><td>确诊结果</td><td colspan="2"></td></tr>
</table>

4. 疫情传播情况

村(场)名	最初发病时间	存栏数	发病数	死亡数	传播途径

5. 疫点所在地及周边地理特征

请在县级行政区域图上标出疫点所在地位置；注明周边地理环境特点，如靠近山脉、河流、公路等。

6. 疫点所在县易感动物生产信息(为判断暴露风险及做好应急准备等提供信息支持)

<table>
<tr><td rowspan="2">易感动物种类</td><td colspan="2">疫区</td><td colspan="2">受威胁区</td><td colspan="2">全县</td></tr>
<tr><td>养殖场(户)数/个</td><td>存栏量/万头、只</td><td>养殖场(户)数/个</td><td>存栏量/万头、只</td><td>养殖场(户)数/个</td><td>存栏量/万头、只</td></tr>
<tr><td></td><td></td><td></td><td></td><td></td><td></td><td></td></tr>
<tr><td></td><td></td><td></td><td></td><td></td><td></td><td></td></tr>
<tr><td></td><td></td><td></td><td></td><td></td><td></td><td></td></tr>
</table>

7. 当地疫病史

三、疫病可能来源调查(追溯)

对疫点第一例病例发现前1个潜伏期内的可能传染来源途径进行调查。

可能来源途径	详细信息
家畜引进情况(种类、年龄、数量、用途和相关时间、地点等)	
易感动物产品购进情况	
饲料调入情况	
水源	
本场(户)人员到过其他养殖场(户)或活畜交易市场情况	
配种情况	
放牧情况	
公共奶站挤奶情况	
营销人员、兽医及其他相关人员到过本场(户)情况	
外来车辆进入或本场车辆外出情况	
与野生动物接触情况	
其他	
初步结论	

四、疫病可能扩散范围调查(追踪)

疫点发现第一例病例前1个潜伏期至封锁之日内,对以下事件进行调查。

可能事件	详细信息
家畜调出情况(数量、用途及相关时间、地点等)	
配种	
参展情况	
公共牧场放牧情况	
公共奶站挤奶情况	
与野生动物接触情况	
兽医巡诊情况	
相关人员外出与易感动物接触情况	
其他	
初步结论	

五、处置情况(根据防治技术规范规定的内容填写)

疫点处置	扑杀动物数	
	无害化处理动物数	
	消毒情况(频次、药名、面积等)	
	隔离封锁措施(时间、范围等)	
	其他	
疫区防控	封锁时间、范围等	
	扑杀易感动物数	
	无害化处理数	
	消毒情况	
	紧急免疫数	
	监测情况	
	其他	
受威胁区防控	免疫数	
	消毒情况	
	监测情况	
	其他	
其他 (如市场关闭等)		

填表人姓名:________________ 联系电话:____________

填表单位:(签章)____________ 省级动物疫病预防控制机构复核:(签章)____________

附表二 猪_____(病)紧急流行病学调查表

说明:

1.本表由县级动物疫病预防控制机构在接到疫情报告后,开展流行病学调查时填写。

2.猪是单一易感动物的,无需填写牛、羊等动物的相关数据。

3.本表述及的单元(流行病学单元)是指处在同一环境、感染某种病原可能性相同的一群动物。如处在同一个封闭圈舍内的动物,或同一个场内(开放式圈舍)的动物,或某个村内饲养的所有易感动物,或者是使用同一个公共设施的一群动物(如水源等),均可称为一个流行病学单元。

序号:____________ 填表日期:____________年____________月____________日

一、基础信息

1. 疫点所在场(养殖小区、村)概况

名　　称		地理坐标	经度：	纬度：
地　　址	省(自治区、直辖市)	县(市、区)	乡(镇)	村(场)
联系电话		启用时间		
易感动物种类	养殖单元(户、舍)数		存栏数/头、只	
猪				
牛				
羊				
其他(　　)				

2. 调查简要信息

调查原因					
调查人员姓名		单位			
发现首个病例日期		接到报告日期		调查日期	

二、现况调查

1. 发病单元(户、舍)概况

户名或畜舍编号	母猪(育肥猪、仔猪)①	存栏数②/头	最后一次该病疫苗免疫情况							病死情况	
			应免数量	实免数量	免疫时间	疫苗种类	生产厂家	批号	来源	发病数/头	死亡数/头

注：①母猪(育肥猪、仔猪)：同一单元同时存在母猪、育肥猪、仔猪的，分行填写；②存栏数：是指发病前的存栏数；③发病数：是指出现该病临床症状或实验室检测为阳性的动物数。

2. 疫点发病过程(用于计算袭击率)

自发现之日起	新发病数	新病死数
第 1 天		
第 2 天		
第 3 天		
第 4 天		
第 5 天		
第 6 天		
第 7 天		
第 8 天		
第 9 天		
第 10 天		

3. 诊断情况

<table>
<tr><td>初步诊断</td><td colspan="7">临床症状：

病理变化：

初步诊断结果：　　　　诊断人员：
　　　　　　　　　　　诊断日期：</td></tr>
<tr><td rowspan="5">实验室诊断</td><td>样品类型</td><td>数量</td><td>采样时间</td><td>送样单位</td><td>检测单位</td><td>检测方法</td><td>检测结果</td></tr>
<tr><td></td><td></td><td></td><td></td><td></td><td></td><td></td></tr>
<tr><td></td><td></td><td></td><td></td><td></td><td></td><td></td></tr>
<tr><td></td><td></td><td></td><td></td><td></td><td></td><td></td></tr>
<tr><td></td><td></td><td></td><td></td><td></td><td></td><td></td></tr>
<tr><td>诊断结果</td><td>疑似诊断</td><td colspan="3"></td><td>确诊结果</td><td colspan="2"></td></tr>
</table>

4. 疫情传播情况

村(场)名	最初发病时间	存栏数	发病数	死亡数	传播途径

5. 周边野生易感动物分布及发病情况

野生易感动物种类	病死情况

6. 疫点所在地及周边地理特征

请在县级行政区域图上标出疫点所在地位置;注明周边地理环境特点,如靠近山脉、河流、公路等。

7. 疫点所在县易感动物生产信息(为判断暴露风险及做好应急准备等提供信息支持)

易感动物种类	疫区		受威胁区		全县	
	养殖场(户)数/个	存栏量/万头、万只	养殖场(户)数/个	存栏量/万头、万只	养殖场(户)数/个	存栏量/万头、万只
猪						
牛						
羊						
其他						

8. 当地疫病史

三、疫病可能来源调查(追溯)

对疫点第一例病例发现前1个潜伏期内的可能传染来源途径进行调查。

可能来源途径	详细信息
易感动物购买或引进(数量、用途和相关时间、地点等)	
易感动物产品购入情况	
饲料调入情况	
水源	
本场(户)人员到过其他养殖场(户)或活畜交易市场情况	
配种情况	
是否放养	
泔水饲喂情况	
营销人员、兽医及其他相关人员是否到过本场(户)	
外来车辆进入或本场车辆外出情况	
与野生动物接触情况	
其他	

四、疫病可能扩散传播范围调查(追踪)

疫点发现第一例病例前1个潜伏期至封锁之日内,对以下事件进行调查。

可能事件	详细信息
易感动物出售(赠送)情况	
配种情况	
参展情况	
放养	
与野生动物接触情况	
诊疗兽医巡诊情况	
相关人员外出与易感动物接触情况	
其他	

五、处置情况(根据防治技术规范规定的内容填写)

疫点处置	扑杀动物数	
	无害化处理动物数	
	消毒情况(频次、面积、药名等)	
	隔离封锁措施(时间、范围等)	
	其他	
疫区防控	封锁时间、范围等	
	扑杀易感动物数	
	无害化处理数	
	消毒情况	
	紧急免疫数	
	监测情况	
	其他	
受威胁区防控	免疫数	
	消毒情况	
	监测情况	
	其他	
其他(如市场关闭等)		

填表人姓名:________________ 联系电话:____________

填表单位:(签章)____________ 省级动物疫病预防控制机构复核:(签章)______________

附表三 禽(鸡、鸭、鹅、______)______(病)紧急流行病学调查表

说明:

1. 本表由县级动物疫病预防控制机构在接到疫情报告后,开展流行病学调查时填写。

2. 本表述及的单元(流行病学单元)是指处在同一环境、感染某种病原可能性相同的一群动物。如处在同一个圈舍内的动物,或某个村内饲养的所有易感动物,均可称其为一个流行病学单元。

序号:____________ 填表日期:____________年____________月____________日

一、基础信息

1. 疫点所在场(养殖小区、村)养殖概况

名　称		地理坐标	经度：　纬度：
地　址	省(自治区、直辖市)　县(市、区)　乡(镇)　村(场)		
联系电话		启用时间	
易感动物种类	养殖单元(户、舍)数	存栏数/羽	
蛋鸡			
肉鸡			
鸭			
鹅			
其他(　)			

2. 调查简要信息

调查原因					
调查人员姓名		单位			
发现首个病例日期		接到报告日期		调查日期	

二、现况调查

1. 发病单元(户、舍)概况

户名或畜舍编号	家禽种类[①]	存栏数[②]/羽	日龄	最后一次该病疫苗免疫情况							病死情况	
				应免数量	实免数量	免疫时间	疫苗种类	生产厂家	批号	来源	发病数[③]/羽	死亡数/羽

注：①家禽种类，同一单元存栏多种家禽的分行填写；②存栏数是指发病前的存栏数；③发病数是指出现该病临床症状或实验室检测为阳性的动物数。

2. 疫点发病过程(用于计算袭击率)

自发现之日起	新发病数	新病死数
第 1 天		
第 2 天		
第 3 天		
第 4 天		
第 5 天		
第 6 天		
第 7 天		
第 8 天		
第 9 天		
第 10 天		

3. 诊断情况

<table>
<tr><td>初步诊断</td><td colspan="7">临床症状：

病理变化：

初步诊断结果：　　　　　　诊断人员：
诊断日期：</td></tr>
<tr><td rowspan="5">实验室诊断</td><td>样品类型</td><td>数量</td><td>采样时间</td><td>送样单位</td><td>检测单位</td><td>检测方法</td><td>检测结果</td></tr>
<tr><td></td><td></td><td></td><td></td><td></td><td></td><td></td></tr>
<tr><td></td><td></td><td></td><td></td><td></td><td></td><td></td></tr>
<tr><td></td><td></td><td></td><td></td><td></td><td></td><td></td></tr>
<tr><td></td><td></td><td></td><td></td><td></td><td></td><td></td></tr>
<tr><td>诊断结果</td><td>疑似诊断</td><td colspan="3"></td><td>确诊结果</td><td colspan="2"></td></tr>
</table>

4. 疫情传播情况

村(场)名	最初发病时间	存栏数	发病数	死亡数	传播途径

5. 疫点所在地及周边地理特征

请在县级行政区域图上标出疫点所在地位置；注明周边地理环境特点，如靠近山脉、河流、公路等。

6. 疫点所在县家禽生产情况(为判断暴露风险及做好应急准备等提供信息支持)

易感动物种类	疫区		受威胁区		疫区所在县	
	养殖场(户)数/个	存栏量/万羽	养殖场(户)数/个	存栏量/万羽	养殖场(户)数/个	存栏量/万羽
蛋鸡						
肉鸡						
鸭						
鹅						
其他(　　)						

7. 当地疫病史

三、疫病可能来源调查(追溯)

对疫点发现第一例病例前 1 个潜伏期内的可能传染来源途径进行调查。

可能来源途径	详细信息
家禽引进情况(种类、数量、用途和相关时间、地点等)	
禽产品购入情况	
饲料调入情况	
水源	
本场(户)人员到过其他养殖场(户)情况	
本场(户)人员到过活畜交易市场情况	
营销人员、兽医及其他相关人员进出本场(户)情况	
外来车辆进入或本场车辆外出情况	
与野禽接触情况	
其他	
初步调查结论	

四、疫病可能扩散传播范围调查(追踪)

疫点发现第一例病例前 1 个潜伏期至封锁之日内,对以下事件进行调查。

可能事件调查	详细信息
家禽调出情况(数量、用途及相关时间、地点等)	
家禽调出情况	
粪便、垫料运出情况	
兽医人员诊疗情况	
饲养人员探亲(串门)情况	
参加展览(竞技)情况	
其他事件	
初步结论	

五、处置情况(根据防治技术规范规定的内容填写)

疫点处置	扑杀动物数	
	无害化处理动物数	
	消毒情况(频次、药名、面积等)	
	隔离封锁措施(时间、范围等)	
	其他	
疫区防控	封锁时间、范围等	
	扑杀易感动物数	
	无害化处理数	
	消毒情况	
	紧急免疫数	
	监测情况	
	其他	
受威胁区防控	免疫数	
	消毒情况	
	监测情况	
	其他	
其他(如市场关闭等)		

填表人姓名:________________ 联系电话:____________

填表单位:(签章)____________ 省级动物疫病预防控制机构复核:(签章)____________

附表四　农贸市场/畜禽批发市场＿＿（病）紧急流行病学调查表

说明：

1. 本表由县级动物疫病预防控制机构在接到疫情报告后，开展流行病学调查时填写。
2. 本表中畜禽包括猪、禽、牛、羊等多种动物。

序号：＿＿＿＿＿＿　　填表日期：＿＿＿＿＿＿年＿＿＿＿＿＿月＿＿＿＿＿＿日

一、基础信息

1. 农贸市场、畜禽批发市场概况

名　　称		地理坐标	经度：　　纬度：
地　　址	省（自治区、直辖市）　县（市、区）　乡（镇）　村（场）		
联系电话		启用时间	

2. 调查简要信息

调查原因					
调查人员姓名		单位			
发现首个病例日期		接到报告日期		调查日期	

3. 农贸市场、畜禽批发市场经营概况

所经营动物及其产品种类	经营（批发）户数	日均销售（批发）数量	主要来源地

二、现况调查

1. 发病情况/头、羽、只

动物种类	同群数*	发病数**	死亡数

注：* 同群数是指与发病动物有过直接或间接接触的动物数；* * 发病数是指出现该病临床症状的动物数。

2. 诊断情况

<table>
<tr><td>初步诊断</td><td colspan="7">临床症状：
病理变化：
初步诊断结果：　　诊断人员：
诊断日期：</td></tr>
<tr><td rowspan="5">实验室诊断</td><td>样品类型</td><td>数量</td><td>采样时间</td><td>送样单位</td><td>检测单位</td><td>检测方法</td><td>检测结果</td></tr>
<tr><td></td><td></td><td></td><td></td><td></td><td></td><td></td></tr>
<tr><td></td><td></td><td></td><td></td><td></td><td></td><td></td></tr>
<tr><td></td><td></td><td></td><td></td><td></td><td></td><td></td></tr>
<tr><td></td><td></td><td></td><td></td><td></td><td></td><td></td></tr>
<tr><td>诊断结果</td><td>疑似诊断</td><td colspan="3"></td><td>确诊结果</td><td colspan="2"></td></tr>
</table>

3. 疫点地理特征

请提供当地行政区划图，并在地图上标出疫点位置，注明疫点所在地的地理环境特点，如靠近山脉、河流、公路等。

4. 其他信息

如您觉得有其他上表未标出的可用信息，如当地的风俗习惯等，请写出。

三、发病动物来源地追溯

经营户姓名	动物种类	数量/头、只、羽	检疫证书号	来源地***

注：***对于农贸市场发生的疫情，要追溯到批发市场，进而追溯到来源地。

四、风险动物及其产品追踪

发病动物运抵该市场至封锁之日起，对所有从疫点出售的动物（可能时，包括产品）进行跟踪调查。

出售/调运情况	日期	详细信息

五、控制措施

市场控制措施	
疫区防控措施	
受威胁区防控措施	
其他	

填表人姓名：________________ 联系电话：____________

填表单位：（签章）____________ 省级动物疫病预防控制机构复核：（签章）____________

附表五 运输途中______(病)紧急流行病学调查表

说明：

1. 本表由县级动物疫病预防控制机构在接到疫情报告后，开展流行病学调查时填写。
2. 本表适用猪、禽、牛、羊等多种动物。

序号：__________　　　　填表日期：__________年__________月__________日

一、基础信息

1. 疫点概况

疫点所在地址	省(自治区、直辖市)　　县(市、区)　　乡(镇)
地理坐标	经度：　　纬度：

2. 货主及运输工具基本情况

货主姓名		从业时间		电话	
联系地址	省(自治区、直辖市)　　县(市、区)　　乡(镇)				
运输工具		车牌号			

3. 调查简要信息

调查原因					
调查人员姓名		单位			
发现首个病例日期		接到报告日期		调查日期	

二、现况调查

1. 发病动物情况

头、羽、只

动物种类	猪	牛	羊	鸡	鸭	鹅		
来源地								
启运地								
检疫证书号								

续表

启运时间								
启运时数量								
截至调查时发病数(含途中)								
截至调查时死亡数(含途中)								

2. 诊断情况

初步诊断	临床症状： 病理变化： 初步诊断结果： 诊断人员： 诊断日期：						
实验室诊断	样品类型	数量	采样时间	送样单位	检测单位	检测方法	检测结果
诊断结果	疑似诊断				确诊结果		

3. 疫点所在县畜牧业生产信息(为判断暴露风险及做好应急准备等提供信息支持)

易感动物种类	疫区		受威胁区		疫区所在县	
	养殖场(户)数/个	存栏量/万头、万只	养殖场(户)数/个	存栏量/万头、万只	养殖场(户)数/个	存栏量/万头、万只

4. 疫点所在地及周边地理特征

请在县级行政区域图上标出疫点所在地位置；注明周边地理环境特点，如靠近山脉、河流、公路等。

三、疫病可能扩散传播范围调查(追踪)

可能事件	详细信息
途中经停地点	
途中病死动物处理情况	
初步结论	

四、应急处置措施

疫点处置情况	
疫区防控措施	
受威胁区防控措施	
其他措施(如向经停地点所在县通报疫情情况等)	

填表人姓名:________ 联系电话:________

填表单位:(签章)________ 省级动物疫病预防控制机构复核:(签章)________

附表六 屠宰场(点)____(病)紧急流行病学调查表

说明:

1. 本表由县级动物疫病预防控制机构在接到疫情报告后,开展流行病学调查时填写。
2. 本表适用猪、禽、牛、羊等多种动物。

序号:________ 填表日期:________年________月________日

一、基础信息

1. 屠宰场(点)概况

名　称		地理坐标	经度:　纬度:	
地　址	省(自治区、直辖市)　县(市、区)　乡(镇)　村(场)			
联系电话		启用时间		
屠宰动物种类		日均屠宰量/头、羽、只		

2. 调查简要信息

<table>
<tr><td>调查原因</td><td colspan="5"></td></tr>
<tr><td>调查人员姓名</td><td></td><td>单位</td><td colspan="3"></td></tr>
<tr><td>发现首个病例日期</td><td></td><td>接到报告日期</td><td></td><td>调查日期</td><td></td></tr>
</table>

二、现况调查

1. 动物发病死亡情况/头、羽、只

动物种类	同群数*	发病数**	死亡数

注：* 同群数是指与发病动物直接或间接接触的易感动物数；* * 发病数是指出现该病临床症状的动物数。

2. 诊断情况

<table>
<tr><td>初步诊断</td><td colspan="7">临床症状：

病理变化：

初步诊断结果：　　　　诊断人员：
诊断日期：</td></tr>
<tr><td rowspan="6">实验室诊断</td><td>样品类型</td><td>数量</td><td>采样时间</td><td>送样单位</td><td>检测单位</td><td>检测方法</td><td>检测结果</td></tr>
<tr><td></td><td></td><td></td><td></td><td></td><td></td><td></td></tr>
<tr><td></td><td></td><td></td><td></td><td></td><td></td><td></td></tr>
<tr><td></td><td></td><td></td><td></td><td></td><td></td><td></td></tr>
<tr><td></td><td></td><td></td><td></td><td></td><td></td><td></td></tr>
<tr><td></td><td></td><td></td><td></td><td></td><td></td><td></td></tr>
<tr><td>诊断结果</td><td>疑似诊断</td><td colspan="3"></td><td>确诊结果</td><td colspan="2"></td></tr>
</table>

3. 疫点及周边地理特征

请提供当地行政区划图，并在地图上标出疫点位置；注明疫点所在地的地理环境特点，如山脉、河流、公路等分布情况。

4. 疫点所在县畜牧业生产信息(为判断暴露风险及做好应急准备等提供信息支持)

易感动物种类	疫区		受威胁区		全县	
	养殖场(户)数/个	存栏量/万头、万只	养殖场(户)数/个	存栏量/万头、万只	养殖场(户)数/个	存栏量/万头、万只

5. 其他信息

如您觉得有其他未标出的可用信息,如当地的风俗习惯等,请写出。

三、发病动物来源追溯

发病动物种类	运输车辆牌照号	检疫证书号	来源地	途经地

四、疫病可能扩散传播范围调查(追踪)

可能事件	详细信息
发病动物运载车辆去向	
发病及同群动物处置情况	
发病及同群动物产品流出情况	
其他(如污水排放等其他环节)	
初步结论	

五、处置情况(根据防治技术规范规定的内容填写)

疫点处置	扑杀动物数	
	无害化处理动物数	
	消毒情况(频次、药名、面积等)	
	隔离封锁措施(时间、范围等)	
	其他	
疫区防控	封锁时间、范围等	
	扑杀易感动物数	
	无害化处理数	
	消毒情况	
	紧急免疫数	
	监测情况	
	其他	
受威胁区防控	免疫数	
	消毒情况	
	监测情况	
	其他	
其他(如市场关闭等)		

填表人姓名:________ 联系电话:________

填表单位:(签章)________ 省级动物疫病预防控制机构复核:(签章)________

附表七 2024年____县(市、区)布鲁氏菌病定点调查信息年报表

调查单位名称(盖章)				填表日期	年 月 日
联系地址				邮编	
联系人		电话		传真	

1. 2024年人间病例数：______________

2. 畜间免疫背景

动物种类	是否免疫	免疫启动(实施)时间	疫苗种类	免疫率
奶牛	□是　□否			
肉牛	□是　□否			
羊	□是　□否			
猪	□是　□否			
犬	□是　□否			
其他	□是　□否			

3. 2024年畜间疫情概况

动物种类	疫情起数	发病动物数	空怀率	流产率
奶牛				
肉牛				
羊				
猪				
犬				
其他				

4. 免疫畜群监测情况

动物种类	血清学监测				病原学监测			
	场(户)数	样品数	阳性场(户)数	阳性样品数	场(户)数	样品数	阳性场(户)数	阳性样品数
奶牛								
肉牛								
羊								
猪								
犬								
其他								

5. 非免疫畜群监测情况

动物种类	血清学监测				病原学监测			
	场(户)数	样品数	阳性场(户)数	阳性样品数	场(户)数	样品数	阳性场(户)数	阳性样品数
奶牛								
肉牛								
羊								
猪								
犬								
其他								

附表八 ____县(市、区)2024年畜牧业生产、加工及流通信息年度调查表

调查单位名称(盖章)				填表日期	年 月 日
联系地址				邮编	
联系人		电话		传真	

说明:规模,反映的是基于饲养场地和生产能力基础上的平均存栏数量,即平均每批次的生产能力。一般按调查期(一般为一年)内平均存栏数量确定,平均存栏数量=(期初存栏数量+期末存栏数量)/2。一些调查户采取年初购进仔畜、年末全部出栏的方式进行饲养,可直接将期初存栏数量作为饲养规模来计算。如生猪、肉鸡等一年能出栏2~4批次,饲养规模应以平均每一批的饲养数量来定。另外,生猪饲养规模是以肉猪饲养头数来确定的,如果一个养猪场既养肉猪,又养种猪、母猪、仔猪,以肉猪数量来定。

一、家禽、家畜基本生产数据

(一)家禽数据

1. 家禽年出栏、年末存栏情况/万羽

项目	肉鸡	蛋鸡	肉鸭	蛋鸭	鹅	鸽	鹌鹑
年末存栏数							
年出栏数							

2. 家禽规模饲养状况

(1)鸡饲养情况

规模	肉鸡			蛋鸡	
	场(户)数/个	年末存栏数/万羽	年出栏数/万羽	场(户)数/个	年末存栏数/万羽
1～499 羽					
500～1 999 羽					
2 000～9 999 羽					
10 000～49 999 羽					
50 000～99 999 羽					
100 000～499 999 羽					
500 000 羽以上					

(2)鸭饲养情况

规模	肉鸭			蛋鸭	
	场(户)数/个	年末存栏数/万羽	年出栏数/万羽	场(户)数/个	年末存栏数/万羽
1～49 羽					
50～499 羽					
500～1 999 羽					
2 000～9 999 羽					
10 000 羽以上					

3. 种禽场饲养情况

类别	场数	年末存栏数/万羽	类别	场数	年末存栏数/万羽
种蛋鸡场			种鸭场		
种肉鸡场			种鹅场		

4. 禽肉和禽蛋生产情况

(1)禽肉产量/t:____________;

(2)禽蛋产量/t:____________。

(二)家畜数据

1. 家畜年出栏、年末存栏情况/万头

项目	猪	黄牛	奶牛	水牛	山羊	绵羊	马	驴	骡	牦牛	骆驼
年末存栏数											
年出栏数											

2. 家畜饲养情况

(1)生猪饲养情况

规模	场(户)数/个	年末存栏数/万头	年出栏数/万头
1～49 头			
50～99 头			
100～499 头			
500～2 999 头			
3 000～9 999 头			
10 000 头以上			

(2)黄牛(含肉用牛和役用牛)饲养情况

规模	场(户)数/个	年末存栏数/万头	年出栏数/万头
1～49 头			
50～99 头			
100～499 头			
500～999 头			
1 000 头以上			

(3)奶牛饲养情况

规模	场(户)数/个	年末存栏数/头
1～19 头		
20～99 头		
100～199 头		
200～499 头		
500～999 头		
1 000 头以上		

(4)羊饲养情况

规模	山羊			绵羊		
	场(户)数/个	年末存栏数/万只	年出栏数/万只	场(户)数/个	年末存栏数/万只	年出栏数/万只
1～99 只						
100～499 只						
500～999 只						
1 000 只以上						

(5)种畜场(站)数及年末存栏情况/头、只

类别	场(站)数	年末存栏数	类别	场(站)数	年末存栏数
种奶牛场(站)			种山羊场(站)		
种肉牛场(站)			种绵羊场(站)		
种水牛场(站)			种猪场(站)		
种马场(站)			种驴场(站)		

3. 相关畜产品生产情况

(1)肉产量/t

种类	猪	黄牛	奶牛	水牛	牦牛	马	驴	山羊	绵羊	其他
产量										

(2)毛皮产量

种类	山羊毛/kg	绵羊毛/kg	山羊绒/kg	羊皮/张	牛皮/张
数量					

二、屠宰情况(屠宰场/点名录另附页)

项目	生猪	牛	羊	家禽
屠宰场* 数量/个				
年总屠宰量/万头、万羽				
屠宰点** 数量/个				
年总屠宰量/万头、万羽				
检疫数/万头、万羽				
检疫费/(元/头、羽)				

注:*屠宰场是指利用机械化设备进行屠宰的场;**屠宰点是指屠宰设施简陋、以手工操作为主屠宰畜禽的地方。

填表人姓名:__________　联系电话:__________

附表九 ______县(市、区)______月份动物价格信息月报表

说明：

1. 本表“平均价格”是指当地主要零售市场平均零售价格，不是批发价格。
2. 活鸡是指当地消费的肉鸡。

填报单位名称：(盖章)____________ 联系地址：____________ 电话：____________

动物、动物产品	单位	平均价格
待宰活猪	元/kg	
仔猪	元/kg	
待宰肉牛	元/kg	
产奶奶牛	元/头	
成年绵羊	元/kg	
成年山羊	元/kg	
活鸡	元/kg	
活鸭	元/kg	
商品代蛋用雏鸡	元/羽	
商品代肉用雏鸡	元/羽	

填表人：____________ 填表时间：__________

附表十 家禽养殖场免疫信息调查表

<table>
<tr><td>场(户)名称</td><td colspan="5"></td></tr>
<tr><td>场户地址</td><td colspan="5">________省(自治区、直辖市)________县(市)________乡(镇)________村</td></tr>
<tr><td>联系人</td><td colspan="2"></td><td colspan="2">联系电话</td><td></td></tr>
<tr><td>家禽种类(如肉鸡等)</td><td colspan="2"></td><td colspan="2">品种(如海兰等)</td><td></td></tr>
<tr><td>现存栏数量</td><td colspan="2"></td><td colspan="2">平均每批饲养天数</td><td></td></tr>
<tr><td rowspan="6">2024年免疫程序(如第一行可能分别填写:14日龄、H5疫苗、灭活疫苗)</td><td colspan="2">日龄</td><td colspan="2">接种预防何病疫苗</td><td>疫苗类型</td></tr>
<tr><td colspan="2"></td><td colspan="2"></td><td></td></tr>
<tr><td colspan="2"></td><td colspan="2"></td><td></td></tr>
<tr><td colspan="2"></td><td colspan="2"></td><td></td></tr>
<tr><td colspan="2"></td><td colspan="2"></td><td></td></tr>
<tr><td colspan="2"></td><td colspan="2"></td><td></td></tr>
<tr><td rowspan="7">最近半年的免疫情况(如第一行可能分别填写:2025/2/3、14日龄、H5疫苗、灭活疫苗Re4+Re5、青岛易邦)</td><td>日期</td><td>日龄</td><td>何病疫苗</td><td>疫苗类型</td><td>生产厂家</td></tr>
<tr><td></td><td></td><td></td><td></td><td></td></tr>
<tr><td></td><td></td><td></td><td></td><td></td></tr>
<tr><td></td><td></td><td></td><td></td><td></td></tr>
<tr><td></td><td></td><td></td><td></td><td></td></tr>
<tr><td></td><td></td><td></td><td></td><td></td></tr>
<tr><td></td><td></td><td></td><td></td><td></td></tr>
<tr><td>备注(填写与免疫有关的其他需要说明的特殊情况)</td><td colspan="5"></td></tr>
</table>

填表人姓名:____________ 联系电话:____________

养殖场签章:____________ 填表日期:____________

附表十一 t 界值表

自由度	概率									
	双侧	0.50	0.20	0.10	0.05	0.020	0.01	0.005	0.002	0.001
	单侧	0.25	0.10	0.05	0.025	0.01	0.005	0.002 5	0.001	0.000 5
1		1.000	3.078	6.314	12.706	31.821	63.657	127.321	318.309	636.619
2		0.816	1.886	2.920	4.303	6.965	9.925	14.089	22.327	31.599
3		0.765	1.638	2.353	3.182	4.541	5.841	7.453	10.215	12.924
4		0.741	1.533	2.132	2.776	3.747	4.604	5.598	7.173	8.61
5		0.727	1.476	2.015	2.571	3.365	4.032	4.773	5.893	6.869
6		0.718	1.440	1.943	2.447	3.143	3.707	4.317	5.208	5.959
7		0.711	1.415	1.895	2.365	2.998	3.499	4.029	4.785	5.408
8		0.706	1.397	1.860	2.306	2.896	3.355	3.833	4.501	5.041
9		0.703	1.383	1.833	2.262	2.821	3.250	3.690	4.297	4.781
10		0.700	1.372	1.812	2.228	2.764	3.169	3.581	4.144	4.587
11		0.697	1.363	1.796	2.201	2.718	3.106	3.497	4.025	4.437
12		0.695	1.356	1.782	2.179	2.681	3.055	3.428	3.930	4.318
13		0.694	1.350	1.771	2.160	2.650	3.012	3.372	3.852	4.221
14		0.692	1.345	1.761	2.145	2.624	2.977	3.326	3.787	4.140
15		0.691	1.341	1.753	2.131	2.602	2.947	3.286	3.733	4.073
16		0.690	1.337	1.746	2.120	2.583	2.921	3.252	3.686	4.015
17		0.689	1.333	1.740	2.110	2.567	2.898	3.222	3.646	3.965
18		0.688	1.330	1.734	2.101	2.552	2.878	3.197	3.610	3.922
19		0.688	1.328	1.729	2.093	2.539	2.861	3.174	3.579	3.883
20		0.687	1.325	1.725	2.086	2.528	2.845	3.153	3.552	3.850
21		0.686	1.323	1.721	2.080	2.518	2.831	3.135	3.527	3.819
22		0.686	1.321	1.717	2.074	2.508	2.819	3.119	3.505	3.792
23		0.685	1.319	1.714	2.069	2.500	2.807	3.104	3.485	3.768
24		0.685	1.318	1.711	2.064	2.492	2.797	3.091	3.467	3.745
25		0.684	1.316	1.708	2.060	2.485	2.787	3.078	3.450	3.725
26		0.684	1.315	1.706	2.056	2.479	2.779	3.067	3.435	3.707
27		0.684	1.314	1.703	2.052	2.473	2.771	3.057	3.421	3.690
28		0.683	1.313	1.701	2.048	2.467	2.763	3.047	3.408	3.674

续表

自由度	概率									
	双侧	0.50	0.20	0.10	0.05	0.020	0.01	0.005	0.002	0.001
	单侧	0.25	0.10	0.05	0.025	0.01	0.005	0.002 5	0.001	0.000 5
29		0.683	1.311	1.699	2.045	2.462	2.756	3.038	3.396	3.659
30		0.683	1.310	1.697	2.042	2.457	2.750	3.030	3.385	3.646
31		0.682	1.309	1.696	2.040	2.453	2.744	3.022	3.375	3.633
32		0.682	1.309	1.694	2.037	2.449	2.738	3.015	3.365	3.622
33		0.682	1.308	1.692	2.035	2.445	2.733	3.008	3.356	3.611
34		0.682	1.307	1.091	2.032	2.441	2.728	3.002	3.348	3.601
35		0.682	1.306	1.690	2.030	2.438	2.724	2.996	3.340	3.591
36		0.681	1.306	1.688	2.028	2.434	2.719	2.990	3.333	3.582
37		0.681	1.305	1.687	2.026	2.431	2.715	2.985	3.326	3.574
38		0.681	1.304	1.686	2.024	2.429	2.712	2.980	3.319	3.566
39		0.681	1.304	1.685	2.023	2.426	2.708	2.976	3.313	3.558
40		0.681	1.303	1.684	2.021	2.423	2.704	2.971	3.307	3.551
50		0.679	1.299	1.676	2.009	2.403	2.678	2.937	3.261	3.496
60		0.679	1.296	1.671	2.000	2.390	2.660	2.915	3.232	3.460
70		0.678	1.294	1.667	1.994	2.381	2.648	2.899	3.211	3.436
80		0.678	1.292	1.664	1.990	2.374	2.639	2.887	3.195	3.416
90		0.677	1.291	1.662	1.987	2.368	2.632	2.878	3.183	3.402
100		0.677	1.290	1.660	1.984	2.364	2.626	2.871	3.174	3.390
200		0.676	1.286	1.653	1.972	2.345	2.601	2.839	3.131	3.340
500		0.675	1.283	1.648	1.965	2.334	2.586	2.820	3.107	3.310
1 000		0.675	1.282	1.646	1.962	2.330	2.581	2.813	3.098	3.300
∞		0.674 5	1.281 6	1.644 9	1.960 0	2.326 3	2.575 8	2.807 0	3.090 2	3.290 5

附表十二　样本量较少的二项分布概率的置信区间表

（表格中上排数字表示95%置信区间，下排数字表示99%置信区间）

n	X																									
	0	1	2	3	4	5	6	7	8	9	10	11	12	13	14	15	16	17	18	19	20	21	22	23	24	25
1	0～98																									
	0～100																									
2	0～84	1～99																								
	0～93	0～100																								
3	0～71	1～91	9～99																							
	0～83	0～96	4～100																							
4	0～60	1～81	7～93																							
	0～73	0～89	3～97																							
5	0～52	1～72	5～85	1～95																						
	0～65	0～81	2～92	8～89																						
6	0～46	0～64	4～78	12～88																						
	0～59	0～75	2～86	7～93																						
7	0～41	0～58	4～71	1～82	18～90																					
	0～53	0～68	2～80	6～88	12～94																					
8	0～37	0～53	3～65	9～76	16～84																					
	0～48	0～63	1～74	5～83	10～90																					
9	0～34	0～48	3～60	7～70	14～79	21～86																				
	0～45	0～59	1～69	4～78	9～85	1～91																				
10	0～31	0～45	3～56	7～65	1～74	1～81																				
	0～41	0～54	1～65	4～74	8～81	13～87																				
11	0～28	0～41	2～52	6～61	11～69	17～77	23～83																			
	0～38	0～51	1～61	3～69	7～77	11～83	17～89																			

续表

n	X																								
	0	1	2	3	4	5	6	7	8	9	10	11	12	13	14	15	16	17	18	19	20	21	22	23	24	25
12	0～26	0～38	2～48	5～57	1～65	15～72	21～79																			
	0～36	0～48	1～57	3～66	6～73	1～79	15～85																			
13	0～25	0～36	2～45	5～54	9～61	4～68	19～75	25～81																		
	0～34	0～45	1～54	3～62	6～69	9～76	14～81	19～86																		
14	0～23	0～34	2～43	5～51	8～58	13～65	18～71	23～77																		
	0～32	0～42	1～51	3～59	5～66	9～72	13～78	17～83																		
15	0～22	0～32	2～41	4～48	8～55	12～62	16～68	21～73	27～79																	
	0～30	0～40	1～49	2～56	5～63	8～69	12～74	16～79	21～84																	
16	0～21	0～30	2～38	4～46	7～52	1～59	15～65	20～70	25～75																	
	0～28	0～38	1～46	2～53	5～60	8～66	11～71	15～76	19～81																	
17	0～20	0～29	2～36	4～43	7～50	10～56	14～62	18～67	23～72	28～77																
	0～27	0～36	1～44	2～51	4～57	7～63	10～69	14～74	18～78	22～82																
18	0～19	0～27	1～35	4～41	6～48	10～54	13～59	17～64	22～69	26～74																
	0～26	0～35	1～42	2～59	4～55	7～61	10～66	13～71	17～75	21～79																
19	0～18	0～26	1～33	3～40	6～46	9～51	13～57	16～62	20～67	24～71	29～76															
	0～24	0～33	1～40	2～47	4～53	6～58	19～63	12～68	16～73	19～77	23～81															
20	0～17	0～25	1～32	3～38	6～44	9～49	12～54	15～59	19～64	23～69	27～73															
	0～23	0～32	1～39	2～45	4～51	6～56	9～61	11～66	15～70	18～74	22～78															
21	0～16	0～24	1～30	3～36	5～42	8～7	11～52	15～57	18～62	22～66	26～70	30～74														
	0～22	0～30	1～37	2～43	3～49	6～54	8～59	11～63	14～68	17～71	21～76	24～80														
22	0～15	0～23	1～29	3～35	5～40	8～45	11～50	14～55	17～59	21～64	24～68	28～72														
	0～21	0～29	1～36	2～42	3～47	5～52	8～57	10～61	13～66	16～70	20～73	23～77														
23	0～15	0～22	1～28	3～34	5～39	8～44	10～48	13～53	16～57	20～62	23～66	27～69	31～73													
	0～21	0～28	1～35	2～40	3～45	5～50	7～55	10～59	13～53	15～67	19～71	22～75	25～78													
24	0～14	0～21	1～27	3～32	5～37	7～42	10～47	13～51	16～55	19～59	22～63	26～67	29～71													
	0～20	0～27	0～33	2～39	3～44	5～59	7～53	9～57	12～61	15～65	18～69	21～73	24～76													

续表

n	X																									
	0	1	2	3	4	5	6	7	8	9	10	11	12	13	14	15	16	17	18	19	20	21	22	23	24	25
25	0~14	0~20	1~26	3~31	5~36	7~41	9~45	12~49	15~54	18~58	21~61	24~65	28~69	31~72												
	0~19	0~26	0~32	1~37	3~42	5~47	7~51	9~56	11~60	14~63	17~67	20~71	31~72	26~77												
26	0~13	0~20	1~25	2~30	4~35	7~39	9~44	12~48	14~52	17~56	20~60	23~63	27~67	3~70												
	0~18	0~25	0~31	1~36	3~41	4~46	6~50	9~54	11~58	13~62	16~65	19~69	22~72	25~75												
27	0~13	0~19	1~24	2~29	4~34	6~38	9~42	11~46	14~50	17~54	19~58	22~61	26~65	2~68	32~71											
	0~18	0~25	0~30	1~35	3~40	4~44	6~48	8~52	10~56	13~60	15~63	18~67	21~70	24~73	27~76											
28	0~12	0~18	1~24	2~28	4~33	6~37	8~41	11~45	13~49	16~52	19~56	22~59	25~63	28~66	31~69											
	0~17	0~24	0~29	1~34	3~39	4~43	6~47	8~51	10~55	12~58	15~62	17~65	20~68	2~71	26~74											
29	0~12	0~18	1~23	2~27	4~32	6~36	8~40	10~44	13~47	15~51	18~54	21~58	24~61	26~64	30~68	33~71										
	0~17	0~23	0~28	1~33	2~37	4~42	6~46	8~49	10~53	12~57	14~60	17~63	19~66	22~70	25~72	28~75										
30	0~12	0~17	1~22	2~27	4~31	6~35	8~39	10~42	12~46	15~49	17~53	20~56	23~59	26~63	28~66	31~69										
	0~16	0~22	0~27	1~32	2~36	4~40	5~44	7~48	9~52	11~55	14~58	16~62	19~65	21~68	24~71	27~74										
31	0~11	0~17	1~22	2~26	4~30	6~34	8~38	10~41	12~45	14~48	17~51	19~55	22~58	25~61	27~64	30~67	3~70									
	0~16	0~22	0~27	1~31	2~35	4~39	5~43	7~47	9~50	11~54	13~57	16~60	18~63	2~66	23~69	26~72	2~75									
32	0~11	0~16	1~21	2~25	4~29	5~33	7~36	9~40	12~43	14~47	16~50	19~53	21~56	24~59	26~62	29~65	32~68									
	0~15	0~21	0~26	1~30	2~34	4~38	5~42	7~46	9~49	11~52	13~56	15~59	17~62	20~65	22~67	25~70	27~73									
33	0~11	0~15	1~20	2~24	3~28	5~32	7~36	9~39	11~42	13~46	16~49	18~52	20~55	2~58	26~61	28~64	31~67	34~69								
	0~15	0~20	0~25	1~30	2~34	3~37	5~41	7~44	8~48	10~51	12~54	14~57	17~60	19~63	21~66	24~69	26~71	29~74								
34	0~10	0~15	1~19	2~23	3~28	5~31	7~35	9~38	11~41	13~44	15~48	17~51	20~54	22~56	25~59	27~62	30~65	32~68								
	0~14	0~20	0~25	1~29	2~33	3~36	5~40	6~43	8~47	10~50	12~53	14~56	16~59	18~62	21~64	23~67	25~70	28~72								
35	0~10	0~15	1~19	2~23	3~27	5~30	7~34	8~37	10~40	13~43	15~46	17~49	19~52	22~55	24~58	26~61	29~63	31~66	34~69							
	0~14	0~20	0~24	1~28	2~32	3~35	5~39	6~42	8~45	10~49	12~52	14~55	16~57	18~60	20~63	22~66	24~68	27~71	29~73							
36	0~10	0~15	1~18	2~22	3~26	5~29	6~33	8~36	10~39	12~42	14~45	16~48	19~51	21~54	23~57	26~59	28~62	30~65	33~67							
	0~14	0~19	0~23	1~27	2~31	3~35	5~38	6~41	8~44	9~47	11~50	13~53	15~56	17~59	19~62	22~64	23~67	26~69	28~72							
37	0~10	0~14	1~18	2~22	3~25	5~28	6~32	8~35	10~38	12~41	14~44	16~47	18~50	20~53	23~55	25~58	27~61	30~63	32~66	34~68						
	0~13	0~18	0~23	1~27	2~30	3~34	4~37	6~40	7~43	9~46	11~49	13~52	15~55	17~58	19~60	21~63	23~65	25~68	28~70	30~73						

续表

n	X																									
	0	1	2	3	4	5	6	7	8	9	10	11	12	13	14	15	16	17	18	19	20	21	22	23	24	25
38	0～10	0～14	1～18	2～21	3～25	5～28	6～32	8～34	10～37	11～40	13～43	15～46	18～49	20～51	22～54	24～57	26～59	29～62	31～64	33～67						
	0～13	0～18	0～22	1～26	2～30	3～33	4～36	6～39	7～42	9～45	11～48	12～51	14～54	16～56	18～59	20～61	22～64	25～66	27～69	29～71						
39	0～9	0～14	1～17	2～21	3～24	4～27	6～31	8～33	9～36	11～39	13～42	15～45	17～48	19～50	21～53	23～55	26～58	28～60	30～63	32～65	35～68					
	0～13	0～18	0～21	1～15	2～29	3～32	4～35	6～38	7～41	9～44	10～47	12～50	14～53	16～55	18～58	20～60	22～63	24～65	26～68	28～70	30～72					
40	0～9	0～13	1～17	2～21	3～24	4～27	6～30	8～33	9～35	11～38	13～41	15～44	17～47	19～49	21～52	23～54	25～57	27～59	29～62	32～64	34～66					
	0～12	0～17	0～21	1～25	2～28	3～32	4～35	5～38	7～40	9～43	10～46	12～49	13～52	15～54	17～57	19～59	21～61	23～64	25～66	27～68	30～71					
41	0～9	0～13	1～17	2～20	3～23	4～26	6～29	7～32	9～35	11～37	12～40	14～43	16～46	18～48	20～51	22～53	24～56	26～58	29～60	31～63	33～65	35～67				
	0～12	0～17	0～21	1～24	2～28	3～31	4～34	5～37	7～40	8～42	10～45	11～48	13～50	15～53	17～55	19～58	21～60	23～63	25～65	27～67	29～69	31～71				
42	0～9	0～13	1～16	2～20	3～23	4～26	6～28	7～31	9～34	10～37	12～39	14～42	16～45	18～47	20～50	22～52	24～54	26～57	28～59	30～61	32～64	34～66				
	0～12	0～17	0～20	1～24	2～27	3～30	4～33	5～36	7～39	8～42	9～44	11～47	13～49	15～52	16～54	18～57	20～59	22～61	24～64	26～66	28～67	30～70				
43	0～9	0～12	1～16	2～19	3～23	1～25	5～28	7～31	8～33	10～36	12～39	14～41	15～44	17～46	19～49	21～51	23～53	25～56	27～58	29～60	31～62	33～65	36～67			
	0～12	0～16	0～20	1～23	2～26	3～30	4～33	5～35	6～38	8～41	9～43	11～46	13～39	14～51	16～53	18～56	19～58	21～60	23～62	25～65	27～66	29～69	31～71			
44	0～9	0～12	1～15	2～19	3～22	4～25	5～28	7～30	8～33	10～35	11～38	13～40	15～43	17～45	19～48	21～50	22～52	24～55	26～57	28～59	30～61	33～63	35～65			
	0～11	0～16	0～19	1～23	2～26	3～29	4～32	5～35	6～37	8～40	9～42	11～45	12～47	14～50	15～52	17～55	19～57	21～59	23～61	25～63	26～65	28～68	30～70			
45	0～8	0～12	1～15	2～18	3～21	4～24	5～27	7～30	8～32	9～34	11～37	13～39	15～42	16～44	18～47	20～49	22～51	24～54	26～56	28～58	30～60	32～62	34～64	36～66		
	0～11	0～15	0～19	1～22	2～25	3～28	4～31	5～34	6～37	8～39	9～42	10～44	12～47	14～49	15～51	17～54	19～56	20～58	22～60	24～62	26～64	28～66	30～68	32～70		
46	0～8	0～12	1～15	2～18	3～21	4～24	5～26	7～29	8～31	9～34	11～36	13～39	14～41	16～43	18～46	20～48	21～50	23～53	25～55	27～57	29～59	31～61	33～63	35～65		
	0～11	0～15	0～19	1～22	2～25	3～28	4～31	5～33	6～36	7～39	9～41	10～43	12～46	13～48	15～50	16～53	18～55	20～57	22～59	23～61	25～63	27～65	29～67	31～69		
47	0～8	0～12	1～15	2～17	3～20	4～23	5～26	6～28	8～31	9～34	11～36	12～38	14～40	16～43	18～45	19～47	21～49	23～52	25～54	26～56	28～58	30～60	32～62	34～64	36～66	
	0～11	0～15	0～18	1～21	2～24	2～27	3～30	5～33	6～35	7～38	9～40	10～42	11～45	13～47	14～49	16～52	18～54	19～56	21～58	23～60	25～62	26～64	28～66	30～68	32～70	
48	0～8	0～11	1～14	2～17	3～20	4～22	5～25	6～28	8～30	9～33	11～35	12～37	14～39	15～42	17～44	19～46	21～48	22～51	24～53	26～55	28～57	30～59	31～61	33～63	35～65	
	0～10	0～14	0～18	1～21	2～24	2～27	3～29	5～32	6～35	7～37	8～40	10～42	11～44	13～47	14～49	16～51	17～53	19～55	21～57	22～59	24～61	26～63	28～65	29～67	31～69	
49	0～8	0～11	1～14	2～17	2～20	4～22	5～25	6～27	7～30	9～32	10～35	12～37	13～39	15～41	17～43	18～45	20～47	22～50	24～52	25～54	27～56	29～58	31～60	33～62	34～64	36～66
	0～10	0～14	0～17	1～20	1～24	2～26	3～29	4～32	6～34	7～36	8～39	9～41	11～44	12～46	14～48	15～50	17～52	19～54	20～56	22～58	23～60	25～62	27～64	29～66	31～68	32～70
50	0～7	0～11	1～14	2～17	2～19	3～22	5～24	6～26	7～29	9～31	10～34	11～36	13～38	15～41	16～43	18～45	20～47	21～49	23～51	25～53	26～55	28～57	30～59	32～61	34～63	36～65
	0～10	0～14	0～17	1～20	1～23	2～26	3～28	4～31	5～33	7～36	8～38	9～40	11～43	12～45	14～47	15～49	17～51	18～53	20～55	21～57	23～59	25～61	26～63	28～65	30～67	32～68

附表十三　卡方分布界值表

v	P									
	0.95	0.9	0.75	0.5	0.25	0.1	0.05	0.025	0.01	0.005
1		0.02	0.10	0.45	1.32	2.71	3.84	5.02	6.63	7.88
2	0.10	0.21	0.58	1.39	2.77	4.61	5.99	7.38	9.21	10.60
3	0.35	0.58	1.21	2.37	4.11	6.25	7.81	9.35	11.34	12.84
4	0.71	1.06	1.92	3.36	5.39	7.78	9.49	11.14	13.28	14.86
5	1.15	1.61	2.67	4.35	6.63	9.24	11.07	12.83	15.09	16.75
6	1.64	2.20	3.45	5.35	7.84	10.64	12.59	14.45	16.81	18.55
7	2.17	2.83	4.25	6.35	9.04	12.02	14.07	16.01	18.48	20.28
8	2.73	3.40	5.07	7.34	10.22	13.36	15.51	17.53	20.09	21.96
9	3.33	4.17	5.90	8.34	11.39	14.68	16.92	19.02	21.67	23.59
10	3.94	4.87	6.74	9.34	12.55	15.99	18.31	20.48	23.21	25.19
11	4.57	5.58	7.58	10.34	13.70	17.28	19.68	21.92	24.72	26.76
12	5.23	6.30	8.44	11.34	14.85	18.55	21.03	23.34	26.22	28.30
13	5.89	7.04	9.30	12.34	15.98	19.81	22.36	24.74	27.69	29.82
14	6.57	7.79	10.17	13.34	17.12	21.06	23.68	26.12	29.14	31.32
15	7.26	8.55	11.04	14.34	18.25	22.31	25.00	27.49	30.58	32.80
16	7.96	9.31	11.91	15.34	19.37	23.54	26.30	28.85	32.00	34.27
17	8.67	10.09	12.79	16.34	20.49	24.77	27.59	30.19	33.41	35.72
18	9.39	10.86	13.68	17.34	21.60	25.99	28.87	31.53	34.81	37.16
19	10.12	11.65	14.56	18.34	22.72	27.20	30.14	32.85	36.19	38.58
20	10.85	12.44	15.45	19.34	23.83	28.41	31.41	34.17	37.57	40.00
21	11.59	13.24	16.34	20.34	24.93	29.62	32.67	35.48	38.93	41.40
22	12.34	14.04	17.24	21.34	26.04	30.81	33.92	36.78	40.29	42.80
23	13.09	14.85	18.14	22.34	27.14	32.01	35.17	38.08	41.64	44.18
24	13.85	15.66	19.04	23.34	28.24	33.20	36.42	39.36	42.98	45.56
25	14.61	16.47	19.94	24.34	29.34	34.38	37.65	40.65	46.91	46.93
26	15.38	17.29	20.84	25.34	30.43	35.56	38.89	41.92	45.64	48.29
27	16.15	18.11	21.75	26.34	31.53	36.74	40.11	43.19	46.96	49.64
28	16.93	18.94	22.66	27.34	32.62	37.92	41.34	44.46	48.28	50.99
29	17.71	19.77	23.57	28.34	33.71	39.09	42.56	45.72	49.59	52.34
30	18.49	20.6	24.48	29.34	34.80	40.26	43.77	46.98	50.89	53.67
40	26.51	29.05	33.66	39.34	45.62	51.80	55.76	59.34	63.69	66.77
50	34.76	37.69	42.94	49.33	56.33	63.17	67.50	71.42	76.15	79.49
60	43.19	46.46	52.29	59.33	66.98	74.40	79.08	83.30	88.38	91.95
70	51.74	55.33	61.70	69.33	77.58	85.53	90.53	95.02	100.42	104.22
80	60.39	64.28	71.14	79.33	88.13	96.58	101.88	106.63	112.33	116.32
90	69.13	73.29	80.62	89.33	98.64	107.56	113.14	118.14	124.12	128.30
100	77.93	82.36	90.13	99.33	109.14	118.50	124.34	129.56	135.81	140.17

附表十四 秩和界值表

(适用于两独立样本的秩和检验,表中第一行表示 $P\sim0.05$ (单侧)或 $P\sim0.10$ (双侧)的秩和界值,表中第二行表示 $P\sim0.025$ (单侧)或 $P\sim0.05$ (双侧)的秩和界值,表中第三行表示 $P\sim0.01$ (单侧)或 $P\sim0.02$ (双侧)的秩和界值,表中第四行表示 $P\sim0.002\ 5$(单侧)或 $P\sim0.01$(双侧)的秩和界值)

n_1	$n_2\sim n_1$(n_2 和 n_1 是两组的样本数,且 $n_2>n_1$)										
	0	1	2	3	4	5	6	7	8	9	10
2				3～13	3～15	3～17	4～18	4～20	4～24	4～24	5～25
							3～19	3～21	3～23	3～25	4～26
3	6～15	6～18	7～20	8～22	8～25	9～27	10～29	10～32	11～34	11～37	12～39
			6～21	7～23	7～26	8～28	8～31	9～33	9～36	10～38	10～41
					6～27	6～30	7～32	7～35	7～38	8～40	8～43
							6～33	6～36	6～39	7～41	7～44
4	11～25	12～28	13～31	14～34	15～37	16～40	17～43	18～46	19～49	20～52	21～55
	10～26	11～29	12～32	13～35	14～38	14～42	15～45	16～48	17～51	18～54	19～57
		10～30	11～33	11～37	12～40	13～43	13～47	14～50	15～53	15～57	16～60
			10～34	10～38	11～41	11～45	12～48	12～52	13～55	13～59	14～62
5	19～36	20～40	21～44	23～47	24～51	26～54	27～58	28～62	30～65	31～69	33～72
	17～38	18～42	20～45	21～49	22～53	23～57	24～61	26～64	27～68	28～72	29～76
	16～39	17～43	18～47	19～51	20～55	21～59	22～63	23～67	24～71	25～75	26～79
	15～40	16～44	16～49	17～53	18～57	19～61	20～65	21～69	22～73	22～78	23～82
6	28～50	29～55	31～59	33～63	35～67	37～71	38～76	40～80	42～84	44～88	46～92
	26～52	27～57	29～61	31～65	32～70	34～74	35～79	37～83	38～88	40～92	42～96
	24～54	25～59	27～63	28～68	29～73	30～78	32～82	33～87	34～92	36～96	37～101
	23～55	24～60	25～65	26～70	27～75	28～80	30～84	31～89	32～94	33～99	34～104
7	39～66	41～71	43～76	45～81	47～86	49～91	52～95	54～100	56～105	58～110	61～114
	36～69	38～74	40～79	42～84	44～89	46～94	48～99	50～104	52～109	54～114	56～119
	34～71	35～77	37～82	39～87	40～93	42～98	44～103	45～109	47～114	49～119	51～124
	32～73	34～78	35～84	37～89	38～95	40～100	41～106	43～111	44～117	45～122	47～128